广东三向教学仪器制造有限公司组织编写

职业院校机电类专业一体化教学系列学材

电子技能
工作岛学习工作页

朱振豪　主　编
陈学军　苏腾学　杨小燕　副主编
黄　艳　张小珍　莫文统　参　编

工学一体化教学学材编写专家委员会

伊洪良　（三向教学仪器有限责任公司董事长）
梁耀光　（广东工业大学教授）
余文然　（华南理工大学教授）
侯勇志　（深圳技师学院教务处长）
黄　鑫　（三向教学仪器有限责任公司副董事长）
杨水昌　（三向教学仪器有限责任公司总经理）

中国轻工业出版社

图书在版编目（CIP）数据

电子技能　工作岛学习工作页/朱振豪主编 . —北京：中国
轻工业出版社，2021.4
职业院校机电类专业一体化教学系列学材
ISBN 978-7-5019-9342-0

Ⅰ.①电…　Ⅱ.①朱…　Ⅲ.①电子技术 – 职业教育 – 教材
Ⅳ.①TN

中国版本图书馆 CIP 数据核字（2013）第 146570 号

责任编辑：王　淳　责任终审：孟寿萱　封面设计：锋尚设计
版式设计：宋振全　责任校对：燕　杰　责任监印：张　可

出版发行：中国轻工业出版社（北京东长安街 6 号，邮编：100740）
印　　刷：北京君升印刷有限公司
经　　销：各地新华书店
版　　次：2021 年 4 月第 1 版第 3 次印刷
开　　本：889×1194　1/16　印张：17
字　　数：337 千字
书　　号：ISBN 978-7-5019-9342-0　定价：35.00 元
邮购电话：010 – 65241695
发行电话：010 – 85119835　传真：85113293
网　　址：http：//www.chlip.com.cn
Email：club@ chlip.com.cn
如发现图书残缺请与我社邮购联系调换
210383J3C103ZBW

前　言

为进一步加快培养我国经济建设急切需要的高技能人才，2009年国家人力资源和社会保障部根据当代国际先进的职业教育理念，结合国内技工教育的实际现状，下发［2009］86号文《技工院校一体化课程教学改革试点工作方案》，布置在全国技工院校开展工学结合一体化教学（以下简称一体化）阶段性试教工作。通过试教、总结、完善和提高，自2011年9月开始在全国各技工院校逐步推广和应用。

所谓一体化教学的指导思想是指：以国家职业标准为依据，以综合职业能力培养为目标，以典型工作任务为载体，以学生为中心，根据典型工作任务和工作过程设计课程体系和内容，培养学生的综合职业能力。一体化教学的条件包含：一体化场地（情景）、一体化师资、一体化教材、一体化载体（设备）。一体化教学的特征是：学校办学与企业管理一体化、企业车间与实训教学一体化、学校老师与企业技术人员一体化、学校学生与企业职工一体化、实训任务与生产任务一体化。一体化教学重要过程是：按照典型载体技术与职业资格的不同要求，实施不同层次的能力培养和模块教学。一体化教学的核心内涵是：理论学习与实践学习相结合，在学习中工作，在工作中学习。一体化教学的目的是：培养学生的综合能力，包括专业能力、方法能力和社会能力。

广东三向教学仪器制造有限公司和广东省清远市技师学院、广东省岭南工商第一技师学院、广东省湛江市技师学院、广东省深圳技师学院等职业院校，根据人力资源和社会保障部一体化教学相关文件精神，于2009年10月组建了由机电一体化教学试点院校的专家、大中型企业培训专家、广东省部分技工院校专家及三向企业研发中心工程师等32人组成的一体化工作专家委员会，并由部分专家组成学习团远赴新加坡南洋理工大学进行学习交流，学习当前世界上先进的职业教育理念。组织专家委员会到广东东风日产汽车制造公司、深圳汇丰科技公司等工厂企业深入调查研究，广泛征询企业管理人员、技术员和一线岗位操作工人对机电专业学生就业能力的意见和建议。按照国家职业标准、一体化课程开发标准和专业培养目标对机电等专业一体化教学的典型载体、课程标准、教学工作页、评价体系等进行研究和开发。

在探索过程中，我们始终坚持典型工作任务必须来源于企业实践的原则，并经过长达6个月的企业调查，从众多企业需求中进行筛选、提炼和总结，再经一系列教学化处理，设计了一批既满足企业需要又符合一体化教学要求的典型工作任务。构建了由机械装调技术、电工技术、电子技术、可编程与触摸屏技术、驱动技术、传感技术、通讯与网络技术、机器人技术等组成的课程体系。

在专家委员会的指导下，由各校相关学科的骨干课程专家和有实践经验的专业教师、实践专家和部分企业专家组成一体化课程设计组，将典型工作任务经过教学化处理，将工作任务转化到相应的学习领域，确定各课程的学习任务、目标、内容、方法、流程和评价方法，并以典型任务中综合职业能力为目标，以人的职业成长和职业生涯发展规律为依据，编写"课程设计方案"和"学材"，经过多次探索、修改和教学实践，基本完成了一套符合一体化教学需求的工作页编写，把理论教学与实践工作融为一体，突破了传统理论与实践分割的教学模式。此外，根据典型工作任务中工作过程要素，参考企业规章制度、工具材料领取等环节设计了真实的学习情境，使学生感受到完成学习任务的过程即为企业工作任务的情景，加快从学生到劳动者角色的转变。

从专家组成立、文件学习、企业考察、任务设计、载体选型到学材编写、情景化建设、模块教学及师资培训等方面都进行了大量的调研、探索和研发工作，历经近两年。经过专家委员会全体专家的不懈努力，2010 年秋季，机电专业一体化教学课程方案在广东省岭南工商第一技师学院落户并试教，2011 年春季部分课程教学模块分别在广东省清远市技师学院、广州市机电技师学院、湛江市技师学院同时展开教学和应用。

经过两年多的一体化教学实践，参与一体化教学探索和实践的学校发生了两个根本性转变，一是参加一体化教学的老师对实施一体化教学的认识态度上发生转变，从犹豫、彷徨、怕麻烦、观望转变为要求参与、主动配合、积极探索与实践；另一是学生由被动、厌倦学习到喜爱、主动学习的转变，极大提高了学习的主动和积极性，加快了教学以学生为中心的转变。事实说明，一体化教学法是当前我国职业教育中行之有效的一种教学模式，它符合中国国情和经济建设需要。

目前，国内许多职业院校正在开展一体化教学试验工作，三向企业和其他院校所做的上述探索和研究，虽然取得了一点成果，但也是摸着石头过河，定有许多不足之处，在此抛砖引玉，敬请各位领导、专家及老师提宝贵意见，以便我们改正和提高。本书由朱振豪、陈学军、苏腾学、杨小燕、黄艳、张小珍和莫文统编写，朱振豪主编，在编写过程中得到了广东省工业大学梁耀光教授、广东省华南理工大学余文焘教授和广东省深圳市技师学院侯勇志处长的关心、鼓励和审定，同时广东三向教学仪器制造有限公司的工程师们对本书的修改和补充提出了宝贵意见，在此表示衷心感谢。

由于时间仓促，编者水平有限，缺乏经验，书中难免会有错漏之处，恳切期望广大读者批评指正。

编　者

2013 年 3 月

目　录

任务1 直流电桥模型测试

【工作情景】

在某仪器公司的组装车间，技术员正在指导员工试装直流电桥模型。根据电路参数，领取所需的材料和仪表，按工作计划、测试要求进行组装和测量调试，并记录数据。参考各种测量数据和观察灯泡的亮灭，再对比产品的标称测量误差，计算直流电桥模型真实测量精度。

一、任务描述和要求

1. 任务描述

SX－01电桥是一种简易的直流电桥模型，能满足一些对测量精度不高的检测场合使用，此外内置简单的串、并联电路，是初学者认识元器件和学习串、并联电路的实用工具，直流电桥电路如图1－1，电路板如图1－2。请同学们熟悉电路图，自行选择合适参数的元器件进行安装，使用万用表测量关键点电压和电流，并做好记录。

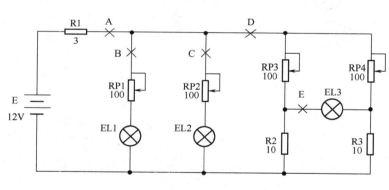

图1－1 直流电桥电路图

图1－2 直流电桥电路板

2. 任务要求

（1）实操过程遵守安全用电规则，注意人身安全。

（2）按电路参数正确选择元器件，根据电子工艺标准要求进行安装。

（3）合理选用万用表量程，保证测量数据精度。

（4）根据元器件参数计算电桥平衡条件，对比实际测量值，找出产生误差的原因。

二、任务目标

1. 能安全、正确操控电子技能工作岛和熟悉其各种功能。
2. 能快速识别、检测和使用电阻器和电容器。
3. 会熟练使用指针式万用表和数字式万用表进行电路测量。
4. 熟悉电桥电路原理和能看懂简单电子电路图。
5. 培养独立分析、自我学习、改造创新能力。

三、任务准备

1. 认识电阻器

（1）常见电阻器如图1-3所示。

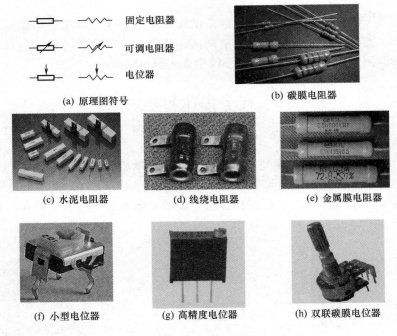

(a) 原理图符号　　固定电阻器　可调电阻器　电位器

(b) 碳膜电阻器

(c) 水泥电阻器　　(d) 线绕电阻器　　(e) 金属膜电阻器

(f) 小型电位器　　(g) 高精度电位器　　(h) 双联碳膜电位器

图1-3　常见电阻器

（2）电阻器主要参数

主要参数有标称阻值、允许误差和额定功率等，如图1-4所示。标称阻值是指电阻器表面所标的阻值，通常用文字、色环等方式标注。允许误差指实际阻值与标称阻值的允许误差范围，四色环电阻器误差一般较大，五色环电阻器为高精密度电阻器，误差较小。额定功率指电阻器在电路正常工作时所承受的功率，超额定功率使用会导致温度过高而烧坏，还可引起其他安全隐患故障。

（3）电阻器结构

以镀膜电阻器为例，常见结构如图1-5所示。在高度绝缘陶瓷管上镀上炭膜或者金属膜，两端引出金属电极，在电阻器表面喷上高温绝缘漆，最后印刷上文字、色环颜色标识。

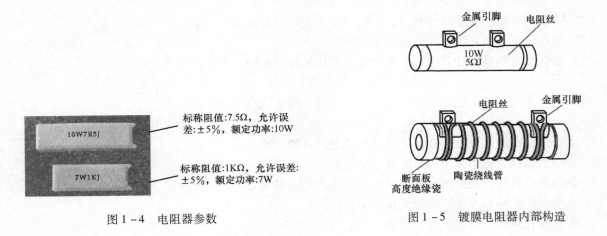

10W7R5J　　标称阻值:7.5Ω,允许误差:±5%,额定功率:10W

7W1KJ　　标称阻值:1KΩ,允许误差:±5%,额定功率:7W

图1-4　电阻器参数

金属引脚　电阻丝
10W
5ΩJ

电阻丝　金属引脚
断面板
高度绝缘瓷　陶瓷绕线管

图1-5　镀膜电阻器内部构造

（4）色环电阻器读数

电阻器阻值和误差表示方法有多种，常见的如图 1-6 所示。数码法用三位数字表示阻值，前两位数字表示阻值有效数，第三位数字表示有效数值后面零的个数。阻值小于 10Ω 时，以 ×R× 表示（×表示数字），将 R 看作小数点，例如：5R1 表示阻值为 5.1Ω。

直标法（也称文字符号法）是用数字、字母或文字有规律组合起来表示阻值和允许误差，在一些大功率电阻器上常采用此方法表示。

　　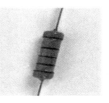

(a) 数码法标注　　　　　　(b) 直标法标注　　　　　　(c) 色标法标注

图 1-6　电阻器阻值标称形式

色标法是采用最多的一种方法，色标电阻器可分为三色环、四色环和五色环三种，三色环电阻器只用三种颜色表示标称值，误差均为 ±20%，已逐步淘汰不采用。普通四色环电阻器前两个色环表示有效数值，第三色环表示倍率，第四色环表示允许误差。精度五色环电阻器用前三个色环表示有效值，第四色环表示倍率，第五色环表示允许误差。表 1-1 为电阻器色环表。

表 1-1　　　　　　　　　　　　　　　　　电阻器色环表

颜色	第一环	第二环	第三环	第四环	第五环
	第一位数	第二位数	第三位数	倍率	允许误差
银	—	—	—	10^{-1}	K　±10%
金	—	—	—	10^{-2}	J　±5%
黑	0	0	0	10^{0}	K　±10%
棕	1	1	1	10^{1}	F　±1%
红	2	2	2	10^{2}	G　±2%
橙	3	3	3	10^{3}	—
黄	4	4	4	10^{4}	—
绿	5	5	5	10^{5}	D　±0.5%
蓝	6	6	6	10^{6}	C　±0.25%
紫	7	7	7	10^{7}	B　±0.1%
灰	8	8	8	10^{8}	—
白	9	9	9	10^{9}	+5%　−20%

四色环电阻器读法：

如图 1-7 所示，第一、第二色环为橙色，有效值为 3；第三色环为红色，倍率为 10^{2}；第四色环为金色，误差为 ±5%，阻值是 3.3kΩ。

精密电阻器读法：

如图 1-8 所示，第一环棕色，有效值为 1；第二环橙色，有效值为 3；第三环黑色，有效值为 0；第四环绿色，倍率为 10^5；第五环棕色，误差为 ±1%，阻值是 13MΩ。

图 1-7 四色环电阻器　　　　图 1-8 五色环电阻器

提示：一般四色环电阻器误差环多为银色（±10%）或者金色（±5%），五色环精密电阻器误差环多为棕色（±1%）、绿色（±0.5%）、蓝色（±0.25%）。

> **思考：**
> （1）有些电阻器体积很大，但标称阻值却很小，这样正常吗？
> （2）任何电阻器在工作时都会发热，这种说法对吗？但为什么一些工作中的电阻器手摸时却感觉不到热量？

2. 认识电容器

电容器通常简称电容，用字母 C 表示，是一种容纳电荷的器件。任何两个彼此绝缘且相隔很近的导体（包括导线）间都可构成一个电容器。电容是电子设备中大量使用的电子元件之一，主要起隔直、耦合、旁路、滤波等作用。图 1-9 为电容器原理图符号及外形。

(a) 原理图符号　　　　(b) 电解电容器　　　　(c) 涤纶电容器

图 1-9 电容器原理图符号及外形

电容器种类较多，常见电容器如图 1-10 所示。按结构分有：固定电容器、可变电容器和微调电容器。按电解质分有：有机介质电容器、无机介质电容器、电解电容器和空气介质电容器等。按制造材料分有：瓷介电容、涤纶电容、电解电容、钽电容，云母电容，聚丙烯电容等。按用途分有：高频旁路电容、低频旁路电容、滤波电容、调谐电容、高频耦合电容、低频耦合电容等。

（1）电容器充电和放电

电容器带电（储存电荷）的过程称为充电，充电时一个极板带正电，另一个极板带负电，两极板分别带有等量的异性电荷，极板间形成电场，实际是把从电源获得的电能储存在电容器中。

电容器失去电荷（释放电荷）的过程称为放电。若用导线把电容器两极短路，两极间电荷互相中和，释放出电荷，极板间电场消失，电能转化为其他形式的能量。要说明的是，电容器真正放电时不允许把两引脚直接短路，因大电流放电产生的火花易引起安全隐患，不符合安全操作规范。

（2）电容器读数

容量表示方法有直标法、色标法和数学计数法，广泛使用直标法和数学计数法。直标法电容器读数

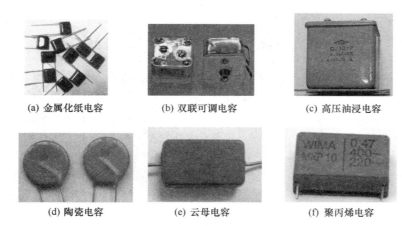

(a) 金属化纸电容　　　(b) 双联可调电容　　　(c) 高压油浸电容

(d) 陶瓷电容　　　　　(e) 云母电容　　　　　(f) 聚丙烯电容

图 1 - 10　常见电容器

如图 1 - 11 所示，数学计数法电容器读数如图 1 - 12 所示。

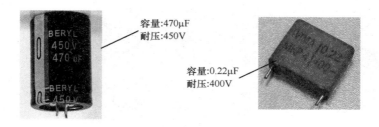

容量:470μF
耐压:450V

容量:0.22μF
耐压:400V

图 1 - 11　直标法电容器

提示：有些电容量用 "R" 表示小数点，如 R56 表示 0.56μF。

第一、二位为有效数值，第三位为倍率。
如103表示容量10000pF,101表示容量100pF,
有些电容器表面标注有耐压值，如没有标注，
一般低压陶瓷电容器耐压为63V,中压为
400V,高压一般都超过1kV

图 1 - 12　教学计数法电容器

提示：如第三位数为 9，表示 10^{-1}，而不是 10^9，例如：479 表示 4.7pF。

（3）电容器主要参数

①标称容量和允许偏差：指标注在电容器表面的容量，实际容量与标称容量的偏差称为误差。

②额定电压：额定环境温度下可连续加在电容器两极的最高电压有效值，一般标注在电容器外壳上，工作电压超过耐压，电容器会击穿损坏。

3. 万用表使用

万用表是常用的电工、电子测量仪表，按类型可分两大类：指针式万用表和数字式万用表，如图 1 - 13 所示。指针式万用表主要由表头、测量电路及转换开关等部分组成。数字式万用表通常由液晶显示屏、A/D 转换电路、量程转换及电源等组成。

（1）MF500 型指针式万用表结构

①表头是一只高灵敏度的磁电式直流电流表，它灵敏度的高低直接影响到测量数值的精度，灵敏度

指表头指针满刻度偏转时流过表头的电流值，数值越小灵敏度越高，其内阻越大，测量电压时性能越好，刻度盘如图 1 – 14 所示。

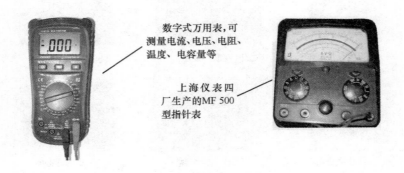

图 1 – 13　数字式万用表和指针式万用表

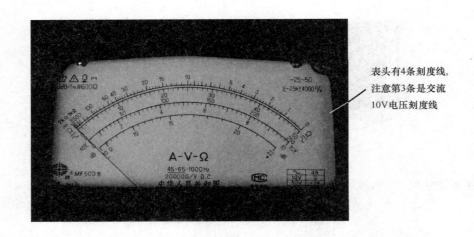

图 1 – 14　MF500 万用表刻度盘

　　MF500 型万用表的表头上有 4 条刻度线，从上到下指示功能如下：第一条标有"R"或"Ω"，表示阻值大小，使用电阻挡时读此条刻度线。第二条标有"～"和"—"，表示交、直流电压和直流电流的数值，当量程在交、直流电压或直流电流挡时读此条刻度线。第三条标有"10V"，表示 10V 交流电压数值，量程在交流 10V 时读此条刻度线。第四条标有"dB"，指示音频电平分贝值。

　　②测量线路：主要由电阻、晶体管及电池组成，将各种不同被测量（如电流、电压、电阻等）、不同的量程，经过一系列处理（如整流、分流、分压等），统一变成一定限量的微小电流送入表头，通过电磁转换使指针发生偏转，指示出测量数值。

　　③转换开关：作用是选择各种不同的测量线路，以满足不同种类和不同量程的测量要求。一般万用表只用一个旋转开关完成所有量程转换，MF500 万用表比较特殊，有两个量程转换开关，分别标有不同的挡位和量程。

　　（2）MF500 型万用表使用方法

　　①欧姆挡使用：把左边转换开关置 Ω 位置，选择右边转换开关置合适挡位，共有 5 个挡位。测量小阻值选择 R×1 挡位，测量大阻值选择 R×10k 挡位。选好挡位后调零，把两表笔短接，转动调零电位器，使指针指在右边 0 刻度线上。测量时读数看第 1 条刻度线，应使指针指示在中间刻度附近，最好不使用刻度左边三分之一的部分，因为这部分刻度的数值密集，读数精度较低。测量时，每次转换量程都需要调

零操作。欧姆挡由于使用表内电池作电源，所以禁止测量带电体。当使用不同量程测量非线性元件的等效阻值时，数值不相同，是因为不同量程的内阻和满偏度电流不相同所造成。

②电流挡使用：根据被测量大小选择合适挡位，读数看第 2 条刻度线。测量时把万用表串联在被测电路中，流入万用表的电流为被测支路电流。测量时，红表笔接电流入端，黑笔接电流出端。禁止万用表并联接在被测电路中，因电流挡内阻太小，直接并联测量导致流入万用表电流过大，表头立刻过流损坏。MF500 型万用表有一个小量程 $50\mu A$ 挡位，使用时注意被测量不能超 $50\mu A$，否则容易损坏表头。

③电压挡使用：根据被测量选择交流或直流挡位，交流电压挡测量时表笔无极性之分，直流电压挡需分清极性，红笔接正极。读数看第 2 条刻度线或第 3 条刻度线，其中第 3 条是 10V 交流电压挡专用刻度线，其余电压挡位看第 2 条刻度线。MF500 表可测量 2500V 以下交直流电压，超过 500V 电压测量时把红笔插在超高电压 2500V 孔位，量程开关转到 2500V 挡位。

④分贝挡使用：分贝值测量与电压测量使用基本相同，选择合适挡位，把红表笔插在 dB 孔位上，读数看第 4 条刻度线，指示分贝值与电压值之间转换可查看刻度盘右下角表格。

（3）使用注意事项

使用时水平或垂直放置，注意避免外界磁场对万用表的影响，不能放置在强磁场环境下使用。正确选择表笔的插孔位置，不同量程表笔插不同孔位。指针式万用表使用前进行机械调零，以免造成误差。使用前熟悉表盘上各符号的意义及各个旋钮的作用。根据被测量种类及大小正确选择量程，找出对应刻度线读数。测量过程中，不能用手去接触表笔金属部分，确保测量准确性和人身安全。

测量电压或电流时合理选择挡位，若用小电压量程去测量大电压，会有烧表的危险；若用大电压量程测量小电压，指针偏转太小无法读数，影响测量精度。合理量程选择应尽量使指针偏转到满刻度的 2/3 左右位置。如果不清楚被测量大小时，先选择最大量程，再根据被测量大小逐步调小量程。测量过程中禁止转换量程，否则会导致万用表毁坏。使用完毕将转换开关置交流电压挡最大量程。如长期不使用，应将表内部电池取下，以免电池腐蚀内部元器件。

4. 电阻器检测

根据被测电阻器标称值大小选择合理挡位，调零后，将两表笔分别接电阻器两引脚，表中读数即为实际阻值。实际阻值与允许误差进行比较，若超出误差范围，说明电阻器已变值。

（1）固定电阻器检测

电阻器损坏一般为短路阻值变为零，断路阻值变无穷大，测量低阻值电阻器时要保证万用表调零准确性，以免因调零不准确导致测量数值偏差。测量时，手不能触及表笔或引脚，否则会造成误差。

（2）电位器检测

首先外观检测，观察电位器外表和手动调节感觉进行判断，正常电位器外表无变形、变色等异常现象，用手转动旋柄感到平滑自如。选择合理挡位，测量电位器固定电阻两端数值，正常读数为电位器标称值，若阻值相差太大，说明电位器已损坏。再测量变阻端与定阻端的接触阻值，顺时针或逆时针转动转轴，阻值能逐步变小或变大。若在转动转轴时，指针出现停止或瞬间跳动现象，说明电位器不正常。

5. 电容器检测

（1）检测 $0.01\mu F$ 以下小电容器应选择 R×10k 挡位，两表笔分别接电容器两引脚，阻值为无穷大。因电容器容量太小，万用表进行测量时只能定性检查是否存在漏电、内部短路或击穿现象。若测量阻值为零，表明电容器已漏电或内部击穿。

（2）检测电解电容器时根据容量选择合适挡位，$1\sim100\mu F$ 电解电容器选择 R×1k 挡位，大于 $100\mu F$ 电容器选择 R×100 挡位，根据指针右摆动幅度大小估算容量。红表笔接负极，黑表笔接正极，在接触瞬间，指针往右偏转较大幅度，接着逐渐往左回转，直到停在某一位置，该阻值即为正向漏电阻，此值略大于反向漏电阻，电解电容漏电阻一般在几百千欧以上。若正向、反向检测时表针均不偏转无充电现象，说明容量消失或内部断路。若所测阻值很小或为零，说明漏电严重或已击穿。

遇到正、负极标志不清楚的电容器，可用上述测量漏电阻的方法进行判别极性。先任意测一下漏电阻，记住其大小，再交换表笔测出另一阻值。两次测量中阻值大的一次便是正向接法，即黑表笔接的是正极，红表笔接的是负极。

更多学习资料请查阅

- 电子发烧友元器件论坛　　　http：//bbs. elecfans. com/zhuti_ yuanjian_ 1. html
- 电子爱好者论坛　　　　　　http：//www. etuni. com/

四、任务实施

1. 讨论决策、制定计划

小组成员集体讨论，得出实施决策，制定工作计划，合理安排工作进程。根据所学理论知识和操作技能，结合实习情景，填写工作计划（表1-2）。

表1-2　　　　　　　　　　　　　　直流电桥模型测试工作计划

工作时间	共_____小时		审核：_____	计划指南：　计划制定需要考虑合理性和可行性，可参考以下流程：　×××××　×××××　等
计划实施步骤	1.			
	2.			
	3.			
	4.			
	5.			

2. 任务实施

（1）准备器材　为完成工作任务，组员需要填写借用仪器仪表清单（表1-3）和电子元器件领取清单（表1-4）。

表1-3　　　　　　　　　　　　　　借用仪器仪表清单

任务单号：_____　　　借用组别：_____　　　　　　　　　年　　月　　日

序号	名称与规格	数量	借出时间	借用人	归还时间	归还人	管理员签名

表 1 - 4　　　　　　　　　　　　　　　　　　电子元器件领取清单

任务单号：_____　　　　领料组别：_____　　　　　　　　　　年　月　日

序号	名称与规格型号	申领数量	实发数量	是否归还	归还人签名	管理员签名

（2）元器件读数和检测　两个同学为一小组，甲同学抽取不同参数的电阻器和电容器让乙同学读数和检测好坏，并填写表 1 - 5，完成后甲乙同学交换角色进行测试。

表 1 - 5　　　　　　　　　　　　　　　元器件识别检测记录表

色环	阻值	容量	检测好坏
例：红红棕金	220Ω±5%	10μF/16V	好或坏

（3）万用表使用　遵守安全用电规则，使用万用表测量工作岛的各种电源电压，并记录在表 1 - 6 中。

表 1 - 6　　　　　　　　　　　　　　工作岛电源电压记录表

测试点	测量值/V	测试点	测量值/V
U 相相电压		稳压电源输出最大电压	
U 相线电压		稳压电源输出最小电压	

选择合适量程，测量图 1 - 1 中电阻器的实际阻值，并记录在表 1 - 7 中。

表 1 - 7　　　　　　　　　　　　　　　　实际阻值记录表

元器件	测量值/Ω	元器件	测量值/Ω
R1		RP1	
R2		RP2	
R3		RP3	

（4）电桥模型测量 接通电桥模型电源，根据测量要求调节电位器阻值大小，测量 EL1、EL2 灯泡电压和 A、B、C、D、E 各点的电流，并记录在表 1-8 中。

表 1-8 　　　　　　　　　　　　　　电桥模型测试记录表

测量点		测量要求及数据		
断开 D 点 EL1 电压/V	RP1 最大阻值时			
	RP1 最小阻值时			
断开 D 点 EL2 电压/V	RP2 最大阻值时			
	RP2 最小阻值时			
测量点	RP1 最大 RP2 最大	RP1 最小 RP2 最小	RP1 最大 RP2 最小	RP1 最小 RP2 最大
断开 D 点，连接 B、C 点， 测量 A 点电流/mA				
断开 D 点，连接 A、C 点， 测量 B 点电流/mA				
断开 D 点，连接 A、B 点， 测量 C 点电流/mA				
测量点	RP3 最大 RP4 最大	RP3 最小 RP4 最小	RP3 最大 RP4 最小	RP3 最小 RP4 最大
断开 B、C 点，连接 A、E 点， 测量 D 点电流/mA				
断开 B、C 点，连接 A、D 点， 测量 E 点电流/mA				

（5）串、并联电路电流和电压

①A 点的电流等于_____点电流之和。

②RP1 和 EL1 支路与 RP2 和 EL2 支路成_____关系，两支路的电压_____。

（6）电桥平衡条件

连接 A、D、E 点，断开 B、C 点，调节 RP3、RP4 阻值，直到 EL3 电流为零（或接近零），这时电桥达到平衡。断开电源，测量电桥平衡时 RP3、RP4 的阻值。

电桥平衡时，RP3 阻值：_____；RP4 阻值：_____。

验证理论知识：直流电桥平衡条件是_____

（7）总结 本次任务使自己学习到哪些知识，积累了哪些经验，记录下来填在表 1-9 中。

表 1 - 9	工 作 总 结
正确装调方法	
错误装调方法	
总结经验	

3. 工作岗位"6S"处理

工作任务全部完成后，关闭工作台总电源，拆下测量线和连接导线，归还借用工具仪器，组员对本工作岗位进行"整理、整顿、清扫、清洁、安全、素养"处理，维护和保养测量仪器仪表，确保其运行在最佳工作状态。

五、能力拓展

（1）借阅 DT890 数字万用表说明书，熟悉其功能和使用方法，说出在测量电阻、电压和电流时与指针式万用表的区别。

（2）常见的电桥电路种类较多，用途各异。如按工作状态，可分有平衡电桥和非平衡电桥；如按工作电源可分交流电桥和直流电桥两大类，直流电桥又有单臂电桥和双臂电桥之分。图 1 - 15 是一个温度检测指示电路，将温度传感器 RH 和 3 个电阻器（其中一个为可变电阻器）组成一个直流电桥，作为温度判断信号，分别输入到运放的反相和同相端进行判断。结合刚学的电桥平衡原理，请分析温度检测指示电路的工作原理。

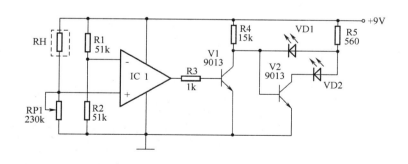

图 1 - 15　温度检测指示电路图

六、任务评价

将评价结果填在表 1 - 10 中。

表 1－10 　　　　　　　　　　直流电桥模型测试评价表

班级：＿＿＿＿＿

小组：＿＿＿＿＿　姓名：＿＿＿＿＿

指导教师：＿＿＿＿＿

日　　期：＿＿＿＿＿

评价项目	评价标准	评价依据	评价方式			权重	得分小计
			学生自评 15%	小组互评 25%	教师评价 60%		
职业素养	1. 遵守规章制度劳动纪律 2. 人身安全与设备安全 3. 积极主动完成工作任务 4. 完成工作任务的质量 5. 工作岗位"6S"处理	1. 劳动纪律 2. 工作态度 3. 团队协作精神				0.3	
专业能力	1. 懂得安全用电操作 2. 会进行色环电阻器、电容器的读数、检测判别操作 3. 能熟练使用万用表进行电路测量 4. 能推导和论证直流电桥的平衡条件	1. 安全用电操作 2. 识别元器件 3. 仪表使用 4. 电桥测试				0.5	
创新能力	1. 电路测试提出自己独到见解或解决方案 2. 能灵活使用数字和指针式万用表进行测量 3. 能看懂简单电路图 4. 会分析温度检测电路工作原理，熟悉电桥电路	1. 测量技巧和方法 2. 数字表的使用 3. 温度检测电路原理分析				0.2	
综合评价	总分						
	教师点评						

任务 2　发光闪烁器装调

【工作情景】

学校电子产品加工中心接到一个工作任务，为自行车爱好者协会制作一个小型发光闪烁器，该闪烁器安装在车座后面，在晚上骑车时能起到提醒和警示作用。要求闪烁器安装两个不同颜色的发光二极管，闪烁速度可调，体积小，功耗低，使用两节纽扣电池供电，能长时间稳定工作。

一、任务描述和要求

1. 任务描述

本工作任务实际是制作一个由三极管、发光二极管和电阻电容组成的多谐振荡电路，电路结构简单，电路图如图 2-1 所示。小型发光闪烁器能起到提醒、指示等作用，它装有两个不同颜色的发光二极管，电路板如图 2-2 所示，通电后左右的发光管循环闪亮，调节电位器可改变闪烁速度。

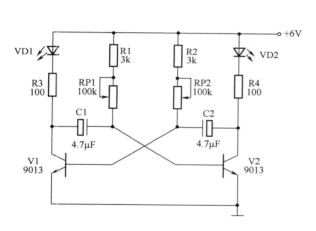

图 2-1　发光闪烁器电路图

图 2-2　发光闪烁器电路板

2. 任务要求

（1）遵守安全操作规则，注意人身安全。

（2）根据电路图用手工贴图法制作电路板，元器件布局合理，整齐排列。

（3）按标准电子工艺要求完成元器件成形加工、插装、焊接操作。

（4）使用仪器调试电路，做好测量数据记录。

二、任务目标

（1）能正确识别、检测与使用晶体三极管和二极管。

（2）学会手工制作电路板的方法和步骤。

（3）能熟练进行手工焊接操作，按焊接标准完成闪烁器电路焊接。

（4）会分析振荡电路工作原理，熟练使用仪表进行电路调试和排故。

（5）培养独立分析、自我学习、改造创新能力。

三、任务准备

1. 晶体二极管

晶体二极管主要由 P 型半导体和 N 型半导体形成的 PN 结组成，利用 PN 结单向导电性原理工作。在 PN 结加上正向偏压，其工作在导通状态下，电阻很小（几十到几百欧）；加上反向偏压后截止，其电阻很大。晶体二极管在电路中主要起整流、控制、检波、调制、限幅、开关等作用。

常见晶体二极管符号如图 2-3 所示。

图 2-3 常见晶体二极管符号

（1）分类

①整流二极管：把交流电转变成直流电，工作电流大，频率低。

②稳压二极管：稳定电压作用，工作在反向击穿状态。

③开关二极管：开关速度快，在电路中可等效为理想电子开关。

④限幅二极管：用来做限幅作用，将信号幅值限制在一定范围内。

⑤变容二极管：利用 PN 结电容与反向偏压特性原理制成，工作在反偏状态。

⑥发光二极管：施加一定电压后能发光的二极管，常见有红光、绿光、黄光、白光等。

（2）主要参数

①最大工作电流：长时间工作所允许通过的最大工作电流。

②最高反向电压：反偏状态下的最高安全电压，超过此值会发生击穿。

③最大反向电流：在最高反向电压下通过的反向电流。

④最高工作频率：工作中能够承受的最高工作频率。

⑤反向恢复时间：由导通状态回到截止状态所用的时间。

⑥结电容：在特定反向偏压下，变容二极管内部 PN 结的电容值。

⑦稳定电压：端电流变化而端电压保持稳定的电压值。

（3）常见二极管如图 2-4 所示。

整流二极管　　　　　大功率稳压管　　　　　发光二极管

图 2-4 常见的二极管外形

（4）二极管检测与使用

①极性判别：一般标注有黑色环或白色环的一端引脚为负极，若辨认不清可用指针式万用表 R×100 或 R×1k 电阻挡进行判别。两表笔分别接二极管两个引脚，任意接法测量两次，一次阻值较大（反向电阻），一次阻值较小（正向电阻）。在阻值较小的正向测量中，黑表笔接的是正极，红表笔接的是负极。

②判断好坏：通常锗材料二极管的正向阻值为 1 ~ 2kΩ，反向阻值为几百千欧。硅材料二极管阻值为 3 ~ 5kΩ，反向阻值为无穷大。正向电阻越小越好，反向电阻越大越好。正、反向电阻值相差越大，表明二极管单向导电性能越好。若测得二极管正、反向电阻值均接近 0 或阻值较小，表明其内部已击穿短路或漏电损坏。若测得正、反向电阻值均为无穷大，表明该二极管已开路损坏。

③发光二极管极性判断：直观法判断极性时，把发光二极管放在光源下，观察内部两个金属片大小，通常金属片大的一端为负极，金属片小的一端为正极，如图 2-5 所示。如直观无法辨认时可通过 R×10 或 R×1 电阻挡测量，小功率发光二极管正向测量时会发光，黑表笔所接为正极，红表笔所接为负极。

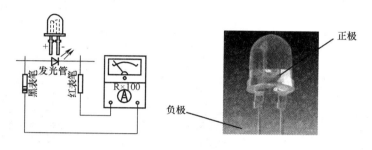

图 2-5　发光二极管测量及极性

2. 晶体三极管

晶体三极管符号及组成如图 2-6 所示，在半导体锗或硅单晶上制造两个能相互影响的 PN 结，组成一个 PNP（或 NPN）结构。中间 N 区（或 P 区）叫基区，两边区域叫发射区和集电区，每个区引出一条电极，分别叫基极 b、发射极 e 和集电极 c，主要作用有放大、振荡、限幅或开关等。

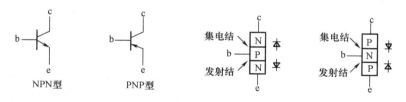

图 2-6　晶体三极管符号及组成

常见三极管外形如图 2-7 所示。

（1）三极管分类

①按极性划分：NPN 型三极管和 PNP 型三极管。

②按材料划分：硅材料三极管和锗材料三极管。

③按工作频率划分：低频三极管和高频三极管。

④按功率划分：小功率三极管、中功率三极管和大功率三极管。

⑤按用途划分：放大管、检波管、限幅管和开关管。

（2）三极管在电路中的工作状态　三极管有三种工作状态：截止状态、放大状态和饱和状态。

①截止状态：当发射结和集电结都反偏时，三极管工作电流为零或很小，$I_B = 0$，I_C 和 I_E 亦为零或很小，三极管处于截止状态。

②放大状态：此状态下发射结正偏，集电结反偏，$I_C = \beta I_B$，其中 β 为放大倍数，当 β 保持不变时，I_C 的大小受控于 I_B，$I_E = I_B + I_C$。

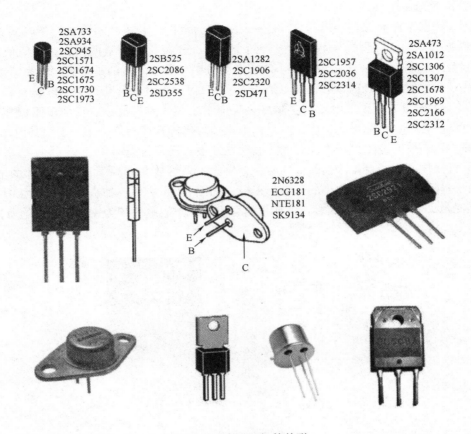

图 2-7　常见三极管外形

③饱和状态：此状态下发射结和集电结都正偏，当基极电流增大时，集电极电流不再增大，I_C 不受 I_B 控制。

（3）三极管检测判别　根据三极管内部 PN 结特性，正向测量时阻值较小，反向测量时阻值较大。利用万用表电阻挡可判别三极管管型、极性、好坏或 β 值，一般选用 R×100 挡或 R×1k 挡，测量大功率管时可选用 R×10 挡。

①判断 b 极和类型：假设三极管某一引脚为 b 极，任一表笔接在假设 b 极上，另一表笔先后接在另外两引脚上，若两次测得的阻值都较小，调换表笔后再次测得两次的阻值都很大，则假设 b 极正确。如果两次测得阻值为一大一小，则原假设 b 极错误，需重新假设另一引脚为 b 极，重复上述测量，直到找到 b 极。若黑表笔接的是 b 极，则该管是 NPN 型管；若红表笔接的是 b 极，则该管是 PNP 型管。

②判断 c 极和 e 极：以 NPN 型管为例，测量示意图和等效电路如图 2-8 所示。第一次把黑表笔接假设集电极 c，红表笔接假设发射极 e，用手捏住 b 和 c 极（不能让 b、c 直接接触），通过人体相当在 b、c 极之间接入偏置电阻（人体电阻），如图 2-8（a）所示，读出万用表阻值并记住。再将两表笔调换进行第二次测量，若第一次测得阻值比第二次阻值小，说明原假设成立，因为 c、e 间阻值小说明流过电流大，正向偏置状态。其等效电路如图 2-8（b）所示，图中 V_{CC} 是表内电阻挡提供的电池，R 为表的内阻，R_m 为人体电阻。

③判断好坏：根据 PN 结单向导通原理可知，无论是 NPN 或 PNP 型三极管，正常测量时 b 极与 c 或 e 极间只能单向导通，测量时若发现正向和反向电阻均为零或很大，表明该管已损坏。（对于一些内置阻尼二极管或

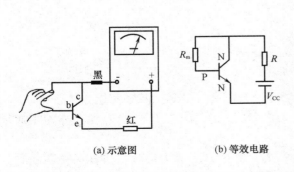

(a) 示意图　　　　(b) 等效电路

图 2-8　三极管测量示意图和等效电路

偏置电阻的三极管，此判断方法不可用）

　　④数字万用表判断三极管：数字万用表二极管测量挡位或电阻挡位也能检测三极管好坏及类型，但需注意，数字表与指针式表不同，数字万用表红表笔为内部电池正端，黑表笔为电池负端。假如把红表笔接在假设基极上，黑表笔先后接到其余两个极上，如果表显示低阻值，则假设基极正确，红表笔所接为基极，另外两引脚分别为集电极和发射极，为 NPN 型管。PNP 管判别同上，只需把红表笔与黑表笔交换即可。数字万用表一般带放大倍数检测挡位（hFE），使用时先判断三极管类型，再将被测管子 b、c、e 极正确插入数字表面板相对应插孔中，屏幕显示出 hFE 近似值。

3. 印制电路板基础知识

　　印制电路板简称 PCB（printed circuit board），常见 PCB 如图 2-9 所示。它以绝缘板为基材，在其上至少附有一个导电图形，并布有元件孔、紧固孔、金属化孔等，用来固定安装各种各样电子元器件，实现元器件之间相互连接。PCB 是电子设备设计的基础，是电子产品中元器件集中安装的地方，它在电子设备中实现集成电路和各种元器件之间布线和电气连接或电绝缘，提供所要求的电气特性、特性阻抗、电磁屏蔽及电磁兼容性，为自动锡焊提供阻焊图形，为元器件插装、检查、维修提供识别字符和图形等功能。

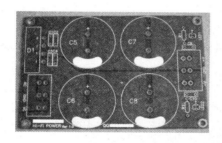

图 2-9　常见印制电路板

　　电子产品中的印制电路板种类多样，各具特色。

　　（1）按印制电路分布可分为单面板、双面板和多层板。

　　单面板是只在一面上有导电图形的印制板。双面板是两面都有导电图形的印制板，与单面板生产的主要区别在于增加了金属过孔工艺，实现两面印制电路电气连接。

　　多板层指具备三层或三层以上导电图形和绝缘材料层压合成的印制板。

　　（2）按机械性能可分为刚性板和柔性板。

　　刚性板基板较硬，不能变形，可安装较重的元器件。柔性板的基板能弯曲、卷缩，能连接刚性板及活动部件，甚至可立体布线，装配方便，适用于空间小、密度高的电子设备。

　　（3）按适用范围可分为低频和高频印制板。

　　高频印制电路主要用于解决高频部件小型化问题。其敷箔基材可由聚四氟乙烯、聚乙烯、聚苯乙烯、聚四氟乙烯玻璃布等介质损耗小及介电常数小的材料构成。

4. 手工自制电路板

　　如果需要制作少量电路板做试验、测试使用时，在非专业条件可选择手工制板，下面介绍几种简单的手工制板方法。

　　（1）描图法　最早使用的一种制板方法，使用油漆作为描绘图形的材料，又称漆图法。用漆图法自制印制电路板的主要步骤如图 2-10 所示。

　　①下料：按实际尺寸剪裁覆铜板，并处理四周毛刺。

　　②拓图：用复写纸将设计好的布线图印在覆铜板铜箔面上。

　　③钻孔：在板上打样冲眼，以样冲眼定位，可用小型台式钻打出焊盘的通孔。

　　④描漆图：用比焊盘外径稍细的硬物体（导线、铅笔或极细笔芯）蘸稀漆进行点画。

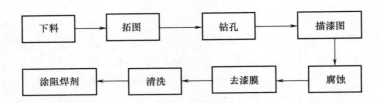

图 2-10　漆图法制作印制电路板工艺流程

⑤修图：油漆干后使用直尺和小刀，沿导线边沿修整，同时修补断线和缺损图形。

⑥腐蚀：使用三氯化铁水溶液，浓度在 28%～42%，将覆铜板全部浸入腐蚀液。

⑦去油漆及清洗：用小刀将板面漆膜剥掉，或用细砂纸轻轻打磨，再用清水进行清洗。

⑧涂助焊剂：用松香酒精溶液作为助焊剂涂在电路板上，可保护板面和提高可焊性。

（2）贴图法　油漆法自制电路板虽简单易行，但描绘质量很难保证。现在已出现一种薄膜图形，这种具有抗蚀能力的薄膜厚度只有几微米，图形种类有几十种，均为印制板上常见的图形，包含有各种焊盘、接插件、集成电路引线和各种符号等。

使用时，用刀尖把图形从透明纸上挑下来，转贴到覆铜板上。焊盘和图形贴好后，再用各种宽度的抗蚀胶带连接焊盘，构成连接导线。整个图形贴好后即可进行腐蚀。此法是利用不干膜条直接在铜箔上贴出导电图形代替描图，其他步骤同描图法。由于胶带边缘整齐，焊盘可用工具冲击，图形质量较高。

（3）刀刻法　对于一些电路比较简单，线条较少的印制板，可以直接用电工刀在覆铜面上进行刻划。在进行布局设计时，要求导线形状尽量简单，一般把焊盘与导线合为一体，形成多块矩形，由于平行的矩形具有较大的分布电容，所以刀刻法制版不适合高频电路，如图 2-11 所示。

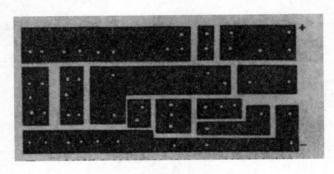

图 2-11　手工刀刻法制作的电路板

5. 手工焊接技术

（1）焊接工具　防静电可调恒温电烙铁，外形如图 2-12 所示。

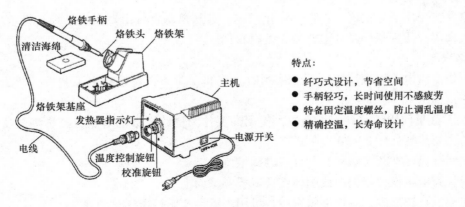

图 2-12　防静电可调恒温电烙铁

①电烙铁结构如图 2 - 13 所示。

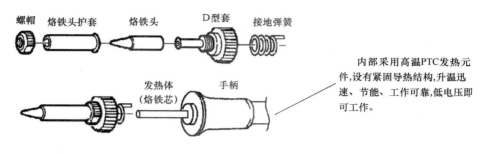

图 2 - 13 电烙铁结构

②烙铁头的几种形状如图 2 - 14 所示。

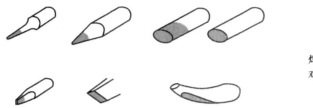

选择烙铁头的依据：适合于焊接对象，接触面积略小于焊接对象面积。

图 2 - 14 常见电烙铁头形状

③使用电烙铁注意事项
- 切勿用烙铁头敲击工作台以清除焊锡残余，避免损坏电烙铁。
- 切勿弄湿烙铁或手湿时使用烙铁。
- 焊接时会产生烟雾，应有良好的通风设施。尽量避免吸入锡丝加热时产生的烟雾。
- 焊接后，吃东西、喝饮料前应洗手。

（2）焊接材料

①焊料：常用有铅焊锡和无铅焊锡。

有铅焊锡：由锡（融点 232℃）和铅（熔点 327℃）组成的合金，其中锡成分占 63%，铅成分占 37%，也被称为共晶焊锡，熔点为 183℃。

无铅焊锡：符合欧盟环保要求提出的 ROHS 标准，主要成分是锡，熔点是 232℃，与其他金属如银、铋、锌等组成合金体系。常用的由锡铜合金做成，铅含量低于 0.1%。

②助焊剂：通常以松香为主要成分的混合物，是保证焊接过程顺利进行的辅助材料。

助焊剂的主要作用有：
- 除氧化膜，焊接后生成残渣浮在焊点表面。
- 减小表面张力，使焊料流动浸润。
- 防止氧化，在焊点表面形成隔离层。
- 使焊点美观，减小张力使焊点均匀圆润。

（3）焊接方法 正确焊接姿势是标准焊接的前提，左手拿焊丝，右手拿电烙铁。如图 2 - 15 所示。在焊接时需注意：焊剂加热挥发出的化学物质对人体有害，如操作时鼻子距离烙铁头太近，很容易将有害气体吸入，一般烙铁离开鼻子的距离至少大于 30cm，通常以 40cm 时为宜。

手工焊接如图 2 - 16 所示，操作步骤如下：

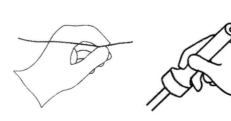

图 2 - 15 焊接姿势

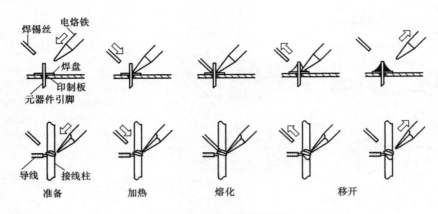

图 2 – 16 焊接操作步骤

①准备：准备好焊锡丝和烙铁，烙铁头部保持干净，需沾上焊锡。

②加热：将烙铁接触焊接点，保持烙铁加热焊件各部分均匀受热。

③熔化：加热到能熔化焊料的温度后将焊丝置于焊点，焊料开始熔化并润湿焊点。

④移开：当熔化一定量焊锡后将焊锡丝和烙铁迅速移开。

上述焊接过程，对一般焊点大约为二、三秒钟，对于热容量较小焊点，有时用三步法概括操作，一边加热一边送焊锡，加热和熔化一起，达到迅速焊接目的。

更多学习资料请查阅

- 电子元器件论坛　　　　　　http：//bbs. elecfans. com/zhuti_ yuanjian_ 1. html
- 电子爱好者论坛　　　　　　http：//www. etuni. com/

四、任务实施

1. 决策和制定工作计划

制作闪烁器的流程一般是：熟悉原理、准备器材、制作电路板、安装和调试、故障排除。根据所学知识，小组讨论，得出决策，制定工作计划并填在表 2 – 1 中。

表 2 – 1　　　　　　　　　　　　　发光闪烁器装调工作计划

工作时间	共_____小时	审核：_____	
计划实施步骤	1.		计划指南： 　计划制定需考虑合理性和可行性，可参考以下工序： →理论学习 →准备器材 →安装调试 →创新操作 →综合评价
	2.		
	3.		
	4.		
	5.		

2. 任务实施

（1）准备器材　为完成工作任务，组员需要填写借用仪器仪表清单（表 2 - 2）和电子元器件领取清单（表 2 - 3）。

表 2 - 2　　　　　　　　　　　　　　　　　　　　借用仪器仪表清单

任务单号：_____　　借用组别：_____　　　　　　　　　　　　　年　　月　　日

序号	名称与规格	数量	借出时间	借用人	归还时间	归还人	管理员签名

表 2 - 3　　　　　　　　　　　　　　　　　　　　电子元器件领取清单

任务单号：_____　　领料组别：_____　　　　　　　　　　　　　年　　月　　日

序号	名称与规格型号	申领数量	实发数量	是否归还	归还人签名	管理员签名

（2）电路原理分析　发光闪烁器是由两个三极管组成的自激多谐振荡电路，由左右对称的两部分电路组成。接通电源，虽然元件参数相同但由于参数误差，两个三极管中必有一个先导通。假设 V1 先导通，VD1 导通发光，I_{C1} 电流为 VD1 电流，C1 开始充电，极性为左负右正，V2 基极接到 C1 因低电位而截止，VD2 熄灭。一定时间后，C1 电压充电到一定值使 V2 从截止迅速进入饱和导通状态，VD2 发光，这时 C2 开始充电，极性为左正右负，将导致 V1 迅速从饱和变成截止状态，VD1 熄灭。一定时间后 C2 充电到一定值再次使得 V1 导通，V2 截止，VD1 再次发光，如此循环，电路产生了自激振荡，三极管 V1 和 V2 轮流导通，发光二极管 VD1 和 VD2 轮流闪亮。改变电位器阻值，即改变电容器充放电时间，实际调整了发光二极管闪烁速度。

为了更好理解电路工作原理，写出下面元器件的作用：

R1：_____

C1：_____

RP1：_____

V1：_____

思考：①发光二极管 VD1 亮时，三极管 V1 集电极电位及工作状态？

②安装时，若电容 C1 和 C2 的极性反向安装，电路能否正常工作？

③如果把 R1 参数变成 100kΩ，电路能否正常工作？

④电路中三极管如果换成 PNP 型，电路能否振荡闪烁？

（3）电路板制作　由于电路简单，故选用简单快捷的刀刻法制作电路板。在铜板上用铅笔画好连接线路图，用刀刻法去除不需要的铜面，此法适用于保留铜面积较大的电路，制作容易，方便可靠。

（4）安装与调试　将所有元器件安装在电路板上，检查电路无短路和元器件无虚焊后进行调试。打开电子技能岛总电源，调节直流稳压电源输出 6V，接通发光闪烁器的电源。

①接通电源，观察两发光二极管是否交替闪亮。

②调节电位器 RP1 和 RP2，观察发光二极管变化情况。

③调节 RP1 和 RP2，使电路振荡频率为 1Hz，即发光二极管闪烁频率为 1s，用万用表测量三极管 V1 和 V2 各极瞬间最高电压，测试结果填入表 2-4 中。

表 2-4　　　　　　　　　　　　　　　　三极管电压记录表

	测量项目	电压/V		测量项目	电压/V
V_1	U_B		V_2	U_B	
	U_C			U_C	
	U_E			U_E	

（5）若电路通电后工作不正常，出现以下故障，请分析原因。

①通电后，两个发光二极管都不亮或一起亮。

②通电后，发光二极管 VD1 一直保持常亮。

③无法调节发光二极管闪烁频率的快慢。

④在 RP1 和 RP2 参数相同情况下，发光二极管 VD1 闪烁快，VD2 闪烁慢。

（6）总结　本次任务使自己学习到哪些知识，积累了哪些经验，记录下来填写在表2－5中。

表2－5　　　　　　　　　　　　　　工　作　总　结

正确装调方法	
错误装调方法	
总结经验	

3. 工作岗位"6S"处理

工作任务全部完成后，关闭工作台总电源，拆下测量线和连接导线，归还借用工具仪器，组员对本工作岗位进行"整理、整顿、清扫、清洁、安全、素养"处理，维护和保养测量仪器仪表，确保其运行在最佳工作状态。

五、能力拓展

自激多谐振荡电路由于结构简单，元器件参数要求不高，十分适合初学者安装制作。若把电路的NPN型管换成PNP型管，电路如图2－17所示，该怎样修改电路？

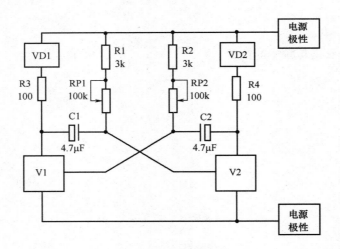

图2－17　PNP管闪烁振荡电路图

（1）画出图2－17中三极管和发光二极管的极性，并标注电源极性。

（2）写出该电路工作原理，分析它与图2－1工作原理的区别。

六、任务评价

将评价结果填在表2－6中。

表 2 - 6   发光闪烁器装调评价表

班级：_____   指导教师：_____

小组：_____   姓名：_____   日   期：_____

评价项目	评价标准	评价依据	评价方式			权重	得分小计
			学生自评 15%	小组互评 25%	教师评价 60%		
职业素养	1. 遵守规章制度劳动纪律 2. 人身安全与设备安全 3. 积极主动完成工作任务 4. 按时按质完成工作任务 5. 工作岗位"6S"处理	1. 劳动纪律 2. 工作态度 3. 团队协作精神				0.3	
专业能力	1. 懂得晶体二极管、三极管识别与检测 2. 会分析闪烁器工作原理和元件作用 3. 电路板制作符合标准 4. 熟悉手工焊接技能操作 5. 能熟练使用仪表调试电路和排除电路故障	1. 晶体管识别检测 2. 工作原理分析 3. 制板和安装工艺 4. 仪表的使用				0.5	
创新能力	1. 电路调试提出自己独到见解或解决方案 2. 能分析 PNP 型管闪烁振荡电路的工作原理 3. 能熟练制作 PNP 型管闪烁器	1. 电路调试方法 2. 三极管判别技巧 3. PNP 型管多谐振荡电路分析				0.2	
综合评价	总分						
	教师点评						

任务 3 耳机放大器装调

【工作情景】

校园广播中心需要一个小功率放大器，要求把调音台输出微弱的监听音频进行放大，去驱动一对功率只有 1.5W 的小音箱作监听使用。由于是业余广播监听，所以音质要求不高，只需性能稳定，电路简单容易安装。电子加工中心接到这一任务后，马上制定工作计划，准备组装一款耳机放大器来完成任务。

一、任务描述和要求

1. 任务描述

耳机放大器能把微弱声音信号放大到可以驱动耳机发声，它是个两级三极管放大电路，采用共射极接法、阻容耦合和分压式偏置，静态工作点可调，电路如图 3-1 所示，耳机放大器电路板如图 3-2 所示。

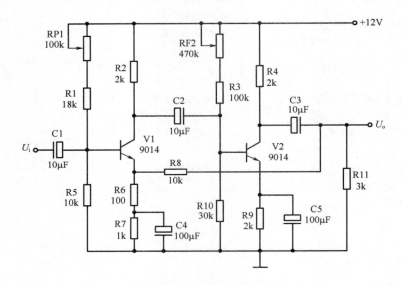

图 3-1 耳机放大器电路图

图 3-2 耳机放大器电路板

2. 任务要求

（1）遵守安全操作规则，注意人身安全。

（2）根据电路图采用手工贴图法制作电路板，元器件布局合理，走线正确。

（3）按电子工艺标准完成元器件成形加工、插装和焊接。

（4）使用函数信号发生器、示波器调试电路，做好波形、数据记录。

二、任务目标

（1）熟悉典型三极管放大电路基础知识，懂得电路组成、元件作用和工作原理。

（2）会熟练制作电路板和进行元器件成形、焊接操作。

（3）会使用示波器调试典型三极管放大电路。

（4）培养独立分析、自我学习、改造创新能力。

三、任务准备

1. 分压式偏置放大电路

三极管一个重要作用是放大，分压式偏置电路就是典型的一种放大电路，静态工作点稳定，可实现电流和电压放大。图 3-3 是个电阻分压式偏置放大器电路，基极偏置采用 $RP1$、R_{B1} 和 R_{B2} 组成分压电路，在发射极中接入电阻 R_E，能稳定放大器的静态工作点。当放大器输入 U_i 信号后，在输出端可得到一个与 U_i 相位相反，幅值被放大的输出信号 U_0，实现电压放大。

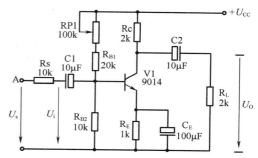

图 3-3　电阻分压式偏置放大器电路

（1）静态工作点计算　静态工作点是指输入信号为零时 I_B、I_C、U_{BE} 的数值，当流过偏置电阻 R_{B1} 和 R_{B2} 电流远大于晶体管 V1 基极电流 I_B 时（一般 5～10 倍），静态工作点可用下式估算

$$U_B \approx \frac{R_{B2}}{R_{B1} + R_{B2}} U_{CC} \tag{3-1}$$

$$I_E \approx \frac{U_B - U_{BE}}{R_E} \approx (1+\beta) I_B \tag{3-2}$$

$$U_{CE} = U_{CC} - I_C (R_C + R_E) \tag{3-3}$$

（2）动态工作点计算

$$A_V = -\beta \frac{R_C /\!/ R_L}{r_{be}} \tag{3-4}$$

$$R_i = R_{B1} /\!/ R_{B2} /\!/ r_{be} \tag{3-5}$$

$$R_0 \approx R_C \tag{3-6}$$

（3）静态工作点调试　静态工作点是否合适，对放大器性能和输出波形有很大影响。如工作点偏高，放大器在加入交流信号以后易产生饱和失真，此时 U_0 的负半周将被削底，如图 3-4（a）所示。如工作点偏低则易产生截止失真，U_0 正半周被缩顶（一般截止失真不如饱和失真明显），如图 3-4（b）所示，这些情况都不符合高保真放大的要求。在选定工作点以后还必须进行动态调试，即在放大器的输入端加入交流信号 U_i，检查输出电压 U_0 的大小和波形是否满足要求。如不满足，应调试静态工作点位置。

改变电路参数 U_{CC}、R_C、R_B（R_{B1}、R_{B2}）均会引起静态工作点变化，如图 3-5 所示。通常采用调节偏置电阻 R_{B2} 的方法来改变静态工作点，如果减小 R_{B2}，可提高静态工作点。

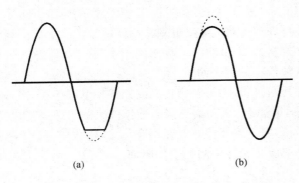

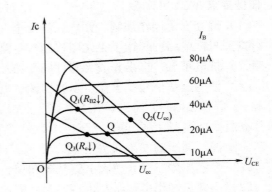

图 3 - 4　静态工作点对 U_o 波形失真的影响

图 3 - 5　电路参数对静态工作点的影响

　　静态工作点"偏高"或"偏低"是相对信号的幅度而言，如输入信号幅度较小，即使工作点较高或较低也不一定会出现失真。产生波形失真是信号幅度与静态工作点设置配合不当所致，如需满足较大信号幅度的要求，静态工作点最好尽量靠近交流负载线中点。

　　（4）电压放大倍数 A_V 测量　调整放大器到合适的静态工作点，然后加入输入电压 U_i，在输出电压 U_o 不失真的情况下，用交流毫伏表测出 u_i 和 u_o 的有效值 U_i 和 U_o，则

$$A_V = \frac{U_o}{U_i} \tag{3-7}$$

　　（5）输入电阻 R_i 和输出电阻 R_0 测量　测量放大器输入电阻，按图 3 - 6 电路在被测放大器输入端与信号源之间串入已知电阻 R，在放大器正常工作情况下，用交流毫伏表测出 U_S 和 U_i，输入电阻计算如下

$$R_i = \frac{U_i}{I_i} = \frac{U_i}{\dfrac{U_R}{R}} = \frac{U_i}{U_S - U_i} R \tag{3-8}$$

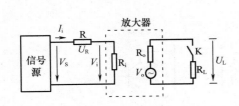

图 3 - 6　输入、输出电阻测量电路

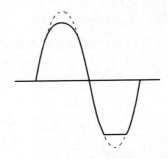

图 3 - 7　静态工作点正常，输入信号太大引起的失真

　　在放大器正常工作条件下，保持输入信号大小不变，测量输出端不接负载 R_L 的输出电压 U_0 和接入负载后的输出电压 U_L，根据以下公式可计算

$$U_L = \frac{R_L}{R_0 + R_L} U_0 \tag{3-9}$$

$$R_0 = \left(\frac{U_0}{U_L} - 1 \right) R_L \tag{3-10}$$

　　（6）最大不失真输出电压 U_{OPP} 测量（最大动态范围）　最大动态范围时静态工作点应在交流负载线中点，调试时逐步增大输入信号幅度，同时调节 R_w 改变静态工作点，用示波器观察 u_o，当输出波形同时出现削底和缩顶现象（如图 3 - 7）时，说明静态工作点已调在交流负载线的中点。反复调整输入信号，使波形输出幅度最大，且无明显失真时，用交流毫伏表测出 U_0（有效值），这时动态范围等于 $2\sqrt{2} U_0$，

或用示波器直接读出 U_{OPP} 波形。

（7）放大器幅频特性测量　幅频特性是指放大器电压放大倍数 A_U 与输入信号频率 f 之间的关系曲线，实际是测量不同频率信号时的电压放大倍数 A_U 值。单管阻容耦合放大电路的幅频特性曲线如图 3-8 所示，A_{um} 为中频电压放大倍数，通常将电压放大倍数随频率变化下降到中频放大倍数的 $\dfrac{1}{\sqrt{2}}$ 倍，即 $0.707\,A_{um}$ 所对应的频率分别称为下限频率 f_L 和上限频率 f_H，则通频带 $f_{BW} = f_H - f_L$。

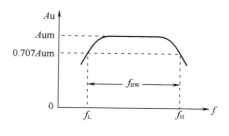

图 3-8　幅频特性曲线

测试幅频特性曲线时应注意取点要恰当，每改变一个信号频率，测量其相应的电压放大倍数，在低频段与高频段应多测几点，在中频段可少测几点。当改变频率时，需保持输入信号的幅度不变，且输出波形不得失真。

2. 函数信号发生器使用

函数信号发生器/计数器是一种精密的测试仪器，具有连续信号、扫频信号、函数信号、脉冲信号输出，还可输出单脉冲、点频正弦信号等多种信号和外部测频功能，是常用的电子测量仪器。现以南京盛普仪器科技有限公司生产的 SP1643B 型函数信号发生器/计数器为例介绍其使用，面板如图 3-9 所示。

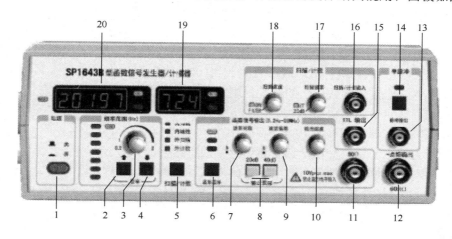

图 3-9　SP1643B 函数信号发生器/计数器面板

（1）面板各部分旋钮名称及作用如表 3-1 所示。

表 3-1　　　　　　　　　　　　**SP1643B 面板旋钮名称及作用**

序号	名　称	作　用
1	电源开关	控制整机工作，按下时机内电源接通
2	倍率选择按钮	每按一次按钮可递增输出频率 1 个频段
3	频率微调旋钮	调节时可微调输出信号频率，调节基数范围为 0.1~3
4	倍率选择按钮	每按一次按钮可递减输出频率 1 个频段
5	扫描/计数按钮	可选择多种扫描方式和外测频方式
6	函数输出波形选择	可选择正弦波、三角波和脉冲波形输出
7	输出波形对称性调节旋钮	调节可改变输出信号的对称性，当电位器处在关位置时，输出对称信号
8	输出衰减开关	当两个按钮没有按下时输出信号不衰减，可单独按一个或两个一起按下，衰减范围：20dB、40dB 和 60dB
9	输出信号直流电平偏移旋钮	调节范围：−5V ~ +5V（50Ω 负载），−10V ~ +10V（1MΩ 负载），当电位器处在关位置时，则为 0 电平

续表

序号	名　称	作　用
10	输出信号幅度调节旋钮	电压输出：调节范围20dB，功率输出：调节范围0~5V
11	函数信号输出端	输出多种受控函数波形信号，幅度20Vp-p（1MΩ负载），10Vp-p（50Ω负载）
12	5W功率输出端	该端口能输出5W功率的正弦波信号
13	单脉冲信号输出端	通过单脉冲按钮输出TTL跳变电平
14	单脉冲按钮	按一次输出TTL高电平（指示灯亮），再按一次输出TTL低电平（指示灯灭）
15	点频输出端	输出100Hz的正弦波信号，幅度2Vp-p（-1V~+1V），阻抗50Ω
16	扫描/计数输入	外扫描控制信号或外测频信号的输入端
17	扫描速度调节	调节时可改变内扫描的时间长短
18	扫描宽度调节	调节扫描输出频率范围
19	幅度显示窗口	显示函数输出信号和功率输出信号的幅度
20	频率显示窗口	显示输出信号频率或外测信号频率

（2）使用前准备工作

①检查市电电压在220V±10%范围内，确保仪器在安全电压下工作。

②检查常见按键开关、旋钮、显示屏等是否正常，确保仪器正常输出信号。

（3）函数信号输出和外测频输入

①连接50Ω匹配器的测试电缆，由前面板插座11输出函数信号。

②频段按钮2和4选定输出函数信号的频段，调节频率微调3输出信号频率。

③波形输出按钮6选定输出函数波形。

④信号幅度通过衰减按钮8和旋钮10来调节输出信号幅度。

⑤通过输出信号直流电平偏移旋钮9选定输出信号的直流电平。

⑥通过输出波形对称性调节旋钮7可改变输出脉冲信号正负半周比例。

⑦扫描/计数按钮5选择外部计数方式，外测信号由输入插座16输入。

更多操作说明请查阅盛普SP1643B函数信号发生器/计数器使用说明书。

3. 数字式示波器使用

示波器能够直观显示各种信号的波形，测量信号频率、周期、幅度和相位等，是常用的电子测量仪器。SDS1000系列数字示波器提供简单而实用的前面板（图3-10），这些控制按钮按照功能分组显示，

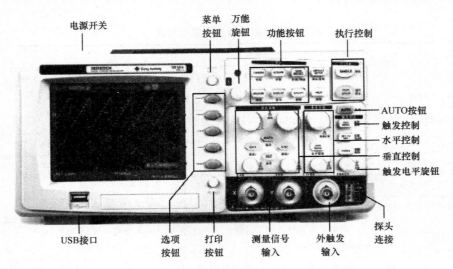

图3-10　SDS1010数字示波器

只需选择相应的按钮进行基本操作。面板上包括旋钮和功能按键，显示屏右侧排列 5 个灰色按键为选项操作键，可以设置当前菜单的不同选项。其他按键为功能键，可以进入不同的功能菜单或直接获得特定功能。SD1000 系列示波器操作面板旋钮名称及作用如表 3 – 2 所示。

表 3 – 2　　　　　　　　　　SDS1000 系列示波器操作面板旋钮名称及作用

名　称	作用或功能含义
CH1、CH2	显示通道 1、通道 2 设置菜单
MATH	显示"数学计算"功能菜单
REF	显示"参考波形"菜单
HORI MENU	显示"水平"菜单
TRIG MENU	显示"触发"控制菜单
SET TO 50%	设置触发电平为信号幅度的中点
FORCE	无论示波器是否检测到触发，都可使用"FORCE"按钮完成当前波形采集
SAVE / RECALL	显示设置和波形的"储存/调出"菜单
ACQUIRE	显示"采集"菜单
MEASURE	显示"自动测量"菜单
CURSORS	显示"光标"菜单，当显示"光标"菜单并且光标被激活时，"万能"旋钮可以调整光标的位置。离开"光标"菜单后，光标保持显示
DISPLAY	显示"显示"菜单
UTILITY	显示"辅助功能"菜单
DEFAULT SETUP	调出厂家设置
HELP	进入在线帮助系统
AUTO	自动设置示波器控制状态，以产生适用于输出信号的显示图形
RUN/STOP	连续采集波形或停止采集
SINGLE	采集单个波形，然后停止

（1）用户显示界面如图 3 – 11 所示，界面指示含义如表 3 – 3 所示。

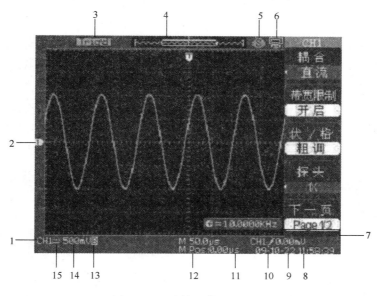

图 3 – 11　液晶屏幕显示界面

表 3 – 3 　　　　　　　　　　**SDS1000 系列示波器液晶屏幕显示界面指示**

序号	指 示 含 义
1	屏幕标记，表明显示波形的接地参考点，若没有标记，不会显示通道
2	显示波形的通道标志
3	触发状态指示
4	显示当前波形窗口在内存中的位置
5	打印按钮控制
6	USB 端口设置
7	以数字形式显示当前信号频率
8	用读数形式表示"边沿""脉冲宽度"触发电平
9	显示当前示波器设置的日期、时间
10	采用图标显示选定的触发类型
11	显示主时基波形的水平位置
12	以数字形式显示主时基设置
13	表明该通道带宽限制标志
14	以数字形式显示通道的垂直刻度系数
15	显示该通道信号耦合标志

（2）测量探头

①探头主体周围的防护装置可保护手指以防止电击，使用时手指保持在探头主体上防护装置的后面，不可接触探头顶部的金属部分。进行测量前，将探头连接到示波器并将接地端接地。示波器测量的信号是对"地"的参考电压，接地端请正确接地、不可造成短路。

②探头衰减设置。探头衰减开关如图 3 – 12 所示，探头有不同的衰减系数，它影响信号垂直刻度。"探头检查"功能验证探头衰减选项是否与探头的衰减匹配。可以按下垂直菜单按钮（例如"CH1 菜单"按钮），然后选择与探头衰减系数匹配的探头选项。探头选项默认的设置为 1X，使用时探头上的"衰减"开关与示波器中的"探头"选项要匹配。

③探头补偿。探头补偿如图 3 – 13 所示，正常补偿后波形为端正的矩形波形，未经补偿或补偿偏差的探头会导致测量误差或错误。首次使用时将探头与任一通道连接时，进行此项调节，使探头与通道匹配。如需调整探头补偿，可以手动执行此调整来匹配探头和输入通道。

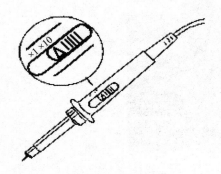

图 3 – 12　探头衰减开关

欠补偿　　　　　补偿适当　　　　　过补偿

图 3 – 13　探头补偿波形

（3）测量信号的频率　自动测量信号频率，可按下面步骤进行：

①按"CH1 菜单"按钮，将探头选项衰减系数设定为 10X，并将探头上的开关设定为 10X。

②将通道 1 的探头连接到电路被测点。

③按下"AUTO"按钮，示波器将自动设置垂直、水平、触发控制。若要优化波形的显示，可在此基础上手动调整上述控制，直至波形的显示符合要求。示波器根据检测到的信号类型在显示屏的波形区域中显示相应的自动测量结果。

（4）测量信号的峰－峰值

①按"MEASURE"按钮，显示"自动测量"菜单。

②按下顶部选项按钮。

③按下"电压测试"选项按钮，进入"电压测量"菜单。

④按下"信源"选项按钮选择信号输入通道。

⑤按下"类型"选项按钮选择"峰－峰值"。

更多操作说明请查阅 SDS1000 系列数字存储示波器用户手册。

更多学习资料请查阅

- 电子爱好者论坛　　　　http：//www. etuni. com/
- 基本放大电路资料　　　http：//baike. baidu. com/view/4904210. htm

四、任务实施

1. 讨论决策、制定计划

小组成员集体讨论，得出实施决策，制定安装耳机放大器计划，合理安排工作进程。根据已学理论知识和操作技能，结合实习情景，填写工作计划（表 3 -4）。

表 3 -4　　　　　　　　　　　　　耳机放大器装调工作计划

工作时间	共_____小时		审核：_____	
计划实施步骤	1.			计划指南：　计划制定需考虑合理性和可行性，可参考以下工序： →理论学习 →准备器材 →安装调试 →创新操作 →综合评价
	2.			
	3.			
	4.			
	5.			

2. 任务实施

（1）准备器材　为完成工作任务，组员需要填写借用仪器仪表清单（表 3 -5）和电子元器件领取清单（表 3 -6）。

表 3 – 5 借用仪器仪表清单

任务单号：_____ 借用组别：_____ 年 月 日

序号	名称与规格	数量	借出时间	借用人	归还时间	归还人	管理员签名

表 3 – 6 电子元器件领取清单

任务单号：_____ 领料组别：_____ 年 月 日

序号	名称与规格型号	申领数量	实发数量	是否归还	归还人签名	管理员签名

（2）原理分析　合适的偏置电路是保证三极管工作在放大状态的首要条件，电路采用两级阻容耦合放大，各级的静态偏置参数不同。为了更好理解电路原理，请认真思考完成下面练习。

①写出以下元器件在电路中的作用。

R2：_____

R6：_____

R8：_____

R9：_____

C2：_____

②反馈电路由哪些元器件组成？属于哪种类型的反馈？

③调试时若 C4 开路，会产生什么现象？

（3）根据电路图设计元器件装配图，画在图 3 – 14 方格上。

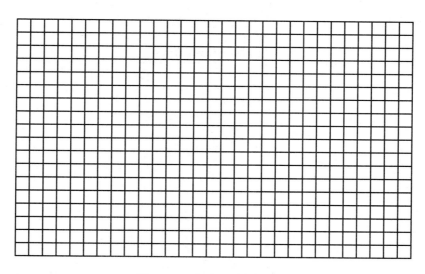

图 3 - 14　电路元器件装配图

（4）制板和元器件安装

①根据自己设计的装配图，采用贴图法手工制作电路板。

②按电子工艺要求对元器件引脚进行成形加工和插装。

③按焊接工艺要求对元器件进行焊接。

④焊接电源、输入信号和输出信号端子。

（5）电路调试　使用万用表、函数信号发生器和示波器调试电路。输入 $f = 1\text{kHz}$，$V_{P-P} = 30\text{mV}$ 正弦信号，调节 RP1 和 RP2，使放大电路工作在最大动态状态（输出信号幅度最大而且不失真），观察示波器输入和输出信号波形，把波形画在表 3 - 7 方格上。

表 3 - 7　　　　　　　　　　　　　　　　　　输入、输出信号波形

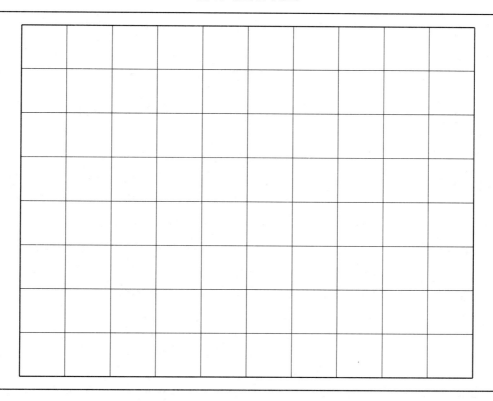

保持电路工作在最大动态范围内，测量三极管各极电压，填在表3-8中。

表3-8 三极管动态工作点记录表

	测量项目	数据		测量项目	数据
V_1	i_B	mA	V_2	i_B	mA
	i_C	mA		i_C	mA
	i_E	mA		i_E	mA
	U_b	V		U_b	V
	U_{ce}	V		U_{ce}	V
U_i		计算 $A_V = \dfrac{U_0}{U_i} =$ _____			
U_o					

（6）小组内演示电路的最大动态工作点，为什么相同参数的电路动态工作点有区别？

（7）总结 本次任务使自己学习到哪些知识，积累了哪些经验，记录下来填在表3-9中。

表3-9 工 作 总 结

正确装调方法	
错误装调方法	
总结经验	

3. 工作岗位"6S"处理

工作任务全部完成后，关闭工作台总电源，拆下测量线和连接导线，归还借用工具仪器，组员对本工作岗位进行"整理、整顿、清扫、清洁、安全、素养"处理，维护和保养测量仪器仪表，确保其运行在最佳工作状态。

五、能力拓展

图3-15是个分立元件构成的放大电路，主要由输入电路、电压放大电路和功率输出电路组成，根据

已学知识，查阅相关资料，分析电路工作原理和信号流程。

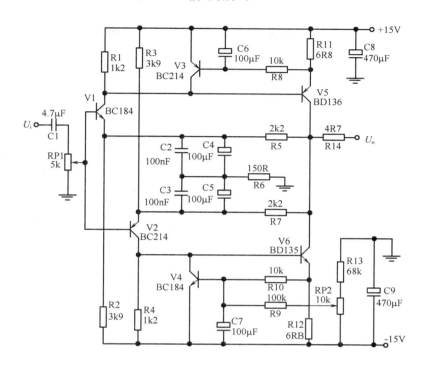

图 3-15　分立元件放大电路图

六、任务评价

将评价结果填在表 3-10 中。

表 3-10　　　　　　　　　　　　　　耳机放大器装调评价表

班级：_____　　　　　　　　　　　　　　　　　指导教师：_____

小组：_____　　姓名：_____　　　　　　　日　　期：_____

评价项目	评价标准	评价依据	评价方式			权重	得分小计
			学生自评 15%	小组互评 25%	教师评价 60%		
职业素养	1. 遵守规章制度劳动纪律 2. 人身安全与设备安全 3. 积极主动完成工作任务 4. 按时按质完成工作任务 5. 工作岗位"6S"处理	1. 劳动纪律 2. 工作态度 3. 团队协作精神				0.3	
专业能力	1. 会熟练使用信号发生器和示波器 2. 能理解三极管放大电路工作原理和波形分析 3. 电路板制作符合工艺要求，焊接标准 4. 能灵活使用仪器调试电路	1. 工作原理分析 2. 电路板制作工艺 3. 焊接工艺 4. 仪器使用熟练程度				0.5	

续表

| 班级： |
| 小组： 姓名： |

指导教师：_____
日　　期：_____

评价项目	评价标准	评价依据	评价方式			权重	得分小计
			学生自评 15%	小组互评 25%	教师评价 60%		
创新能力	1. 电路调试提出自己独到见解或解决方案 2. 熟悉三极管的工作状态 3. 理解偏置电路对放大电路的影响，知道产生失真的原因及改善的方法	1. 三极管各种工作状态的理解 2. 分立元件放大电路分析				0.2	
	总分						

教师点评

综合评价

任务4 稳压电源装调

【工作情景】

电子加工中心计划为实验室制作一款直流稳压电源，主要是为电工电子实验操作提供稳定的电源。为了满足在调试时不同电压的需求，该电源具备输出电压可调节功能，因调试电路时需要的电流不大，稳压精度要求不高，所以采用三极管串联型稳压电路。

一、任务描述和要求

1. 任务描述

直流稳压电源种类型繁多，有采用分立元件和集成器件构成。电子加工中心准备制作的稳压电源电路图如图4-1所示，它是一种常见的串联型稳压电路，电路简单、可靠，输出电压范围宽。稳压电源电路板如图4-2所示。

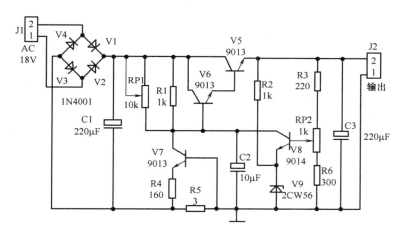

图4-1 稳压电源电路图

图4-2 稳压电源电路板

2. 任务要求

（1）使用单面覆铜板设计安装，面积小于 10cm×10cm（长和宽）。

（2）元器件布局合理，接插件设计在方便操作位置，装配符合电子工艺要求，焊接标准。

（3）正确使用仪器调试电路，操作调试遵守安全用电规范。

（4）能稳定输出 2~9V 直流电压。

二、任务目标

（1）会分析串联稳压电源工作原理、元器件的作用。

（2）能独立完成稳压电源电路装配图设计与元器件安装。

（3）会熟练使用仪器仪表测量关键点数据和调试电路各项功能。

（4）培养独立分析、自我学习、改造创新能力。

三、任务准备

1. 整流电路

电子产品很多使用直流电源，因家庭都使用220V交流电，需通过变压器降压，经转换电路变成直流电后提供给设备工作，这个转换电路就是整流电路。常用单相整流电路有半波整流、全波整流和桥式整流，均是利用二极管单向导电特性，把大小、极性变化的交流电变成极性固定的脉动直流电，再经滤波和稳压电路将其变成稳定的直流电压。

（1）半波整流电路 半波整流电路如图4-3所示。T1 为电源变压器，V1 是整流二极管，R1 是负载。T1 输出是方向和大小随时间变化的正弦波电压，波形如图4-4（a）所示。0~π 期间为电压正半周，T1 次级极性为上正下负，二极管 V1 正向导通，电源电压加到负载 R1 上，负载 R1 中有电流通过。π~2π 期间为电压负半周，T1 次级上负下正，二极管 V1 反向截止，负载 R1 电压为零，无电流通过。整个周期中负半周波形总被"削"掉，只得到一个方向的正半周电压，波形如图4-4（b）所示。由于电压波形大小还是随着时间变化，所以称为脉动直流电。

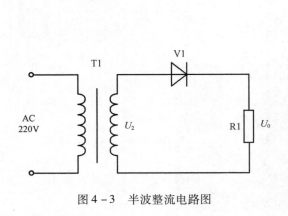

图 4-3 半波整流电路图

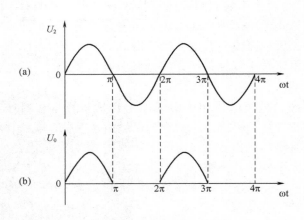

图 4-4 半波整流波形图

设 T1 次级电压为 U_2，理想状态下 R1 负载端直流分量就是一个周期内的平均值，可用公式（4-1）求出

$$U_0 = \frac{\sqrt{2}}{\pi}U_2 \approx 0.45U_2 \qquad (4-1)$$

整流二极管 V1 承受反向峰值电压为

$$U_{VM} = \sqrt{2}U_2 \tag{4-2}$$

因半波整流电路只利用电源正半周，电源利用效率非常低，所以半波整流电路仅在高电压、小电流等少数对直流电源要求不高的场合使用。

（2）全波整流电路　全波整流电路如图4-5，比半波整流电路多用一个整流二极管V2，变压器T1次级增加一个中心抽头，电路实质是将两个半波整流电路组合到一起。在0～π期间T1次级极性为上正下负，V1正向导通，电源电压加到R1上，R1两端电压上正下负，其波形如图4-6（b）所示，电流方向如图4-7所示。在π～2π期间T1次级极性上负下正，V2正向导通，电源电压加到R1上，R1端电压还是上正下负，其波形如图4-6（c）所示，电流方向如图4-8所示。整个周期正负半周电压都经过V1、V2整流，R1上的电压极性都是上正下负，其波形如图4-6（d）所示。

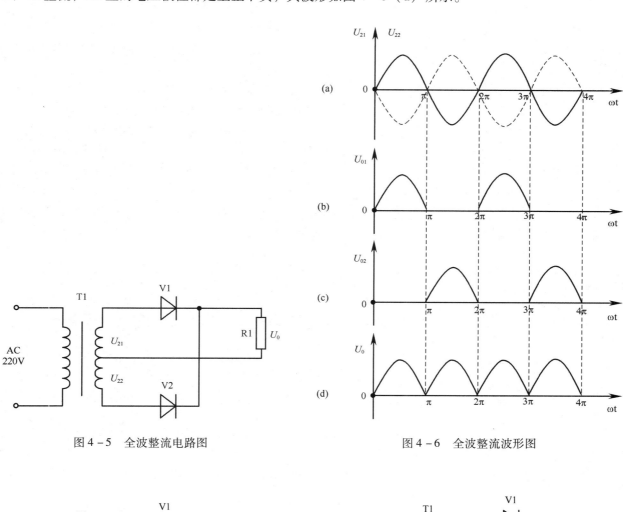

图4-5　全波整流电路图

图4-6　全波整流波形图

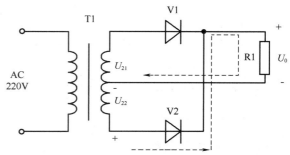

图4-7　V1导通时的电流方向　　　　　　图4-8　V2导通时的电流方向

设 T1 次级电压为 U_2，理想状态下 R1 两端直流分量就是一个周期内的平均值，可用公式（4－3）求出

$$U_0 = 2 \times 0.45 U_2 = 0.9 U_2 \qquad (4-3)$$

整流二极管 V_1 和 V_2 承受反向峰值电压为

$$U_{VM} = 2\sqrt{2} U_2 \qquad (4-4)$$

全波整流电路每个整流二极管流过的电流只是负载电流的一半

$$I_{V1} = I_{V2} = \frac{1}{2} I_1 \qquad (4-5)$$

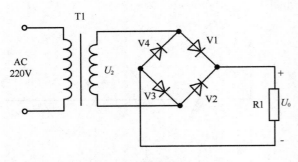

图 4－9 桥式整流电路图

（3）桥式整流电路

由于全波整流电路需要带中心抽头的变压器，制作起来比较麻烦，桥式整流电路是另一种常用的整流电路，电路如图 4－9 所示。它使用普通变压器，比全波整流多用两个整流二极管。由于四个整流二极管连接成电桥形式，所以称为桥式整流电路。

电源正半周整流如图 4－10 所示，T1 次级极性上正下负，整流二极管 V1 和 V3 导通，电流由变压器 T1 次级上端经过 V1、R1、V3 回到变压器 T1 次级下端。电源负半周整流如图 4－11 所示，T1 次级极性下正上负，整流二极管 V4 和 V2 导通，电流由变压器 T1 次级下端经过 V2、R1、V4 回到变压器 T1 次级上端。R1 两端电压始终是上正下负，其波形与全波整流时一致。

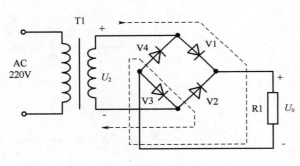

图 4－10 正半周时电流方向

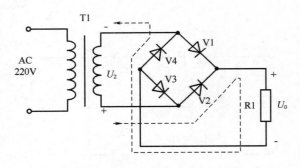

图 4－11 负半周时电流方向

设 T1 次级电压为 U_2，理想状态下 R1 两端直流分量就是一个周期内的平均值，可用公式（4－6）求出

$$U_0 = 2 \times 0.45 U_2 = 0.9 U_2 \qquad (4-6)$$

每只二极管承受的反向峰值电压为

$$U_{VM} = \sqrt{2} U_2 \qquad (4-7)$$

桥式整流电路每个整流二极管流过的电流是负载电流的一半，与全波整流相同。

$$I_{V1} = I_{V2} = I_{V3} = I_{V4} = \frac{1}{2} I_1 \qquad (4-8)$$

桥式整流电路简化画法如图 4－12 所示。

2. 滤波电路

交流电经过整流后得到的是脉动直流电，所含交流纹波较大，不能直接作为电子电路的电源。需经过滤波电路把交流纹波滤除，让脉动直流电变得更加平滑，符合电子产品对电源的要求。常见滤波电路

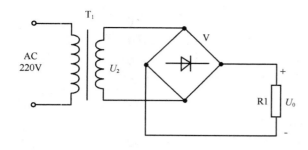

图 4-12 桥式整流电路简化画法

由电容器、电感线圈等组成。

（1）电容滤波电路 电容滤波电路如图 4-13，利用电容充放电原理获得滤波效果。在脉动直流波形上升阶段，电容 C_1 充电，由于充电时间常数小，所以充电速度快，当脉动直流波形下降时，电容 C_1 放电，由于放电时间常数很大，所以放电速度慢，在 C_1 还没有完全放电时再次进行充电。通过电容 C_1 的反复充放电实现了滤波作用。滤波电容 C_1 两端电压波形如图 4-14（b）。

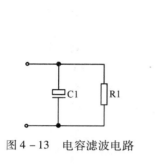

图 4-13 电容滤波电路

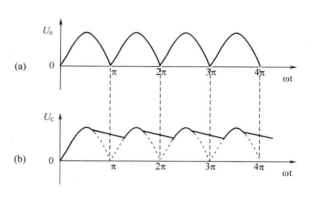

图 4-14 电容滤波电路波形

（2）电感滤波电路 电感滤波电路如图 4-15 所示。利用电感线圈对脉动直流产生反向电动势，起到阻碍作用而获得滤波效果。电感量越大滤波效果越好。电感滤波带负载能力强，多用于负载电流较大的场合。

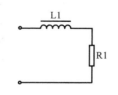

图 4-15 电感滤波电路

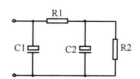

图 4-16 RC 滤波电路

（3）RC 滤波电路 使用两个电容和一个电阻组成 RC 滤波电路，又称 π 型 RC 滤波电路，如图 4-16 所示。这种滤波电路由于增加了电阻 R1，使交流纹波都分担在 R1 上。R1 和 C2 越大滤波效果越好，但 R1 过大又会造成压降过大，降低输出电压，减小输出电流，通常 R1 参数选择应远小于负载电阻 R2。

（4）LC 滤波电路 采用电容和电感线圈可组成 LC 滤波电路，如图 4-17 所示，这种滤波电路集合电容滤波和电感滤波的优点，有滤波效果好、带负载能力强的特点。

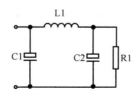

图 4-17 LC 滤波电路

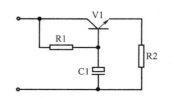

图 4-18 有源滤波电路

（5）有源滤波电路 若对滤波效果要求较高时，可通过增加滤波电容容量来提高滤波效果，由于受到电容体积限制，不可能无限制增大滤波电容容量，这时可使用有源滤波电路，电路如图4－18所示。R1 为三极管 V1 基极偏流电阻，C1 为三极管 V1 基极滤波电容，R2 是负载。电路实际是通过三极管 V1 放大作用，将 C1 容量放大 β 倍，相当于接入一个放大（$\beta + 1$）倍容量的 C1 进行滤波。

C1 可选择几十微法到几百微法，R1 可选择几百欧到几千欧，具体取值可根据 T1 的 β 值确定，β 值高，R1 可选择稍大的阻值，只要保证 V1 集电极与发射极电压 U_{ce} 大于 1.5V 即可。V1 选择时要注意耗散功率 P_{CM} 必须大于 U_{ce}。有源滤波电路属于二次滤波电路，前级应装有电容或电感滤波电路，否则无法正常工作。

思考：

1. 在电容滤波电路中，通常输出端都并联一个小容量陶瓷电容，为什么？

2. 如果把电解电容极性安装反了，会发生怎样后果？

3. 开关电源 220V 电源入线上常装有磁性的电感线圈，其有什么作用？

---

3. 复合三极管

复合三极管是将两个和更多个晶体管集电极连在一起，把第一个晶体管发射极直接耦合到第二个晶体管基极，依次连接而成，然后引出 e、b、c 三个电极。也称达林顿管，放大倍数是所有三极管放大倍数的乘积，一般应用在功率放大器、稳压电源电路等。组成的三极管可以是同型号，也可以是不同型号；可以是相同功率，也可以是不同功率。无论怎样组合连接，最后所构成达林顿三极管放大倍数为所有三极管放大倍数乘积。

达林顿管电路连接有 4 种接法：即 NPN 和 NPN、PNP 和 PNP、NPN 和 PNP、PNP 和 NPN。它们连接如图 4－19 所示。图 4－19（a）、（b）所示为同极性接法，图 4－19（c）、（d）所示为异极性接法。实际使用中，用得最普遍的是前两种同极性接法。通常，图 4－19（a）接法三极管叫 NPN 型达林顿三极管，图 4－19（b）接法三极管称为 PNP 型达林顿管。两个三极管复合成新的达林顿管后，它三个电极仍然称为 b 极、c 极、e 极。

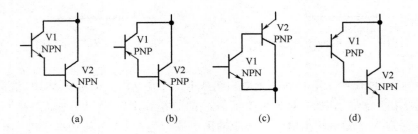

图 4－19 达林顿管 4 种接法

达林顿管有一个特点就是两个三极管中，前面三极管的功率一般比后面三极管的要小，前面三极管基极为达林顿管的基极，后面三极管发射极为达林顿管的发射极。所以达林顿管在电路中使用方法与单个普通三极管一样，只是 β 为两个三极管放大倍数的乘积。

（1）复合三极管特点

①放大倍数大，可达数百、数千倍。

②驱动能力强，功率大。

③开关速度快，可做成功率放大模块，易于集成化。

（2）复合三极管用途

①用于大负载驱动电路，如大功率电机调速、逆变电路。

②用于音频功率放大器电路，如后级功率放大电路。

③用于中、大容量的开关电路，如电磁炉、大功率稳压电源电路。

更多学习资料请查阅

- 电子爱好者论坛　　　　　http：//www. etuni. com/
- 电子发烧友电源技术论坛　http：//bbs. elecfans. com/zhuti_ power_ 1. html

四、任务实施

1. 讨论决策、制定计划

小组成员集体讨论，得出实施决策，制定工作计划，合理安排工作进程。根据已学理论知识和操作技能，结合实习情景，填写工作计划（表 4 -1）。

表 4 -1　　　　　　　　　　　稳压电源装调工作计划

工作时间	共_____小时	审核：_____	
计划实施步骤	1.		计划指南： 　计划制定需考虑合理性和可行性，可参考以下工序： →理论学习 →准备器材 →安装调试 →创新操作 →综合评价
	2.		
	3.		
	4.		
	5.		

2. 任务实施

（1）准备器材　为完成工作任务，组员需要填写借用仪器仪表清单（表 4 -2）和电子元器件领取清单（表 4 -3）。

表 4 -2　　　　　　　　　　　借用仪器仪表清单

任务单号：_____　借用组别：_____　　　　　　　　年　月　日

序号	名称与规格	数量	借出时间	借用人	归还时间	归还人	管理员签名

表4－3　　　　　　　　　　　　　　　　　电子元器件领取清单

任务单号：_____　　领料组别：_____　　　　　　　　　　　　　　　年　　月　　日

序号	名称与规格型号	申领数量	实发数量	是否归还	归还人签名	管理员签名

（2）分析电源工作原理　串联稳压电路由整流滤波电路、启动保护电路、调整管、误差比较放大电路和取样电路组成。为了更好理解电路工作原理，认真思考完成下面练习。

①写出各部分电路组成。

整流滤波电路组成：_____

启动保护电路组成：_____

调整管电路组成：_____

误差比较电路组成：_____

取样电路组成：_____

②分析以下元器件的作用。

RP1：_____

R1：_____

C2：_____

V8：_____

R2：_____

R5：_____

R6：_____

V9：_____

③串联稳压电源最大缺点是所有负载电流都经过调整管，由于调整管并不工作在开、关状态，容易发热而损坏，为了保护调整管和输出电流限制，本电路安装有过流检测电阻，当负载电流过大时，会导致输出电压下降。请写出过流保护过程。

④稳压过程分析：假如输入电压过高导致输出电压升高，请在三极管各极用箭头标注出电压上升或下降。

⑤取样电路使用电位器来改变取样电压值，从而调节输出电压大小。RP2变阻端往上移动时，输出电压_____（增大或者减少），RP2变阻端往下移时，输出电压_____（增大或者减少）。

（3）根据电路图设计元器件装配图，画在图4－21方格上。

（4）元器件安装

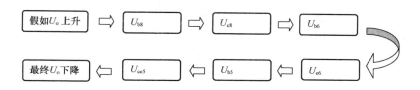

图 4 - 20　输入电压过高时的稳压流程

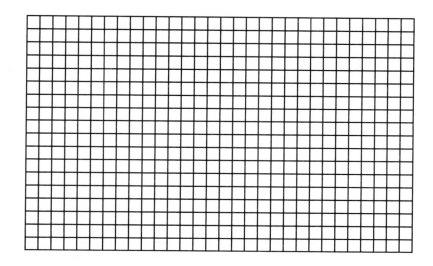

图 4 - 21　稳压电源元器件装配图

①根据设计好的电路装配图，使用手工法制作电源电路板。

②按电子工艺要求对元器件进行成形加工、插装。

③按标准焊接要求对元器件进行焊接。

（5）电路调试　总装完毕经检查无误后，接通电源，按表 4 - 4 的要求调试电路并作记录数据。

表 4 - 4　　　　　　　　　　　　　　　稳压电源调试表

测量要求	测　量　数　据		
带负载时 $R_L = 330\Omega$	最大输出电压/V		
	最小输出电压/V		
空载时	最大输出电压/V		
	最小输出电压/V		
调节 $U_O = 12V$ 时 不接任何负载	U_{b8}		U_{b6}
	U_{b5}		U_{R3}
调节 $U_O = 5V$ 时 接上负载 $R_L = 330\Omega$	U_{b8}		U_{b6}
	U_{b5}		U_{R3}

当输入 18V 交流电压，调整输出电压 $U_O = 12V$、$R_L = 330\Omega$ 时，用示波器观察 U_{J1} 和 U_{b6} 的波形，共同画在表 4 - 5 方格内。

表 4－5　　　　　　　　　　　　　　　　　调试波形

（6）电路中若要限制最大输出电流不超过 200mA，该怎样调整？

（7）受限于调整管 V5 的最大工作电流，若要扩大输出电流，电路该如何改装？

（8）调试时，发生以下故障，请分析故障原因和写出排除故障方法。

①输出保持为一固定电压值，调节 RP2 时输出电压无变化。

②通电时 C1 端电压为 20V，但输出端电压为零。

③调节 RP2 时输出电压变化范围很小，最大值和最小值电压相差只有 2V。

（9）总结　本次任务使自己学习到哪些知识，积累了哪些经验，记录下来填在表 4 - 6 中。

表 4 - 6　　　　　　　　　　　　　　工　作　总　结

正确装调方法	
错误装调方法	
总结经验	

3. 工作岗位"6S"处理

　　工作任务全部完成后，关闭工作台总电源，拆下测量线和连接导线，归还借用工具仪器，组员对本工作岗位进行"整理、整顿、清扫、清洁、安全、素养"处理，维护和保养测量仪器仪表，确保其运行在最佳工作状态。

五、能力拓展

　　图 4 – 22 是一个高精度、具有电流补偿的可调直流稳压电路，它与图 4 – 1 不同，使用元器件较多，采用复合三极管做调整管，误差比较电路采用差分放大电路，精度高，输出电压稳定。请收集相关资料，学习差分放大电路知识，完成以下思考问题。

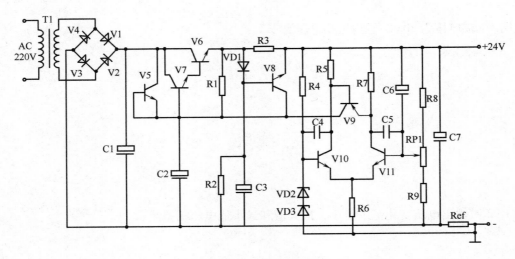

图 4 – 22　高精度可调稳压电源电路图

　　1. 调整管和误差比较电路由哪些元件组成？

　　2. 分别写出电路中 V1～V11 的作用，若把 V6 更换成 PNP 型管，电路能正常工作吗？

　　3. 假如交流电压升高，导致 U_{C1} 端电压升高，结合所学知识，参考图 4 – 1 电路的稳压流程，认真思考和查阅相关资料，请写出电源的稳压流程。

六、任务评价

将评价结果填入表4 – 7中。

表4 – 7　　　　　　　　　　　　　　**稳压电源装调评价表**

班级：_____

小组：_____　　姓名：_____

指导教师：_____

日　　期：_____

评价项目	评价标准	评价依据	评价方式			权重	得分小计
			学生自评 15%	小组互评 25%	教师评价 60%		
职业素养	1. 遵守规章制度劳动纪律 2. 人身安全与设备安全 3. 积极主动完成工作任务 4. 完成任务的时间 5. 工作岗位"6S"处理	1. 劳动纪律 2. 工作态度 3. 团队协作精神				0.3	
专业能力	1. 熟悉稳压电源工作原理 2. 元件布局设计合理，电路板制作符合工艺要求 3. 熟悉元器件检测、插装和焊接操作 4. 灵活使用仪表仪器调试电路和数据精度高	1. 工作原理理解 2. 制板工艺 3. 焊接工艺 4. 调试过程				0.5	
创新能力	1. 电路调试提出自己独到见解或解决方案 2. 熟悉高精度稳压电源工作原理及稳压流程 3. 熟悉电路所有元器件的作用	1. 使用仪器的熟练程度 2. 稳压电路功能升级或改造方案				0.2	
综合评价	总分						
	教师点评						

任务5　电平检测器装调

【工作情景】

电子工作室要求每个同学自备一个数字电平检测器，在电路调试时能快速判断电平的高低。检测器可选用发光二极管或数码管显示测量值，要求能调节比较阈值大小，体积小巧，性能稳定。

一、任务描述和要求

1. 任务描述

数字电路中经常要判断逻辑电平的高低，除了用万用表测量外，还可自制一个简单的电平检测器，用发光数码管显示被测量电平的高低，高电平显示"1"，低电平显示"0"，电平检测器还可灵活调节比较阈值的电平，实用性高，电路如图 5-1 所示，电平检测器电路板如图 5-2 所示。

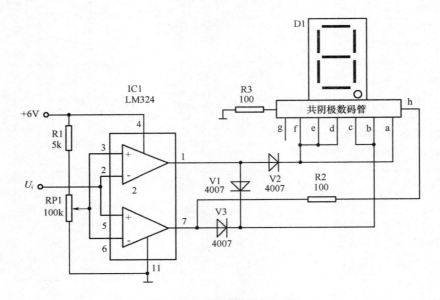

图 5-1　电平检测器电路图

图 5-2　电平检测器电路板

2. 任务要求

（1）遵守安全用电规则，注意人身安全。

（2）合理设计电路装配图，布局规范，元器件安装正确。

（3）测量高电平时显示"1"，低电平时显示"0"，显示数字稳定。

（4）使用测量仪器按要求完成调试并做好数据、波形记录。

二、任务目标

（1）熟悉 LM324 引脚功能及其使用，会分析电平检测器工作原理。

（2）能独立设计电平检测器元器件装配图和制作电路板。

（3）会使用示波器等仪器进行电路调试和排除故障。

（4）培养独立分析、自我学习、改造创新能力。

三、任务准备

1. LM324 四运放集成电路

早期运算放大器应用在模拟计算机中能实现数学运算，所以称为"运算放大器"，简称"运放"。它是具备一定功能的单元电路，通常集成在一块半导体芯片中，只需少量外围元器件即可组成完整的功能电路，理想运放符号如图 5 - 3 所示。随着半导体技术飞速发展，运放性能越来越先进，功耗越来越低，使用越来越广泛。

（1）集成运算放大器分类

①通用型运放：此类运放主要特点是价格低廉，产品量大面广，性能指标一般。常见的有 uA741、LM358、NJM4558、LM324 及以场效应管输入的 LF356，均是目前应用最广泛的运放。

②高阻型运放：此类运放的特点是差模输入阻抗高，输入偏置电流小，具备高速、宽带和低噪声等优点，缺点是输入失调电压稍大。常见有 LF356、LF347、CA3130、CA3140。

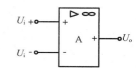

图 5 - 3　理想集成运算
放大器符号

③低温漂型运放：此类运放的失调电压较小且不随温度变化而变化，精度较高，性能比较稳定。常用在精密仪器仪表中。常见有 OP - 07、OP - 27、AD508 及现时数字万用表使用较多的 ICL7650。

④高速型运放：高速型运算放大器主要特点是具有较高的转换速率和较宽的频率响应，常用在快速 A/D 和 D/A 转换器、视频放大器中，常见有 NE5532、LM318、uA715。

⑤高压大功率运放：普通运放输出电压最大值仅为几十伏，输出电流仅几十毫安。高压大电流运放在不需附加任何电路时，可输出高电压和大电流。常见有 uA791 集成运放，输出电流可达 1A。

（2）LM324 运放　LM324 是一种价格便宜，使用广泛的四运放，引脚及外形如图 5 - 4 所示。属于通用型低功耗运放，带宽为 1.2MHz，与普通单电源运放相比，该运放可工作在低至 3V 或高至 32V 电源场合。每一组运放有 3 个引出脚，其中"+"、"-"分别为信号同相和反相输入端，OUT 为输出端，"Vcc"、"Vee"为正、负电源端，在同相端输入信号时，输入与输出同相位，在反相端输入信号时，输入与输出信号反相。

LM324 的特点：

①输入端静电保护功能、差动输入、输出带短路保护；

②单电源工作：3V ~ 32V、低偏置电流：最大 100mA；

③高增益频率补偿、内部含四个独立运放。

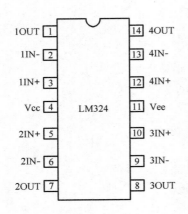

图 5 - 4　LM324 引脚功能及实物

2. 常用运放简介

（1）高性能运放 NE5532　NE5532 是高性能低噪声双运放，它具备较好的噪声性能、优良的输出驱动能力、较高的信号带宽和电源供电范围广。用作音频放大时音色温暖，保真度高，在 20 世纪 90 年代中被音响界发烧友们誉为"运放之皇"，引脚功能和实物如图 5 -5 所示。

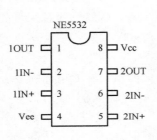

图 5 - 5　NE5532 运放引脚功能及实物

NE5532 的特点：
①信号带宽：10MHz；
②输出驱动能力：600Ω，10V；
③输入噪声电压：5nV/1kHz（典型值）；
④DC 电压增益：50000；
⑤AC 电压增益：2200（f = 10kHz 时）；
⑥转换速率：9V/μs；
⑦电源电压范围：±3 ~ ±20V。

（2）LM358 双运放　LM358 常用在工业控制系统电路中，整体性能参数比 NE5532 稍差，在家庭影音类消费电子产品中很少用，引脚功能和实物如图 5 -6 所示。早期工业控制电路要求不高，而且它价格便宜，所以很多工业设备经常采用。随着现代自动控制技术要求越来越高，其性能已无法满足要求，只能应用在一些对参数要求不高的电子产品中。

LM358 的特点：
①内部频率补偿、共模输入电压范围宽；
②直流电压增益高约 100dB，频带宽约 1MHz；
③电源电压范围：单电源 3 ~ 30V，双电源 ±1.5 ~ ±15V。

（3）CA3140 高阻抗运放　CA3140 是高输入阻抗单运放集成，它结合了 PMOS 晶体管的工艺和高电

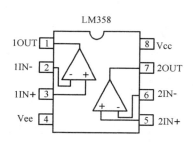 

图 5 - 6　LM358 引脚功能及实物

压双极晶体管的优点，具备高阻输入、低偏置电流和高速性能，常用于工业自动控制系统、比较器、便携式电子产品中，两种封装形式引脚排列如图 5 - 7 所示。

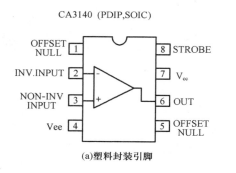 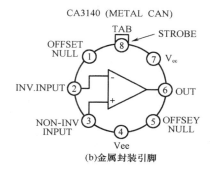

(a)塑料封装引脚　　　　　　　　　　(b)金属封装引脚

图 5 - 7　CA3140 封装及引脚功能

引脚功能如表 5 - 1 所示。

表 5 - 1　　　　　　　　　　　　　　　　**CA3140 引脚功能表**

引脚	功　能	引脚	功　能
1	OFFSET NULL：偏置调零端	5	OFFSET NULL：偏置调零端
2	INV. INPUT：反相输入端	6	OUT：输出端
3	NON - INV INPUT：同相输入端	7	Vcc：正电源
4	Vee：负电源	8	STROBE：选通端

常用 CA3140 应用电路如图 5 - 8 所示，该图为微弱电流放大电路，采用双电源供电，同相输入，当输入端为零时，如果输出端不为零，可调整 1 和 5 脚的偏置调零电位器，直到输出端电压为零。

3. 数码管

数码管是一种半导体发光器件，如图 5 - 9 所示，基本单元是发光二极管，按段数分为七段数码管和八段数码管，八段数码管比七段数码管多一个发光二极管单元（一个小数点显示），按能显示多少个"8"可分为 1 位、2 位、4 位等规格。

数码管按发光二极管单元连接方式分为共阳极数

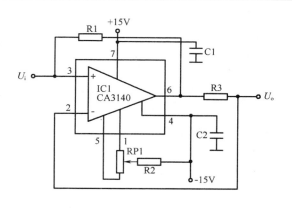

图 5 - 8　微弱电流放大电路

码管和共阴极数码管。共阳数码管将所有发光二极管阳极接在一起形成公共阳极，使用时将公共阳极接到正电源（高电平）。当某一字段阴极接低电平时，相应字段点亮；当某一字段的阴极接高电平时，相应字段熄灭。共阴数码管将所有发光二极管阴极接在一起形成公共阴极，使用时将公共阴极接到负电源（低电平）。当某一字段阳极接高电平时，相应字段点亮；当某一字段的阳极接低电平时，相应字段熄灭。

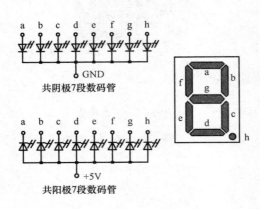

图 5 - 9　发光数码管及实物

　　数码管由于比荧光显示器件驱动简单，而且价格便宜，在电子设备特别在家电类产品中应用极为广泛，常见的空调、热水器、冰箱、影音产品都有其身影。它可以显示时间、日期、温度等一些数字或者简单字母符号。

　　图 5 - 10 是单片机驱动数码管显示电路，采用共阳极接法，如显示"8"数字，则 a、b、c、d、e、f、g 端全部接低电平；如显示"2"，则 a、b、g、e、d 端接低电平。在一些时间显示电路中，通过单片机程序控制 a、b、c、d、e、f、g 端接低电平的时刻，使数码管能正确显示所需的数字。

　　使用发光数码管时需注意驱动电流一般在 10 ~ 15mA 范围，太小电流显示不够明显，电流过大容易把该段发光半导体烧坏，在平时应用中每段显示引脚都会接上一个限流电阻。由于人眼睛对光的惰性，驱动信号转换不可过快，当驱动转换太快时无法分辨出所显示的数字，如需显示快速变化的数字符号时不宜采用此类型发光数码管。

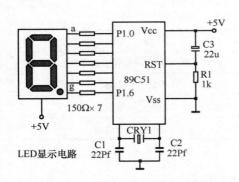

图 5 - 10　数码管应用电路

　　判断发光数码管是否正常可使用万用表电阻挡测量，选用 R×1Ω 或 R×10Ω 量程，一般小型数码管使用电阻挡测量时都能发光或者微弱发光。大型数码管则需要用直流稳压电源，串连限流电阻，连接好引脚，慢慢调节供电电压由小至大，一般不大于 5V，观察发光情况即可判别。正常发光数码管每段显示亮度应该均匀，且不受到外部环境因素影响。

更多学习资料请查阅

- 电子爱好者论坛　　　　　http：//www.etuni.com/
- LM324 资料　　　　　　http：//pdf.51dzw.com/ic_ pdf/LM324 - pdf - 91815_ 576074.html

四、任务实施

1. 讨论决策、制定计划

小组成员集体讨论，得出实施决策，制定工作计划，合理安排工作进程。根据已学理论知识和操作技能，结合实习情景，填写工作计划（表 5 − 2）。

表 5 − 2　　　　　　　　　　　　　**电平检测器装调工作计划**

工作时间	共_____小时	审核：_____	
计划实施步骤	1.		计划指南： 　　计划制定需考虑合理性和可行性，可参考以下工序： →学习理论 →准备器材 →安装调试 →创新操作 →综合评价
	2.		
	3.		
	4.		
	5.		

2. 任务实施

（1）准备器材　为完成工作任务，组员需要填写借用仪器仪表清单（表 5 − 3）和电子元器件领取清单（表 5 − 4）。

表 5 − 3　　　　　　　　　　　　　**借用仪器仪表清单**

任务单号：_____　　借用组别：_____　　　　　　　　　年　　月　　日

序号	名称与规格	数量	借出时间	借用人	归还时间	归还人	管理员签名

表 5 − 4　　　　　　　　　　　　　**电子元器件领取清单**

任务单号：_____　　领料组别：_____　　　　　　　　　年　　月　　日

序号	名称与规格型号	申领数量	实发数量	是否归还	归还人签名	管理员签名

（2）电平检测器原理分析 电路由运放组成电压比较器和共阴极数码管显示构成，当同相输入端电压高于反相输入端电压时，运放输出高电平，当反相输入端电压比同相输入端高时，运放输出低电平。RP1 是比较电压调整电位器，改变它可改变阀值电压（设置值）。根据以上分析，完成下面填空。

①当 U_i 电压高于设置电压时，IC1 的 7 脚输出_____电平，1 脚输出_____电平，V1 _____，V2 _____，V3 _____，数码管 D1 的_____、_____段点亮，显示_____，同时小数点 h 点亮，表示输入为高电平。

②当 U_i 电压低于设置电压时，IC1 的 7 脚输出_____电平，1 脚输出_____电平，V1 _____，V2 _____，V3 _____，数码管 D1 的_____、_____、_____、_____、_____段点亮，显示_____，同时小数点 h 点亮，表示输入为低电平。

（3）根据图 5-1 设计电路元器件装配图，画在图 5-11 方格上。

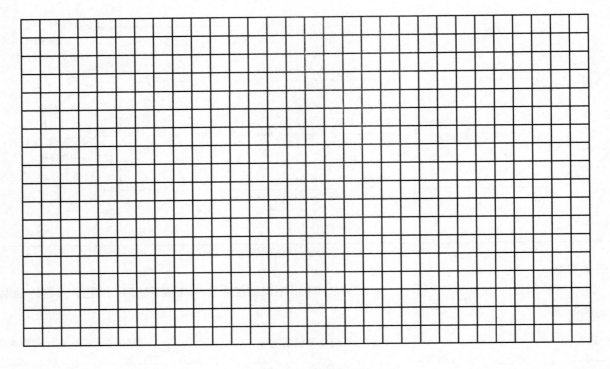

图 5-11 元器件装配图

（4）元器件安装
①按电子工艺要求对元器件进行成形加工、插装。
②按焊接标准要求对元器件进行焊接。
③IC1 采用集成插座安装，D1 使用专用数码管插座安装。

（5）电路调试 电路安装完毕，经检查无误后通电调试，按表 5-5 要求测量 IC1 的 1 和 7 脚电位，数据填入表中。

表 5-5 电平检测器调试记录表

测量要求	测量内容		
当 U_i =5V 阈值电压为 3V 时	U_1/V		显示
	U_7/V		
当 U_i =5V 阈值电压为 5V 时	U_1/V		显示
	U_7/V		

续表

测量要求	测量内容			
当 $U_i = 0V$	U_1/V		显示	
阈值电压为 2V 时	U_7/V			

（6）小组演示电平检测器功能时，发现有些检测器数码管亮度较亮，有些亮度很暗，数码管亮度与哪些元器件有关？若亮度很暗该如何调整？

（7）思考一下，在调试时发生以下故障时，请分析原因和写出故障排除的方法。
①若输入高电平时，只显示一个小数点。

②调试时若 V2 击穿短路，会产生什么现象？

③调试时若 R3 开路，会产生什么现象？

（8）总结　本次任务使自己学习到哪些知识，积累了哪些经验，记录下来填在表 5－6 中。

表 5 - 6

工 作 总 结	
正确装调方法	
错误装调方法	
总结经验	

3. 工作岗位"6S"处理

工作任务全部完成后，关闭工作台总电源，拆下测量线和连接导线，归还借用工具仪器，组员对本工作岗位进行"整理、整顿、清扫、清洁、安全、素养"处理，维护和保养测量仪器仪表，确保其运行在最佳工作状态。

五、能力拓展

利用 NE5532 运放可组装高精度直流伺服电源，电路如图 5 - 12 所示。主要由三端稳压集成和 NE5532 运放构成。这种电源比单块 7812 或 7912 组成的稳压电源输出电压更稳定，精度更高，能实时、准确地对负载进行跟踪伺服，所以称为伺服电源。根据已学的知识，查阅相关资料，分析电路工作原理和信号流程，独立完成电路安装与调试。

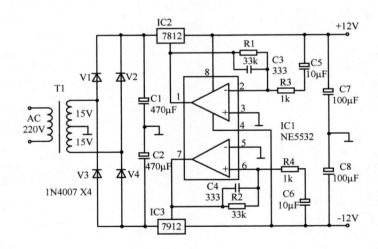

图 5 - 12 高精度直流伺服电源电路图

六、任务评价

将评价结果填入表 5 - 7。

表 5 – 7　　　　　　　　　　　　　　　**电平检测器装调评价表**

班级：_____

小组：_____　　姓名：_____

指导教师：_____

日　　期：_____

评价项目	评价标准	评价依据	评价方式			权重	得分小计
			学生自评 15%	小组互评 25%	教师评价 60%		
职业素养	1. 遵守规章制度劳动纪律 2. 人身安全与设备安全 3. 积极主动完成工作任务 4. 完成任务的时间 5. 工作岗位"6S"处理	1. 劳动纪律 2. 工作态度 3. 团队协作精神				0.3	
专业能力	1. 熟悉 LM324 引脚功能及其使用 2. 能快速判断数码管引脚及其好坏 3. 制板工艺达标和焊接安装符合标准 4. 结合原理分析能迅速排除故障	1. 运放的使用 2. 工作原理分析 3. 制板流程和工艺 4. 安装调试熟练程度				0.5	
创新能力	1. 电路调试提出自己独到见解或解决方案 2. 能独立完成伺服电源的制作调试 3. 输出电压达到一定的稳定度和精确度	1. 伺服电源工作原理分析 2. 伺服电源制作工艺和调试技巧				0.2	
综合评价	总分						
	教师点评						

任务6　15W功率放大器装调

【工作情景】

电声器材公司委托学校电子加工中心安装一款小功率放大器，该放大器将安装在一款有源音箱内，功率放大电路由TDA2030A集成电路构成，电路结构简洁、可靠。要求加装足够大的散热片，能长时间稳定工作，性能指标高。

一、任务描述和要求

1. 任务描述

15W功率放大电路如图6-1所示，由TDA2030A集成电路和少量外围元器件组成，双电源供电，避免存在输出耦合电容带来的低频失真，电路性能稳定，容易安装调试，电路板如图6-2所示。TDA2030A

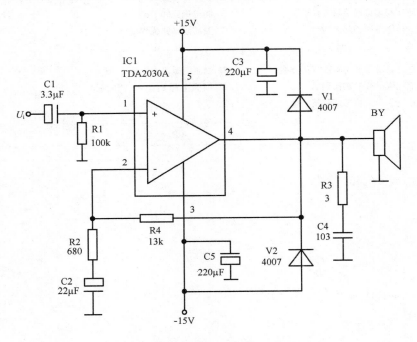

图6-1　15W功率放大器电路图

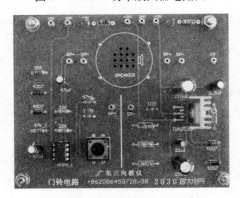

图6-2　15W功率放大器电路板

是一款优秀的集成功率放大电路，输出功率可达 18W，外围电路简洁，保护全面和价格低廉，常用来安装小功率放大器。

2. 任务要求

（1）根据电路图设计元器件装配图，布局规范整齐，散热器安装位置合理。

（2）元器件装配符合电子工艺要求，失真小，无输入信号时输出端约等于 0V。

（3）使用测量仪器调试电路性能，做好数据、波形记录。

二、任务目标

（1）熟悉 TDA2030A 引脚功能和使用，会分析功率放大器工作原理。

（2）学会功率放大器电路板的设计方法和技巧。

（3）会使用示波器、信号发生器等仪器进行电路调试和故障排除。

（4）培养独立分析、自我学习、改造创新能力。

三、任务准备

1. 扬声器检测

扬声器是一种把电信号转变为声信号的换能器件，种类较多，按其换能原理可分为电动式（即动圈式）、静电式（即电容式）、电磁式（即舌簧式）、压电式（即晶体式）等几种；按频率范围可分为低频扬声器、中频扬声器、高频扬声器。图 6-3 所示为电动式扬声器，在低音纸盘上还安装有中、高音扬声器。扬声器的结构分解如图 6-4 所示。

图 6-3　常见的电动式扬声器

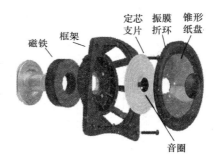

图 6-4　电动式扬声器结构分解图

常见动圈式扬声器一般由磁铁、音圈、框架、定芯支片、振膜折环、锥型振膜和防尘帽构成，它通过线圈换能把电信号转换成动能，依靠振动纸盆来产生和原来一致的声音。功率越大的扬声器，音圈和振动纸盆尺寸亦越大。

扬声器的直观检查可观察纸盆是否有破裂、变形现象，或用螺丝刀去试磁铁磁性，磁性越强越好，防磁扬声器对外不显磁性。动圈式扬声器简单检测可用电阻挡 R×1Ω 量程，直接测量音圈阻值，因扬声器铭牌标注的是线圈阻抗（电阻和电抗），而不是直流电阻，正常时直流阻值应比铭牌扬声器阻抗值略小。若测量阻值为无穷大，或远大于它的标称阻抗值，说明扬声器已经损坏。测量直流电阻时，将一表笔断续接触引脚，应能听到扬声器发出喀喇喀喇响声，无此响声说明扬声器音圈被卡死或者短路，但有些低音扬声器响声比较小需注意。如果要详细测试其电声性能，则需使用专业声学设备和软件。

2. TDA2030A 集成电路简介

TDA2030A 最早是德律风根公司生产的音频功放电路，采用 V 型 5 脚单列直插式塑料封装结构。如图 6-5 所示，按引脚形状引可分为 H 型和 V 型。该集成电路广泛应用于汽车收录音机、多媒体音箱等小功

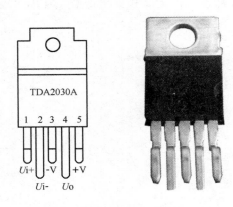

图 6 - 5　引脚排列及实物图

率音响设备。具有体积小、输出功率大、失真小等特点，并具备完善的功能保护电路。意大利 SGS 公司、美国 RCA 公司、日本日立公司、NEC 公司后期等均有同类产品生产，内部电路略有差异，但引出脚位置和功能均相同，可以互换使用。

（1）电路特点

①外接元器件简洁。

②输出功率大，$Po = 18W$（$R_L = 4\Omega$）。

③采用超小型封装（TO - 220）。

④开机冲击电流极小。

⑤内含各种保护电路，工作安全可靠。主要保护电路有：输出过流保护、限热保护、地线开路 7 保护、电源极性反接保护等。

⑥在 ±6 ~ ±22V 电压范围工作，当在 ±19V、8Ω 阻抗时输出 16W 有效功率，THD≤0.1%。

（2）内部电路和参数　TDA2030A 集成电路内部组成如图 6 - 6 所示，主要由差动输入级、中间放大级、互补输出级和偏置电路组成。

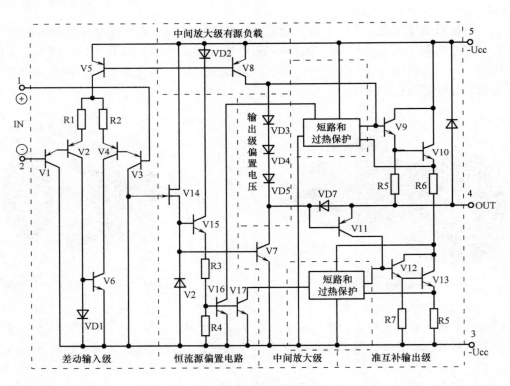

图 6 - 6　TDA2030A 内部组成电路

TDA2030A 主要参数如表 6 - 1 和表 6 - 2 所示。

表 6 - 1　　　　　　　　　　　　　　　　　　　极 限 参 数

参量符号	参　数	数　值	单　位
V_S	最大供电电压	±22	V
V_i	差分输入	±15	V

续表

参量符号	参　数	数　值	单　位
I_O	最大输出电流	3.5	A
P_{TOT}	最大功耗	20	W
T_{STG}，T_J	存储和结点的温度	$-40 \sim +150$	℃

表 6 – 2　　　　　　　　　主要电气参数（根据测试电路，$V_S = \pm 16V$，$T_{amp} = 25℃$）

参量符号	参数	测试条件	最小值	标准	最大值	单位
V_S	供电电压范围		± 6		± 22	V
I_d	静态漏电流			50	80	mA
I_b	输入偏置电流	$Vs = \pm 22V$		0.2	2	μA
Vos	输入失调电压	$Vs = \pm 22V$		± 2	± 20	mV
Ios	输入失调电流			± 20	200	nA
P_O	输出功率	$d = 0.5\%$，$Gv = 26dB$ $f = 40 \sim 1.5kHz$ $R_L = 4\Omega$ $R_L = 8\Omega$ $R_L = 8\Omega$（$Vs = \pm 19V$）	15 10 13	18 12 16		W
BW	功率带宽	$Po = 15W$　$R_L = 4\Omega$		100		kHz
SR	转换速率			8		V/μs
Gv	开环增益	$f = 1kHz$		80		dB
Gv	闭环增益	$f = 1kHz$	25.5	26	26.5	dB
THD	总谐波失真	$Po = 0.1 \sim 14W$　$R_L = 4\Omega$ $f = 1kHz$		0.03		%
S/N	信噪比	$R_L = 4\Omega$，$Rg = 10k$，$B = CurveA$ $Po = 15W$ $Po = 1W$		106 94		dB dB
R_i	输入电阻	$f = 1kHz$	0.5	5		MΩ
T_j	热切断温度			145		℃

（3）使用注意事项

①集成内部具有负载泄放电压反冲保护电路，如果电压峰值为 40V 时，在 5 脚与电源之间必须接入 LC 滤波器或二极管限压电路以保证 5 脚电压在规定幅度内。

②内部有过热保护电路，超过限热保护温度时，输出功率降低或可能停止输出。

③印刷电路板设计时须考虑地线与输出端的去耦滤波，降低干扰信号串入。

④散热片与负电源相连接，双电源供电时装配时需加绝缘片。

3. TDA2030A 集成功放的典型应用

（1）单电源 OTL 应用电路　采用单电源供电无输出变压器的典型电路如图 6 – 7 所示。单电源供电时同相输入端用两个相同阻值的 R1 和 R2 组成分压电路，使 K 点电位为 $\frac{1}{2}U_{CC}$，经 R3 送入到同相输入端。

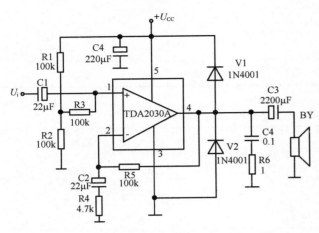

图 6-7　单电源 OTL 功放电路

R5 为反馈电阻，V1 和 V2 两个二极管作保护作用，防止电源反接。电路工作时，放大正半周信号时电容 C3 充电，左正右负，放大负半周信号时 C3 放电，充当电源的作用。由于 C3 的存在，放大输出信号都需经过电容，导致声音低频效果不好，但此电路只用到单路电源，结构简单，能满足一般场合使用。

（2）BTL 应用电路　BTL 称为平衡桥式功放电路，在较低的供电电压可获得较高的输出功率，理论上输出功率为单片功率的 4 倍，图 6-8 是采用两片 TDA2030A 集成电路构成的 BTL 功率放大器，但实际受到集成电路本身功耗和最大输出电流的限制，一般最大功率为单片功率的 2 倍左右，

该电路在 $V_S = \pm 14V$ 工作时，$P_o = 28W$；若在 $V_S = \pm 16V$ 或 $\pm 18V$ 工作时，输出功率会加大，但发热量和功耗增加。

IC1 为同相信号放大器，信号从 IC1 的 1 脚输入作同相放大。IC2 为反相信号放大器，输入信号是 IC1 的 4 脚经 R3、C7 分压器衰减后取得，然后输入 IC2 的 2 脚作反相放大。每片 TDA2030A 放大的均是完整信号，只是两路放大信号输出相位差 180°，在负载上将得到原来单端输出的 2 倍电压，所以从理论上分析，电路输出功率将增加 4 倍。

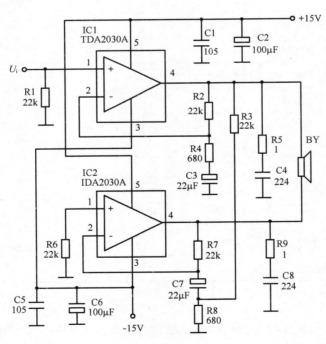

图 6-8　BTL 接法功率放大电路图

更多学习资料请查阅

- 电子爱好者论坛　　　http：//www. etuni. com/
- TDA2030 资料　　　　http：//pdf. 51dzw. com/ic_ pdf/TDA2030A - pdf - 85946_ 905362. html

四、任务实施

1. 讨论决策、制定计划

小组成员集体讨论，得出实施决策，制定组装工作计划，合理安排工作进程。根据已学理论知识和操作技能，结合实习情景，填写工作计划（表 6-3）。

2. 任务实施

（1）准备器材 为完成工作任务，组员需要填写借用仪器仪表清单（表 6-4）和电子元器件领取清单（表 6-5）。

表 6-3   **15W 功率放大器装调工作计划**

工作时间	共_____小时		审核：_____	
计划实施步骤	1.			计划指南： 计划制定需考虑合理性和可行性，可参考以下工序： →理论学习 →准备器材 →安装调试 →创新操作 →综合评价
	2.			
	3.			
	4.			
	5.			

表 6-4   **借用仪器仪表清单**

任务单号：_____   借用组别：_____   年 月 日

序号	名称与规格	数量	借出时间	借用人	归还时间	归还人	管理员签名

表 6-5   **电子元器件领取清单**

任务单号：_____   领料组别：_____   年 月 日

序号	名称与规格型号	申领数量	实发数量	是否归还	归还人签名	管理员签名

（2）电路工作原理分析 输入信号经 C1 耦合送至 IC1 的 1 脚，放大后信号从 4 脚输出。根据所学知识，完成以下填空。

①下列元器件在电路中有什么作用。

R2： _____

C2： _____

R4： _____

V2： _____

R3： _____

②如果以下元器件出现问题时会产生什么故障。

V1 和 V2 的极性在安装时反接，会出现_____故障。

R2 开路时，会出现_____故障。

R4 开路时，会出现_____故障。

（3）根据电路图设计元器件装配图，并画在图6-9方格上。

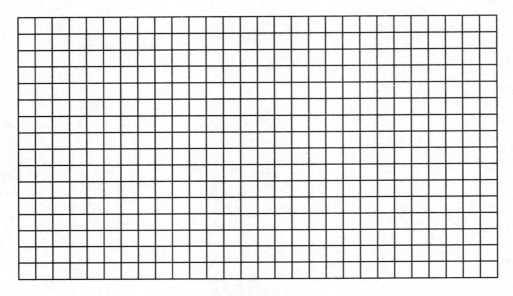

图6-9 元器件装配图

（4）元器件安装

①根据自己设计的装配图，采用贴图法手工制作电路板。

②按电子工艺要求对元器件进行成型加工、插装和焊接。

③IC1需加装散热片，电源、输入和输出信号采用接插件连接。

（5）电路调试 电路安装完毕经检查无误后即可通电调试，按表6-6的要求进行调试，并把数据填入表中。

表6-6　　　　　　　　　　　　　15W 功率放大器调试记录表

测量项目	测量数据及波形	
当 $U_i = 0V$	输出端4脚电位/V	
	输出端电流/A	
当输入 $U_i = 50mV$ $f = 1kHz$ 正弦波信号时，测量输入和输出波形	输入波形	
	输出波形	

（6）改变反馈量大小可改变放大倍数，讨论反馈电阻大小对放大器性能的影响。

（7）将放大器输入端对地短路（即输入信号为零），若输出还是存在较大的噪声，思考一下问题出在哪里？该怎样改善电路降低噪声？

（8）总结 本次任务使自己学习到哪些知识，积累了哪些经验，记录下来填在表6-7中。

表 6-7 工 作 总 结

正确装调方法	
错误装调方法	
总结经验	

3. 工作岗位"6S"处理

工作任务全部完成后，关闭工作台总电源，拆下测量线和连接导线，归还借用工具仪器，组员对本工作岗位进行"整理、整顿、清扫、清洁、安全、素养"处理，维护和保养测量仪器仪表，确保其运行在最佳工作状态。

五、能力拓展

LM1875 输出功率比 TDA2030A 稍大，电源电压为 16～30V。不失真功率达到 20W（THD = 0.08%）。其内部保护功能完善，引脚排列与 TDA2030A 一致。它有单电源接法和双电源接法，电路如图 6-10 和图 6-11 所示，根据已学的知识，查阅相关资料，分析工作原理和信号流程，尝试制作 LM1875 功率放大器。

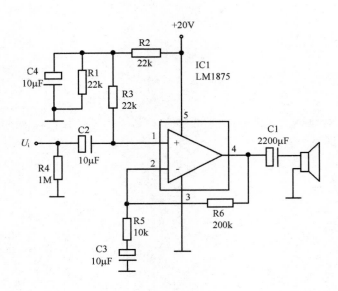

图 6-10　LM1875 单电源功率放大电路图

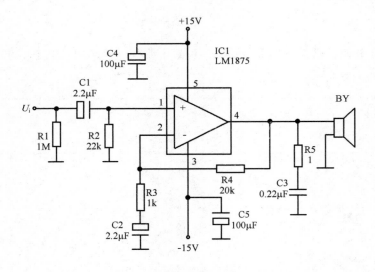

图 6-11　LM1875 双电源功率放大电路图

六、任务评价

将评价结果填入表 6-8。

表 6 - 8　　　　　　　　　　　　　**15W 功率放大器装调评价表**

班级：_____　　　　　　　　　　　　　　　　　　　指导教师：_____
小组：_____　　姓名：_____　　　　　　　　　日　　期：_____

评价项目	评价标准	评价依据	评价方式			权重	得分小计
			学生自评 15%	小组互评 25%	教师评价 60%		
职业素养	1. 遵守规章制度劳动纪律 2. 人身安全与设备安全 3. 积极主动完成工作任务 4. 完成任务的时间 5. 工作岗位"6S"处理	1. 劳动纪律 2. 工作态度 3. 团队协作精神				0.3	
专业能力	1. 熟悉 TDA2030A 引脚功能及电路工作原理 2. 能熟练制作功率放大器电路板，工艺符合标准 3. 测量放大器数据、波形精度高，能独立排除故障	1. 工作原理分析 2. 制板工艺 3. 安装工艺 4. 调试过程				0.5	
创新能力	1. 电路调试提出自己独到见解或解决方案 2. 利用 TDA2030A 集成电路灵活制作各类功率放大器 3. 熟悉 LM1875 引脚功能及完成该功率放大器的制作	1. 分析和调试方案 2. LM1875 功率放大电路原理分析 3. LM1875 功率放大器的制作工艺				0.2	
综合评价	总分						
	教师点评						

任务7 数字逻辑笔装调

【工作情景】

在数字电路设计或检测中经常用到逻辑笔，功能强大的逻辑笔不单能检测信号电平的高低，还能测量信号频率、周期等。电子技能工作室要求每个同学制作一个数字逻辑笔，它能够方便检测数字电路中各种逻辑电平，该逻辑笔使用9V电池供电，要求体积小巧，测量灵活方便。

一、任务描述和要求

1. 任务描述

CD4011是一块4个2输入与非门数字集成电路，利用其逻辑功能，外加数码管和少量外围元件可设计一个功能简易的逻辑电平检测电路，电路如图7-1所示，电路结构简单，性能稳定，可制作成一支体积小巧的数字逻辑笔，数字逻辑笔电路板如图7-2所示。

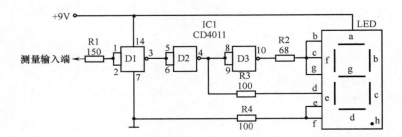

图7-1 数字逻辑笔电路图

图7-2 数字逻辑笔电路板

2. 任务要求

（1）遵守安全用电规则，注意人身安全。

（2）根据电路图设计元器件装配图，布局规范，元器件排列整齐。

（3）高电平时显示H，低电平时显示L，检测低频脉冲信号时在H和L之间跳变。

（4）使用测量仪器，完成调试项目操作并做好数据、波形记录。

二、任务目标

（1）熟悉 CD4011 功能和使用，会分析数字逻辑笔工作原理。
（2）学会设计数字逻辑笔的电路装配图。
（3）学会正确使用测量仪器进行电路调试和排故。
（4）培养独立分析、团队协作、改造创新等综合职业能力。

三、任务准备

1. 模拟信号和数字信号

模拟信号波形如图 7-3 所示，是指随着时间变化而变化，其特点是幅度和时间上是连续性（连续的含义是在某一取值范围内可以取无限多个数值），又称为连续信号。数字信号如图 7-4 所示，是指幅度和时间的取值是离散的，通常经过取样、量化、编码和压缩等处理，表达内容丰富，容易处理，在现代高容量信息处理中得到广泛应用。

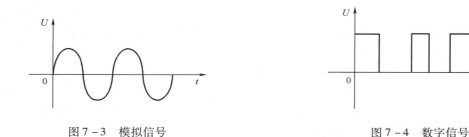

图 7-3　模拟信号　　　　　　　　　　图 7-4　数字信号

2. 基本数字门电路

门电路是数字电路的基本组成单元。它有一个或多个输入端和一个输出端，输入和输出为低电平或高电平，由于输出信号与输入信号存在一定的逻辑关系，所以也称为逻辑门电路。基本逻辑门电路有：与门、或门、非门、与非门、或非门等。

（1）与逻辑门电路　如图 7-5 所示，当 A、B 端只要有其中一端输入为低电平，则输出为低电平，只有两端输入高电平时输出才为高电平。

（2）或逻辑门电路　如图 7-6 所示，当 A、B 端只要有一端输入为高电平时输出端即为高电平，当两个端都输入低电平时输出才为低电平。

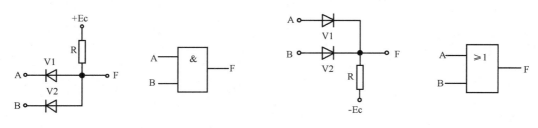

图 7-5　与门电路和逻辑符号　　　　　图 7-6　或门电路和逻辑符号

（3）非逻辑门电路　如图 7-7 所示，根据三极管共射极接法 b 极与 c 极反相特性可知，A 输入端与 F 输出端成反相关系，输入高电平时输出为低电平。

（4）复合数字门电路 如图7-8所示，基本逻辑门电路经过简单组合可以组成复合逻辑门电路，常见有与非门和或非门等组合门电路。

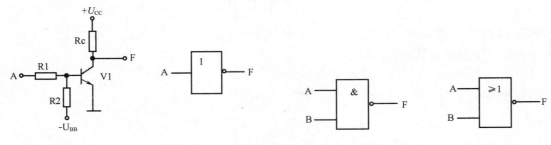

图7-7 非门电路和逻辑符号

图7-8 与非门和或非门逻辑符号

3. 集成数字门电路

随着集成电路技术的飞速发展，分立元器件组成的门电路无法满足大规模集成电路的要求，已逐步被集成门电路所取代，使用最多有 TTL 系列集成门电路和 CMOS 系列集成门电路。TTL（Transister - Transister - Logic）门电路是晶体管与晶体管逻辑电路的英文缩写，采用双极型工艺制造，具有高速度和品种多等特点，属于电流型控制器件，从20世纪70年代发展，一直到现在应用都十分广泛。CMOS（Complementary Metal Oxide Semiconductor）是互补金属氧化物半导体器件，将 N 沟道 MOS 晶体管和 P 沟道 MOS 晶体管同时集成在电路中，组合成集两种沟道 MOS 管性能优良的集成电路。具有制造工艺简单，集成度高，抗干扰能力强和功耗低等特点，属于电压型控制器件。

两大系列集成门电路各有优缺，应用时有区别。

（1）TTL 集成速度快，功耗大，CMOS 集成功耗小，集成度高。

（2）CMOS 集成电路容易受静电感应而击穿，在使用和存放应该注意静电屏蔽，焊接工具接地要良好，多余输入端不能悬空，应根据需要接地或接高电平。

（3）CMOS 集成电路输入阻抗比 TTL 集成电路大，通常大于 $10^{10}\Omega$，远高于 TTL 器件。使用时严格控制输入端电流，TTL 集成电路工作时电流较大并伴随有轻微发热。

4. CD4011 集成电路

CD4011 内部含4个独立2输入与非门的 CMOS 集成电路，如图7-9所示，输出电流较小，仅可驱动发光二极管或者小型继电器负载，本电路中 CD4011 采用 DIP14 封装。

图7-9 CD4011 引脚功能和实物图

（1）CD4011 电气特性

①V_{CC} 电压范围：5 ~ 15V。

②功耗：双列普通封装为700mW，小型封装为500mW。

③工作温度：-55 ~ +125℃。

④输出最大电流：8.8mA。

（2）使用注意事项

对于 CMOS 电路中的多余空闲引脚，在使用时应根据电路种类、引脚功能和电路逻辑功能，分不同情况进行处理。

①多余输出端一般采取悬空处理。

②多余输入端接地或接正电源，因输入阻抗高，悬空时会干扰，造成逻辑混乱。

③对于与门、与非门多余的输入端，如果工作频率不高，输入端可以一起并联使用。

更多学习资料请查阅

- 电子爱好者论坛　　　　http：//www. etuni. com/
- 逻辑笔资料　　　　　　http：//baike. baidu. com/view/894559. htm

四、任务实施

1. 讨论决策、制定计划

小组成员集体讨论，得出实施决策，制定工作计划，合理安排工作进程。根据已学理论知识和操作技能，结合实习情景，填写工作计划（表 7 - 1）。

表 7 - 1　　　　　　　　　　　**数字逻辑笔装调工作计划**

工作时间	共_____小时		审核：_____	
计划实施步骤	1.			计划指南： 　　计划制定需考虑合理性和可行性，可参考以下工序： →理论学习 →准备器材 →安装调试 →创新操作 →综合评价
	2.			
	3.			
	4.			
	5.			

2. 任务实施

（1）准备器材　为完成工作任务，组员需要填写借用仪器仪表清单（表 7 - 2）和电子元器件领取清单（表 7 - 3）。

表 7 - 2　　　　　　　　　　　**借用仪器仪表清单**

任务单号：_____　　借用组别：_____　　　　　　　　　　　年　　月　　日

序号	名称与规格	数量	借出时间	借用人	归还时间	归还人	管理员签名

表 7 - 3　　　　　　　　　　　　　**电子元器件领取清单**

任务单号：＿＿＿＿＿＿＿＿＿　　　领料组别：＿＿＿＿＿＿＿＿＿　　　　　　　　年　月　日

序号	名称与规格型号	申领数量	实发数量	是否归还	归还人签名	管理员签名

（2）数字逻辑笔工作原理分析　假设检测信号为高电平，经 R1 送至 D1 的并联输入端，D1 输出低电平，低电平送入 D2 的并联输入端，从 D2 输出高电平分两路：一路经 R3 连接至共阳数码管 d 段，高电平使得 d 段不点亮；另一路送至 D3 并联输入端，D3 输出低电平经 R2 连接至数码管 b、c、g 段，这几段正常点亮。数码管 e、f 段经 R4 保持接地，故一直点亮，最终显示 H。

①为了更好理解电路工作原理，写出假设检测信号为低电平时电路的工作原理。

②安装元器件时，如果把 LED 换成共阴极数码管会产生怎样后果？

③R2、R3、R4 三个都是限流电阻，为什么 R2 阻值最小？

（3）制板和元器件安装
①采用贴图法制作电路板，设计时注意元器件大小尺寸，连接线宽不小于 2mm。
②按电子工艺要求对元器件进行成形加工、插装和焊接。
③CD4011 和数码管使用集成插座安装，电源和测量端口采用接插件连接。
（4）调试与排除故障　安装完毕经检查无误后通电调试，按表 7 - 4 的调试项目要求，记录测量数据并填表。

表 7 - 4　　　　　　　　　　　　　**数字逻辑笔调试记录表**

测试项目	当 $U_i = 5V$ 时	当 $U_i = 1V$ 时
D1 输出电平/V		
D2 输出电平/V		
D3 输出电平/V		
电路总电流/mA		

如果在调试时发生以下故障，分析原因，写出故障排除方法。

①通电时，无论检测高、低电平时发光数码管都不点亮。

②在检测稳定高电平信号时，发光数码管总是在 H 和 L 之间跳变。

（5）怎样设计电路装配图才使得电路工作更稳定？数字电路设计布线有哪些注意事项？

（6）CMOS 集成电路在安装调试时应注意哪些事项？

（7）总结　本次任务使自己学习到哪些知识，积累了哪些经验，记录下来填在表 7 - 5 中。

表 7 – 5

工 作 总 结	
正确装调方法	
错误装调方法	
总结经验	

3. 工作岗位"6S"处理

工作任务全部完成后,关闭工作台总电源,拆下测量线和连接导线,归还借用工具仪器,组员对本工作岗位进行"整理、整顿、清扫、清洁、安全、素养"处理,维护和保养测量仪器仪表,确保其运行在最佳工作状态。

五、能力拓展

功能相同的电路可由不同元器件组成,数字逻辑笔可用与非门组成,还可用或非门组成。本着电路工作可靠、性能稳定和结构简洁的设计原则,使用 CD4001 数字集成电路、数码管和外加少量元器件可组成逻辑笔电路,电路如图 7 – 10 所示,在检测信号电平时可显示三种状态:高电平时显示 H,低电平时显示 L,悬空时发光数码管 h 点亮。查阅相关资料,尝试制作或非门数字逻辑笔。

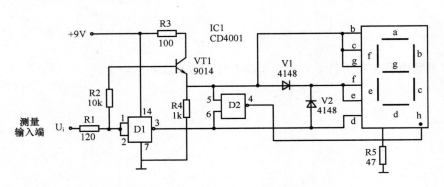

图 7 – 10 或非门数字逻辑笔电路图

1. CD4001 数字集成简介

CD4001 是一块 4 个 2 输入或非门数字集成电路,引脚功能及排列如图 7 – 11 所示。集成电路有 4 种封装形式:多层陶瓷双列直插、熔封陶瓷双列直插、塑料双列直插和陶瓷片状载体,常使用塑料双列直插封装。

工作参数:

(1)电源电压范围:3 ~ 18V。

(2)输入电压范围:0 ~ V_{CC}。

(3)输入最大电流:±10mA。

(4)工作温度:+55 ~ +125℃。

2. 常用 74LS 系列门电路引脚排列如图 7 – 12 所示

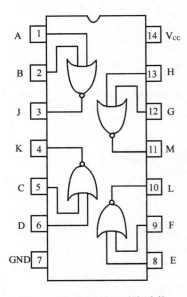

图 7 – 11 CD4001 引脚功能

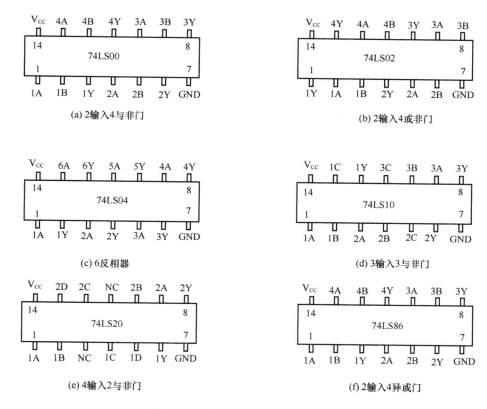

(a) 2输入4与非门

(b) 2输入4或非门

(c) 6反相器

(d) 3输入3与非门

(e) 4输入2与非门

(f) 2输入4异或门

图 7－12　常见 74LS 门电路引脚排列

六、任务评价

将评价结果填入表 7－6。

表 7－6　　　　　　　　　　　　　数字逻辑笔装调评价表

班级：_____

小组：_____　　姓名：_____

指导教师：_____

日　　期：_____

评价项目	评价标准	评价依据	评价方式			权重	得分小计
			学生自评 15%	小组互评 25%	教师评价 60%		
职业素养	1. 遵守规章制度劳动纪律 2. 人身安全与设备安全 3. 积极主动完成工作任务 4. 完成任务的时间 5. 工作岗位"6S"处理	1. 劳动纪律 2. 工作态度 3. 团队协作精神				0.3	
专业能力	1. 懂得数字电路常识和 CD4011 引脚功能及使用 2. 能熟练制作电路板和安装元器件 3. 会使用仪器调试逻辑笔电路和排除故障	1. 工作原理分析 2. 制板和安装工艺 3. 调试方法和数据的准确性				0.5	

续表

| 班级：_____ | | | | | 指导教师：_____ | |
| 小组：_____　姓名：_____ | | | | | 日　　期：_____ | |

评价项目	评价标准	评价依据	评价方式			权重	得分小计
			学生自评 15%	小组互评 25%	教师评价 60%		
创新能力	1. 电路调试提出自己独到见解或解决方案 2. 能独立完成 CD4011 或非门逻辑笔电路的装调 3. 能灵活应用数字集成电路设计一定功能的电路	1. 或非门数字逻辑笔原理分析和制作 2. 数字集成电路的灵活使用				0.2	
总分							

教师点评

综合评价

任务 8　变音门铃电路装调

【工作情景】

学校决定在每栋学生宿舍楼值班办公室门前安装一个门铃,方便师生沟通交流和管理。制作门铃的任务交给电子加工中心来完成,要求采用 NE555 集成电路制作,使用 9V 电池供电,铃声响亮,工作可靠。

一、任务描述和要求

1. 任务描述

NE555 是使用广泛的数字时基集成电路,在一些小制作电路中常见其身影。由 NE555 时基集成和少量元器件可组成一个门铃电路,正常工作时可发出"叮咚"铃声,电路如图 8-1 所示。该门铃电路体积小,声音响亮清晰,变音门铃电路板如图 8-2 所示。

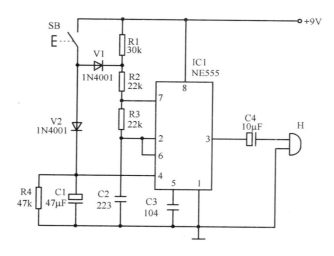

图 8-1　变音门铃电路图

图 8-2　变音门铃电路板

2. 任务要求

（1）铃声响亮，声音清晰，余音长短符合常见门铃听音要求。

（2）按 SB 按钮时蜂鸣器发出"叮"声，松开手后发出"咚"声。

（3）单面 PCB 设计和安装，元器件布局合理，面积小于 10cm×10cm。

（4）NE555 采用集成插装方式安装，电源和按钮采用接插件连接。

<h1 style="text-align:center">二、任务目标</h1>

（1）熟悉 NE555 定时器工作原理和引脚功能。

（2）学会使用 Protel 99SE 绘制电路原理图和设计 PCB。

（3）学会使用仪器仪表正确测量和调试电路。

（4）培养独立分析、综合决策、改造创新和团队协作能力。

<h1 style="text-align:center">三、任务准备</h1>

1. NE555 时基集成电路

NE555 是一种模拟和数字电路相混合的时基集成电路，亦称为定时器。它结构简单，使用灵活，用途十分广泛，可以组成多种波形发生器、多谐振荡器、定时延时电路、双稳触发电路、报警电路、检测电路、频率变换电路等。

常用 NE555 定时器有 TTL 定时器和 CMOS 定时器两种类型，两者工作原理基本相同。它由分压器、比较器、基本 RS 触发器、放电管及输出缓冲门组成，NE555 定时器内部电路原理如图 8-3 所示，管脚名称和实物图如图 8-4 所示。

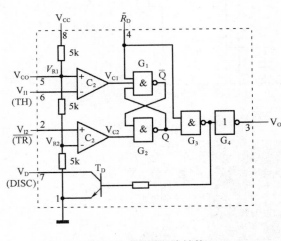

图 8-3　内部电路结构

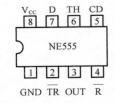

图 8-4　管脚功能和实物图

（1）特点

①只需简单元器件可完成特定振荡延时功能，延时范围广，可由几微秒至几小时。

②工作电源范围大，可与 TTL、CMOS 系列数字集成配合使用。

③输出端电流大约 200mA，可直接驱动多种控制负载。

（2）主要参数

①供电电压：5~16V。

②静态电流：3~6mA。

③上升沿/下降沿时间：100ns。

（3）内部工作原理　555定时器内部由3个阻值为5kΩ电阻组成的分压器、两个电压比较器C1和C2、基本RS触发器、放电三极管T_D和缓冲反相器G4组成。8脚和1脚分别为电源正、负供电端；2脚为低电平触发端，输入低电平触发脉冲；6脚为高电平触发端，输入高电平触发脉冲；4脚输入负脉冲（或使其电压低于0.7V）可使555定时器直接复位，输出为低电平；5脚通过外接一参考电源，可以改变上、下触发电位值，不用时，可通过一个0.01μF旁路电容接地，以防止引入干扰；7脚接放电晶体管C极，555定时器输出低电平时，放电晶体管T_D导通，外接电容元件通过T_D放电；3脚为输出端，输出高电平时约低于电源电压。

比较器C1和C2的比较电压为：

$$V_{R1} = \frac{2}{3}V_{CC}、\quad V_{R2} = \frac{1}{3}V$$

①当$V_{I1} > \frac{2}{3}V_{CC}$，$V_{I2} > \frac{1}{3}V_{CC}$时，比较器C1输出低电平，比较器C2输出高电平，基本RS触发器置0，G3输出高电平，三极管T_D导通，定时器V_O输出低电平。

②当$V_{I1} < \frac{2}{3}V_{CC}$，$V_{I2} > \frac{1}{3}V_{CC}$时，比较器C1输出高电平，比较器C2输出高电平，基本RS触发器保持原状态不变，555定时器V_O输出状态保持不变。

③当$V_{I1} > \frac{2}{3}V_{CC}$，$V_{I2} < \frac{1}{3}V_{CC}$时，比较器C1输出低电平，比较器C2输出低电平，基本RS触发器两端都被置1，G3输出低电平，三极管T_D截止，定时器V_O输出高电平。

④当$V_{I1} < \frac{2}{3}V_{CC}$，$V_{I2} < \frac{1}{3}V_{CC}$时，比较器C1输出高电平，比较器C2输出低电平，基本RS触发器置1，G3输出低电平，三极管T_D截止，定时器V_O输出高电平。

（4）NE555应用电路　用555定时器组成的单稳触发器及波形如图8-5所示，R、C是外接元件，U_i输入负触发脉冲信号。负脉冲到来前U_i为高电平，其值大于$\frac{1}{3}V_{CC}$，比较器C2输出为1，RS触发器输出为0，定时器3脚输出低电平，处于稳定状态；当负触发脉冲到来时，因$U_i < \frac{1}{3}V_{CC}$，故C2输出为0，RS触发器置为1，定时器3脚输出高电平，内部放电管T_D截止，C充电，进入暂稳态；当负触发脉冲结束后，C2输出为1，但U_C继续上升，直至略高于$\frac{2}{3}V_{CC}$时，故C1输出为0，使RS触发器置为0，定时器3

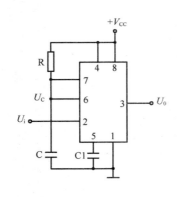

(a)单稳态触发器电路图

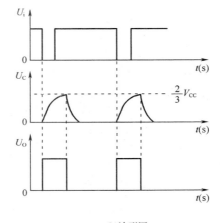

(b)波形图

图8-5　单稳态触发器电路图及波形

脚翻转输出低电平，结束暂稳期回到稳态，C 通过 T_D 放电。此触发器由一窄脉冲触发，可得到一宽矩形脉冲，其脉冲宽度为

$$T_p = RC\ln3 \approx 1.1RC \tag{8-1}$$

2. 电路原理图

使用 Protel 99SE 绘制电路原理图如图 8-6 所示，设计参考 PCB 如图 8-7 所示。

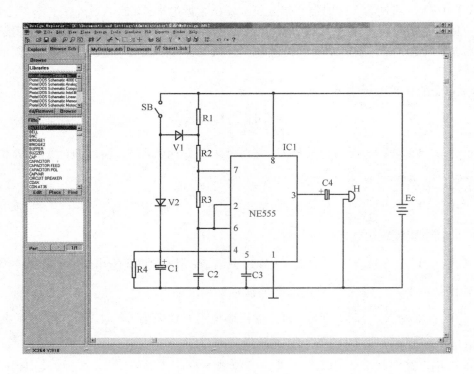

图 8-6 绘制门铃电路图

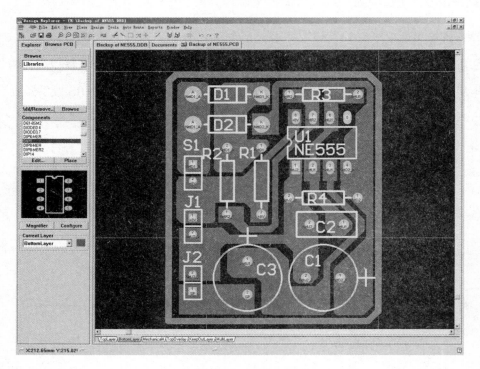

图 8-7 变音门铃电路 PCB

3. 热转印制板法

近年来比较常见的热转印制板法是小批量快速制作 PCB 的一种方法，它利用激光打印机墨粉的防腐蚀特性，具有制板快速（20min），精度较高（线宽最小达 0.8mm，间距最小达 0.5mm），成本低廉等特点。但由于涂阻焊剂和过孔金属化等工艺限制，此法不能制作复杂布线的双面板，只能制作单面板和"准双面板"。

（1）热转印制板需准备的设备和材料

需要的设备有：安装 Protel 99SE 电路设计软件的电脑、黑白激光打印机、热转印机和台钻等，如图 8 - 8 所示，热转印机可用塑封机稍作改装代替。需要材料有：敷铜电路板、热转印纸、腐蚀材料和容器等。业余情况下如果没有热转印机可找金属壳电熨斗代替，腐蚀材料用三氯化铁溶液、盐酸或双氧水溶液，钻头规格一般用 0.8mm、0.6mm 和 1.0mm。

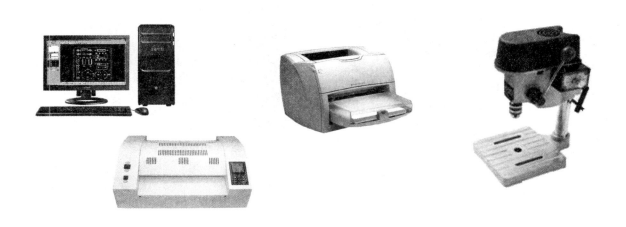

图 8 - 8 热转印制板的主要设备

（2）热转印制板法设置布线规则注意事项

①线宽大于 0.8mm，线间距大于 0.5mm，焊盘间距大于 0.5mm。为确保安全，线宽一般设置为 0.8 ~ 1.5mm，大电流电源供电走线需加宽处理，可采用大面积接地方式设计。

②最好设计成单面板，无法布通时可考虑跳接线，最后无法布通时才考虑使用双面板，考虑到焊接时要焊两面焊盘，并排双列或多列封装元件在 toplayer 层不要设置焊盘。元器件位置排列整齐，布局合理往往能增加布线的成功率，可以使用手工布线，自动布线往往不能满足要求。

③孔直径和焊盘大小在条件允许情况下设计比实际尺寸要大，方便钻孔时钻头对准。

④bottomlayer 层的符号需翻转标注，toplayer 层的符号则正面标注。

（3）热转印制板法的操作步骤

①使用 Protel99SE 设计电路 PCB 图，如图 8 - 9（a）所示。

②将底层布线图打印在热转印纸上，颜色设置成黑白，如图 8 - 9（b）所示。

③检查和校正打印出来的图纸，确认无误后，调节热转印机温度在 175℃，将转印纸上的碳粉转印到覆铜板上，如图 8 - 9（c）所示。

④把覆铜板放在腐蚀溶液中进行腐蚀，控制腐蚀时间。

⑤定位、钻孔，选用合适规格钻头进行钻孔。

最后清洁处理，建议选用细砂纸对电路板进行打磨去掉碳粉，然后用酒精清洗电路板，再涂上助焊剂，如图 8 - 9（d）所示。

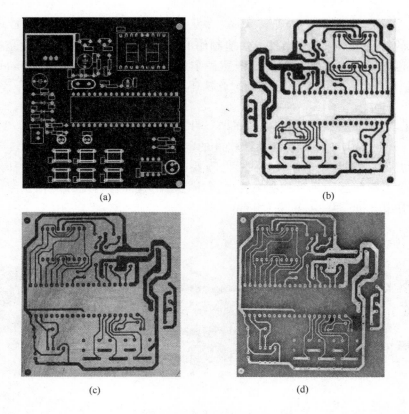

(a)　(b)

(c)　(d)

图 8 - 9　热转印制板流程

更多学习资料请查阅

- 电子爱好者制作论坛　http：//www. etuni. com/index. asp？ boardid = 4
- NE555 资料　http：//pdf. 51dzw. com/ic_ pdf/NE555 - pdf - 67367_ 75815. html

四、任务实施

1. 讨论决策、制定计划

小组成员集体讨论，得出实施决策，制定工作计划，合理安排工作进程。根据已学理论知识和操作技能，结合实习情景，填写工作计划（表 8 - 1）。

表 8 - 1　　　　　　　　　变音门铃电路装调工作计划

工作时间	共_____小时	审核：_____	
计划实施步骤	1.		计划指南： 　计划制定需考虑合理性和可行性，可参考以下工序： →理论学习 →准备器材 →安装调试 →创新操作 →综合评价
	2.		
	3.		
	4.		
	5.		

2. 任务实施

（1）准备器材　为完成工作任务，组员需要填写借用仪器仪表清单（表 8 - 2）和电子元器件领取清单（表 8 - 3）。

表 8 - 2　　　　　　　　　　　　　　　　借用仪器仪表清单

任务单号：_____　　　　借用组别：_____　　　　　　　　　　年　　月　　日

序号	名称与规格	数量	借出时间	借用人	归还时间	归还人	管理员签名

表 8 - 3　　　　　　　　　　　　　　　　电子元器件领取清单

任务单号：_____　　　　领料组别：_____　　　　　　　　　　年　　月　　日

序号	名称与规格型号	申领数量	实发数量	是否归还	归还人签名	管理员签名

（2）变音门铃电路工作原理分析　　NE555 定时器在该电路中实际是一个受控振荡器，接通电源，当按下开关 SB 后，9V 电源经过 V1 对 C1 进行充电。当 4 脚复位端电压大于 1V 时，电路开始振荡，振荡频率由 RC 充放电回路决定。蜂鸣器发出"叮"声，松开开关 SB，C1 储存的电能经 R4 放电，此时 4 脚还继续维持高电平而保持振荡，但因为 R1 介入振荡改变了 RC 充放电回路时间常数，振荡频率变低，蜂鸣器发出"咚"声。一直到 C1 的电能释放完毕（延时作用），4 脚电压低于 1V，此时电路停止振荡，蜂鸣器无声音。再按一次开关 SB，电路重复上述过程。

（3）制作 PCB 和元器件装配

①参考技能岛的门铃电路板的布局和布线，设计单面门铃电路 PCB。

②采用热转印法制作 PCB。

③按标准安装和焊接元器件，先安装小体积元器件，再安装大体积元器件。

（4）门铃电路调试　　电路检查无误后，调节直流稳压电源输出 9V，通电调试并做好数据、波形记录。

①NE555 4 脚为复位端，外接定时元器件是：_____和_____，在按下开关 SB 的一瞬间，4 脚电压为：_____V，当松开 SB 时，C1 端电压经过_____放电。

②门铃的余音长短与 C1 和 R4 参数有关，如想余音变长，可把 C1 容量_____（增大或减小），或把 R4 阻值_____（增大或减小）。

③U_{C_2} 波形为_____充放电波形，它充电和放电时间常数_____（相同或不相同）。

使用万用表和数字示波器测量调试门铃电路，观察 U_{C_1} 和 U_{C_2} 波形，把测量数据记录在表 8 - 4 中。

表 8-4　　　　　　　　　　　　　变音门铃电路调试记录表

测量项目	测量电压值/V							
集成引脚	1	2	3	4	5	6	7	8
鸣叫状态								
不鸣叫状态								
鸣叫时 U_{C1} 波形								
鸣叫时 U_{C2} 波形								

（5）二极管 V1 反接，电路能否正常工作？V2 反接对电路有什么影响？

（6）C1 容量大小对声音是否有影响，如更改为 $1\,\mu F/25V$ 时，声音会发生怎样变化？

（7）C2 容量大小对声音是否有影响？改变 C2 的参数，对比听听声音是否发生变化。

（8）总结 本次任务使自己学习到哪些知识，积累了哪些经验，记录下来填在表 8 – 5 中。

表 8 – 5　　　　　　　　　　　　工 作 总 结

正确装调方法	
错误装调方法	
总结经验	

3. 工作岗位"6S"处理

工作任务全部完成后，关闭工作台总电源，拆下测量线和连接导线，归还借用工具仪器，组员对本工作岗位进行"整理、整顿、清扫、清洁、安全、素养"处理，维护和保养测量仪器仪表，确保其运行在最佳工作状态。

五、能力拓展

NE555 定时器应用十分广泛，利用其定时功能可开发出许多实用电路。只要能理解 NE555 内部结构，会独立分析电路工作原理，自己也可以尝试设计制作一些有实际意义的功能电路。

1. NE555 闪光器

图 8 – 10 是采用 NE555 为主的闪光电路，工作时发光二极管 VD1 和 VD2 按一定速度轮流闪烁。该电路实际是个可调振荡电路，利用 2 和 6 脚共接的可调定时元器件参数不同，能改变振荡频率。工作原理如下：NE555 时基集成 4 脚复位端接高电平，通电后定时器正常工作，R1、RP1、C1 组成可调振荡定时网络。电路正常起振后，NE555 的 3 脚输出一定频率的信号，当 3 脚为高电平时，VD1 截止，VD2 导通发光；当 3 脚为低电平时，VD1 导通发光，电流方向从正电源经 R2、VD1、NE555 的 3 到负电源，此电流为 NE555 的灌电流，VD2 反向截止，两只发光二极管将轮流闪烁。制作时，两只发光二极管可选用红色、绿色或黄色，使闪烁效果更加醒目。

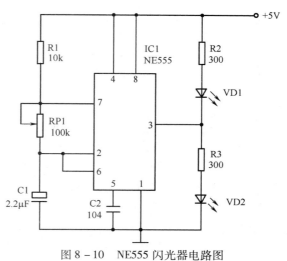

图 8 – 10　NE555 闪光器电路图

（1）从电路结构、工作原理方面说说图 8 - 10 与门铃电路有何异同。

（2）调试发现 VD1、VD2 几乎同时点亮，调节 RP1 无效，分析产生故障的原因。

2. NE555 气体烟雾报警器

图 8 - 11 是一个简易气体烟雾报警电路，该电路由稳压电路、气敏传感元件和触发报警电路组成。触发报警电路主要由可控多谐振荡器（NE555、R2、RP2、C54）和扬声器 Y 组成。半导体气敏元件采用 QM - 25 型或 MQ211 型，适用于煤气、天然气、汽油及各种烟雾报警，由于电路要求加热端电压稳定，所以使用 7805 稳压电路，正常工作时需预热 3min。

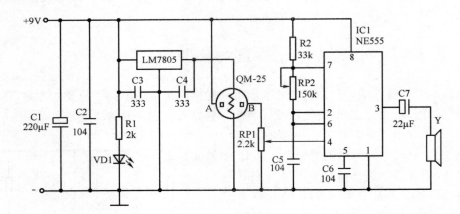

图 8 - 11　NE555 报警器电路图

当气敏元件 QM 接触到可燃性气体或烟雾时，其 A 至 B 极间阻值降低，使得 RP1 的压降上升，NE555 的 4 脚电位上升，当 4 脚电位上升到 1V 以上时，NE555 停止复位而产生振荡，3 脚输出信号推动扬声器 Y 发出报警声，振荡频率为 $f = 0.7$（R2 + 2RP2）C4。按图中定时元器件参数振荡频率约为 0.6 ~ 8kHz，调节电位器 RP2，使其频率为 1.5kHz 左右。

正常情况下，气敏元件 A 与 B 极间阻值较大，该电阻与 RP1 的分压值减小，使 NE555 的 4 脚处于低电平，NE555 复位停振，3 脚无信号输出，电路不报警。

运用所学知识，查找相关资料，综合分析电路工作原理，动手制作调试 NE555 报警器。

六、任务评价

将评价结果填入表 8 - 6。

表 8 - 6　　　　　　　　　　　　　　**变音门铃电路装调评价表**

班级：_____　　　　　　　　　　　　　　　　　　　　　指导教师：_____
小组：_____　　姓名：_____　　　　　　　　　　日　　期：_____

评价项目	评价标准	评价依据	评价方式			权重	得分小计
			学生自评 15%	小组互评 25%	教师评价 60%		
职业素养	1. 遵守规章制度劳动纪律 2. 人身安全与设备安全 3. 积极主动完成工作任务 4. 完成任务的时间 5. 工作岗位"6S"处理	1. 劳动纪律 2. 工作态度 3. 团队协作精神				0.3	
专业能力	1. 熟悉 NE555 定时器内部结构和引脚功能 2. 会分析门铃电路工作原理 3. 会绘制原理图和设计电路 PCB 4. 能正确装调门铃电路并作数据、波形记录 5. 能排除电路常见故障	1. 工作原理的理解 2. PCB 制作的工艺 3. 元器件焊接工艺 4. 调试方法和时间				0.5	
创新能力	1. 在电路制作过程中能提出独有的解决方案 2. 能成功安装调试 NE555 闪光电路 3. 能成功安装调试 NE555 气体烟雾报警电路	1. 555 闪光电路制作 2. 555 报警电路制作 3. 电路装调技巧、方法和时间				0.2	
综合评价	总分						
	教师点评						

任务9 移位指示灯装调

【工作情景】

公园的儿童火车管理处委托电子加工中心制作一个到站位置自动指示灯，指示灯控制电路安装在火车上。利用站点的触发信号，通过功能开关选择，逐次点亮或熄灭该站点指示灯，提示火车到达的位置。循环轨道共有8个站点，每个站点均有到站触发脉冲，能自动触发使该站发光二极管点亮。

一、任务描述和要求

1. 任务描述

经过讨论决策，电子加工中心决定使用CD4015集成电路和少量外围元件来组装指示灯。CD4015是一块双组4位串入并出移位寄存器，利用其逻辑功能可组成一个简单的移位指示灯。当连续输入触发信号时，发光二极管能从左至右逐次点亮或熄灭，电路如图9-1所示，移位指示灯电路板如图9-2所示。

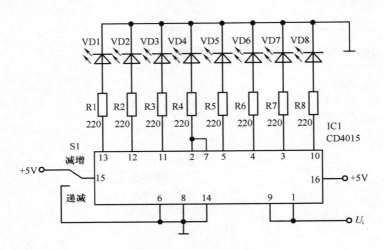

图9-1 移位指示灯电路图

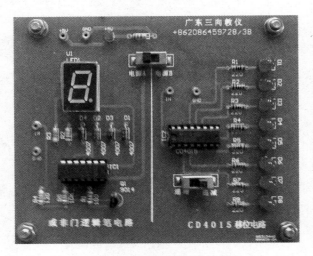

图9-2 移位指示灯电路板

2. 任务要求

（1）U_i 输入触发信号，当 S1 选择递增时，VD1 至 VD8 逐个点亮；当 S1 选择递减时，VD1 至 VD8 逐个熄灭。

（2）单面 PCB 设计和安装，元器件布局合理，电路板面积小于 $8cm \times 8cm$。

（3）CD4015 采用集成插装安装，电源及输入端钮采用接插件安装。

二、任务目标

（1）熟悉 CD4015 引脚功能及其使用。

（2）学会使用 Protel 99SE 设计移位指示灯 PCB。

（3）学会正确使用测量仪器进行电路调试和排除故障。

（4）培养独立分析、团队协作、改造创新能力。

三、任务准备

1. 触发器

触发器是数字电路中一种基本单元，与门电路配合能构成各种各样的时序逻辑电路，如计数器、存储器、信号发生器等。一个触发器具备"0"和"1"两种稳态，带触发翻转和记忆功能。

（1）触发器分类

①按逻辑功能不同分为：RS 触发器、D 触发器、JK 触发器、T 触发器。

②按触发方式不同分为：电平触发器、边沿触发器和主从触发器。

③按电路结构不同分为：基本 RS 触发器和钟控触发器。

④按存储数据原理不同分为：静态触发器和动态触发器。

⑤按构成触发器基本器件不同分为：双极型触发器和 MOS 型触发器。

（2）触发器两种状态

触发器输出有两种状态：现态和次态。现态指触发器接收输入信号之前的状态，用 Q_n 表示。次态指触发器接收输入信号之后的状态，用 Q_{n+1} 表示。

2. 维持阻塞 D 触发器

维持阻塞 D 触发器属于边沿触发器的一种，它只有在时钟脉冲 CP 上升沿或下降沿到来时刻接收输入信号，这时电路才会根据输入信号改变状态，而在其他时间内电路状态不发生变化，有效提高触发器工作可靠性和抗干扰能力，杜绝空翻现象。电路符号如图 9-3 所示，电路组成如图 9-4 所示，工作波形如图 9-5 所示。

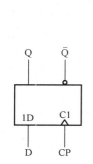

图 9-3　D 触发器符号

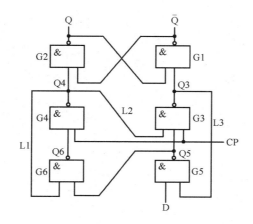

图 9-4　D 触发器组成

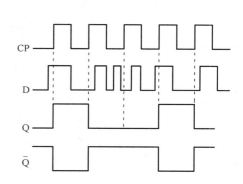

图 9-5　D 触发器输入、输出波形

工作原理：

（1）当 CP = 0 时，G3、G4 被锁定，Q3 = 1、Q4 = 1，触发器输出状态保持不变。

（2）当 CP 从 0 变为 1 时，G3、G4 打开，输出状态由 G5、G6 决定。若 D = 0，触发器置 0 状态；若 D = 1，触发器置 1 状态。

（3）触发器翻转后，在 CP = 1 时，输入信号被封锁。G3、G4 门打开，其输出 Q3 和 Q4 状态是互补，必定有一个是 0。若 Q3 = 0，经过 G3 输出到 G5 输入的反馈线，L3 将 G5 封锁，锁住了 D 通往基本 RS 触发器的路径。L3 起到使触发器维持在 0 状态和阻止触发器变为 1 状态的作用，所以该反馈线又称为置 0 维持线，置 1 阻塞线。若 Q4 = 0 时，将 G3、G6 封锁，D 端通往基本 RS 触发器的路径也封锁，L1 起到使触发器维持 1 的作用，称为置 1 维持线；反馈线 L2 起到阻塞触发器置 0 的作用，称为置 0 阻塞线。

由此可知，维持阻塞 D 触发器在 CP 脉冲上升沿到来之前接收 D 信号，当 CP 从 0 变为 1 时，触发器输出状态将由 CP 上升沿到来之前 D 瞬间输入状态决定。

3. 寄存器

数字电路中用来存放二进制数据或代码的电路称为寄存器，寄存器由具有存储功能的触发器构成。一个触发器可以存储 1 位二进制代码，存放 n 位二进制代码的寄存器，需用 n 个触发器来构成。如图 9 - 6 所示是个由边沿 D 触发器构成的 4 位寄存器，无论寄存器中原来数据为何值，当控制时钟脉冲 CP 上升沿到来时，加在数据输入端的 D0 ~ D3 就被送进寄存器中，即有：

$$Q_3^{n+1}Q_2^{n+1}Q_1^{n+1}Q_0^{n+1} = D_3D_2D_1D_0$$

而在 CP 上升沿以外时间，寄存器内容将保持不变，直到下一个 CP 上升沿到来，故寄存时间为一个时钟周期。

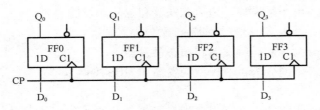

图 9 - 6 边沿 D 触发器构成的 4 位寄存器

移位寄存器除能保存数据外，还可在移位脉冲作用下逐次右移或左移，数据既可以并行输入和输出，也可以串行输入和输出，还可以并行输入、串行输出及串行输入、并行输出，如图 9 - 7 所示。

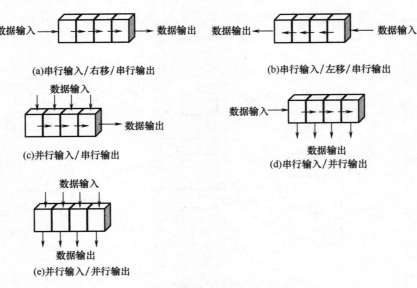

图 9 - 7 移位寄存器的几种输入输出方式

下面以串行输入、串行输出移位寄存器为例，介绍其移位寄存过程，电路如图 9-8 所示。4 位串行输入、串行输出移位寄存器由边沿 D 触发器组成，工作原理如图 9-9 所示。

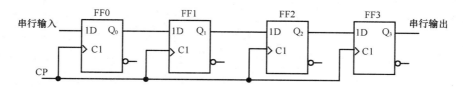

图 9-8　串行输入/串行输出移位寄存器

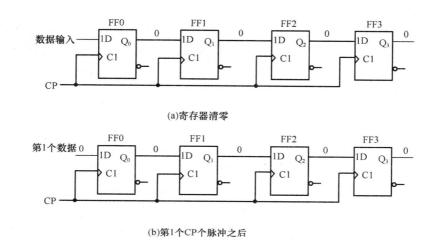

(a)寄存器清零

(b)第1个CP个脉冲之后

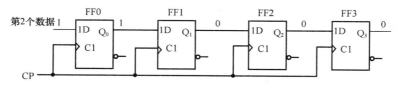

(c)第2个CP个脉冲之后

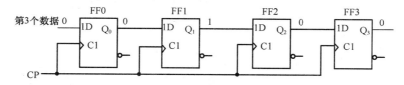

(d)第3个CP个脉冲之后

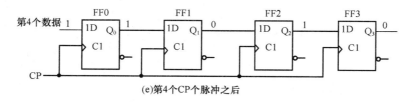

(e)第4个CP个脉冲之后

图 9-9　串行输入 1010 进入移位寄存器

串行输入数据之前，寄存器的初始状态被清零，如图 9-9（a）。假设串行输入 1010，先输入数据最低位 0，使 FF0 的 D=0。当第一个 CP 脉冲到来时，FF0 的 Q0=0，其余寄存器输出均为 0，如图 9-9

（b）。接着输入数据第 2 位 1，使 FF0 的 D = 1，FF1 的 D = 0。当第二个 CP 脉冲到来时，FF0 的 Q0 = 1，FF1 的 Q1 = 0。这样 FF0 中的 0 被移位到 FF1 中，如图 9 - 9（c）。再输入数据第 3 位 0，使 FF0 的 D = 0，FF1 的 D = 1，FF2 的 D = 0。当第三个 CP 脉冲到来时，FF0 的 Q0 = 0，FF1 的 Q1 = 1，FF2 的 Q2 = 0。这样 FF0 中的 1 被移位到 FF1 中，FF1 中的 0 被移位到 FF2 中，如图 9 - 9（d）。最后输入数据第 4 位 1。使 FF0 的 D = 1，FF1 的 D = 0，FF2 的 D = 1，FF3 的 D = 0。当第四个 CP 脉冲到来时，FF0 的 Q0 = 1，FF1 的 Q1 = 0，FF2 的 Q2 = 1，FF3 的 Q3 = 0。这样数据第 4 位的 1 被移位到 FF0，FF0 中的 0 被移位到 FF1，FF1 中的 1 被移位到 FF2，FF2 中的 0 被移位到 FF3，如图 9 - 9（e），完成整个 4 位数据串行输入、串行输出移位寄存器过程。

此时可从 4 个触发器的输出端并行输出数据，若要使这 4 位数据从 Q3 端串行输出，还需要移位脉冲。

4. CD4015 移位寄存器

CD4015 引脚功能如图 9 - 10 所示，图 9 - 11 是其内部逻辑结构图，由两组独立的 4 位串入 - 并出移位寄存器组成。每组寄存器都有 CP 输入端、清零端 Cr 和串行数据输入端 DS。每位寄存单元都有输出端，可作串行输出，又可作并行输出。加在 DS 输入端的数据在时钟脉冲上升沿的作用下向右移位。当 Cr 端加高电平时，寄存器输出被全部清零。真值表如表 9 - 1 所示。

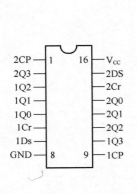

图 9 - 10 引脚功能图

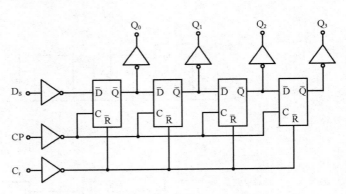

图 9 - 11 CD4015 内部逻辑结构图

表 9 - 1 CD4015 真值表

输 入			输 出				功 能
CP	DS	Cr	Q0	Q1	Q2	Q3	
×	×	H	L	L	L	L	清 除
↓	×	L	Q_{0n}	Q_{1n}	Q_{2n}	Q_{3n}	保 持
↑	L	L	L	Q_{0n}	Q_{1n}	Q_{2n}	右 移
↑	H	L	H	Q_{0n}	Q_{1n}	Q_{2n}	

更多学习资料请查阅

- 电子爱好者制作论坛 http：//www. etuni. com/index. asp？boardid = 4
- CD4015 资料 http：//pdf. 51dzw. com/ic_ pdf/CD4015BC - pdf - 610099_ 599490. html

四、任务实施

1. 讨论决策、制定计划

小组成员集体讨论，得出实施决策，制定工作计划，合理安排工作进程。根据已学理论知识和操作技能，结合实习情景，填写工作计划（表9-2）。

表9-2　　　　　　　　　　　　移位指示灯装调工作计划

工作时间	共＿＿＿＿小时	审核：＿＿＿＿＿＿＿＿	
计划实施步骤	1. 2. 3. 4. 5.		计划指南： 　计划制定需考虑合理性和可行性，可参考以下工序： →理论学习 →准备器材 →安装调试 →创新操作 →综合评价

2. 任务实施

（1）准备器材　为完成工作任务，组员需要填写借用仪器仪表清单（表9-3）和电子元器件领取清单（表9-4）。

表9-3　　　　　　　　　　　　借用仪器仪表清单

任务单号：＿＿＿＿＿＿＿　　借用组别：＿＿＿＿＿＿＿　　　　　　　　　　　年　　月　　日

序号	名称与规格	数量	借出时间	借用人	归还时间	归还人	管理员签名

表9-4　　　　　　　　　　　　电子元器件领取清单

任务单号：＿＿＿＿＿＿＿　　领料组别：＿＿＿＿＿＿＿　　　　　　　　　　　年　　月　　日

序号	名称与规格型号	申领数量	实发数量	是否归还	归还人签名	管理员签名

（2）工作原理分析　在 CD4015 的 1 脚和 9 脚输入 $f=2\mathrm{Hz}$、$V_{\mathrm{p-p}}=5\mathrm{V}$ 方波触发信号，S1 选择递增时，在触发信号控制下相当给 CD4015 第二组 4 位串入 – 并出移位寄存器 DS 端输入高电平，使输出信号在触发信号上升沿作用下向右移位，发光二极管 VD1 ~ VD8 从左至右逐个点亮。为了深入理解工作原理，完成下面分析。

①写出 CD4015 的 15 脚接低电平时的工作原理。

②CD4015 属于哪类型寄存器？由多少个触发器构成？

③电路中触发脉冲在上升沿还是下降沿起作用？输出数据左移还是右移？

④若需寄存器输出清零该怎样操作？清零后发光二极管点亮还是熄灭？

⑤若 CD4015 的 7 脚与 2 脚没有连接，电路会出现什么故障？

（3）制作 PCB 和元器件装配
①使用 Protel99SE 绘制原理图和设计单面 PCB。
②采用热转印法制作 PCB。
③按电子工艺要求对元器件进行成形加工、插装和焊接。
④CD4015 使用插座安装，发光二极管安装整齐，高度一致。
（4）调试与排除故障
安装完毕，检查无误后通电调试，在 U_i 输出 $f=2\mathrm{Hz}$，$V_{\mathrm{P-P}}=3.5\mathrm{V}$ 的方波信号，根据测量要求，完成调试并做波形记录，填在表 9 – 5 中。

表 9 – 5　　　　　　　　　　　　移位指示灯调试记录表

测量要求	测　量　波　形
U_i 输入（$f=2\text{Hz}$　$V_{P-P}=5\text{V}$）方波信号，S1 选择递增时，测量方波脉冲和 8 个发光二极管波形	
U_i 输入（$f=5\text{Hz}$　$V_{P-P}=5\text{V}$）方波信号，S1 选择递减时，测量方波脉冲和 8 个发光二极管波形	
U_i 输入（$f=1\text{Hz}$　$V_{P-P}=5\text{V}$）方波信号，S1 在前 4 个触发脉冲时选择递增，后 4 个触发脉冲选择递减，测量方波脉冲和 8 个发光二极管波形	

在进行电路调试时，若发生以下故障现象，分析故障原因。

①输入触发脉冲信号正常，S1 无论选择递增或递减时，发光二极管都不点亮。

②若输入触发脉冲的频率 $f=20\text{Hz}$，发光二极管会产生怎样效果？

（5）若调试时没有信号发生器，且不借助其他仪器，有什么方法能让电路正常工作？

（6）若要求移位指示灯数量扩展，增加到 16 个发光二极管指示，其他功能相同，该如何设计电路？认真思考，请把电路画下来。

（7）总结　本次任务使自己学习到哪些知识，积累了哪些经验，记录下来填在表 9 – 6 中。

表9-6	工 作 总 结
正确装调方法	
错误装调方法	
总结经验	

3. 工作岗位"6S"处理

工作任务全部完成后，关闭工作台总电源，拆下测量屏蔽线和连接导线，归还借用工具仪器，小组成员对本工作岗位进行"整理、整顿、清扫、清洁、安全、素养"处理，维护和保养测量仪器仪表，确保其运行在最佳工作状态。

五、能力拓展

（1）升级改装。移位指示灯工作时需输入触发脉冲信号，如果没有函数信号发生器，可以自己制作一个低频信号发生器。根据已学知识和查阅相关资料，自己尝试制作一个低频信号发生器。

（2）图9-12是一个智力反应速度测试器电路，主要由或非门、非门和移位寄存器组成。它能测试人的反应能力。电源接通后，电源指示灯VD10亮，VD1熄灭。VD2至VD9依次递增点亮，最后全部点亮。一定时间后，当VD1点亮一瞬间，测试者立刻按下S，如果VD2至VD9能保留点亮个数越多，表示反应速度越快。

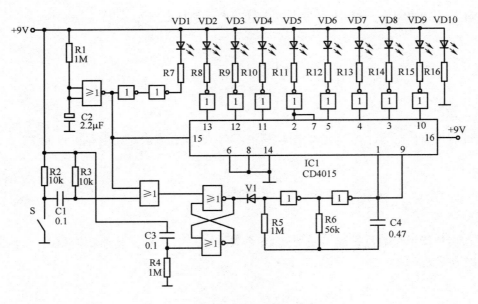

图9-12　智力反应测试器电路图

ICl选用CD4015移位寄存器，或非门选择CD4001集成电路，非门选用CD4069集成电路。根据所学知识，分析电路工作原理，尝试制作智力反应速度测试器。

六、任务评价

将评价结果填入表9－7。

表9－7　　　　　　　　　　　移位指示灯装调评价表

班级：_____　　　　　　　　　　　　　　　　　　　　指导教师：_____
小组：_____　　姓名：_____　　　　　　　　日　　期：_____

评价项目	评价标准	评价依据	评价方式			权重	得分小计
			学生自评 15%	小组互评 25%	教师评价 60%		
职业素养	1. 遵守规章制度劳动纪律 2. 人身安全与设备安全 3. 积极主动完成工作任务 4. 完成任务的时间 5. 工作岗位"6S"处理	1. 劳动纪律 2. 工作态度 3. 团队协作精神				0.3	
专业能力	1. 熟悉触发器基础知识和CD4015功能使用 2. PCB设计和制作规范 3. 装配工艺符合电子工艺要求，焊接达标 4. 会熟练使用仪器调试移位寄存器和排除故障	1. 工作原理分析 2. PCB设计 3. 安装工艺 4. 调试方法和时间				0.5	
创新能力	1. 电路调试提出自己独到见解或解决方案 2. 会利用CD4015集成电路制作各种功能电路 3. 能成功安装和调试智力反应速度测试器	1. 调试和分析方案 2. 寄存器的灵活使用 3. 智力反应速度测试器装调				0.2	
综合评价	总分						
	教师点评						

任务 10　循环流水灯装调

【工作情景】

　　循环流水灯常用在一些广告宣传或灯光装饰场合，流动的发光效果比较引人注意。学校广告传媒部正在设计一个广告灯箱，需在灯箱四周设计一些灯光装饰效果。灯光装饰任务交由电子加工中心来完成，要求灯光效果明显，方便调节循环速度，电路简洁可靠。

一、任务描述和要求

1. 任务描述

　　电子加工中心经过综合决策，决定制作一个流水灯电路，电路如图 10－1 所示，能够循环点亮 10 个发光二极管，还可以调节点亮的速度。流水灯电路板如图 10－2 所示，点亮速度通过电位器进行调节。电路采用 NE555 时基集成和 CD4017 十进制计数/脉冲分配器组成。

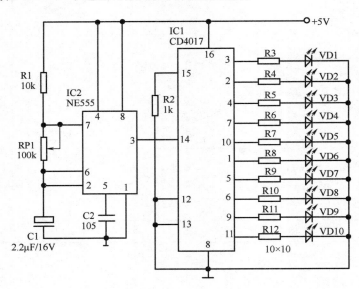

图 10－1　循环流水灯电路图

图 10－2　循环流水灯电路板

2. 任务要求

（1）10 个发光二极管安装整齐，高度一致，循环点亮效果明显。

（2）使用 Protel 99SE 绘制电路图和设计单面 PCB，元器件布局合理。

（3）单面 PCB 面积小于 10cm × 10cm。

（4）电位器安装在方便调节位置，能平滑调节发光二极管点亮速度。

二、任务目标

（1）熟悉 CD4017 引脚功能及其使用，会分析流水灯电路工作原理。

（2）能使用 Protel 99SE 快速设计流水灯 PCB。

（3）学会正确使用测量仪器进行电路调试和排除故障。

（4）培养独立分析、团队协作、改造创新能力。

三、任务准备

1. NE555 振荡器

利用 NE555 可组成多谐振荡器，电路图和波形图如图 10－3 所示。6 脚和 2 脚并联接在定时电容 C1 上，电源接通后，V_{cc} 通过电阻 R1、R2 向电容 C1 充电。刚通电瞬间，C1 电压不能突变，电压从 0V 逐步上升，当电容电压 U_c 低于 $\frac{1}{3}V_{cc}$ 时，2 脚触发，U_o 为高电平，7 脚内部放电管截止；当电容电压 V_C 达到 $\frac{2}{3}V_{cc}$ 时，阈值输入端 6 脚触发，U_o 为低电平，7 脚内部放电管导通，电容 C1 通过 R2 放电。由于电容的循环充、放电，U_o 输出电压在高、低电平之间转换，周而复始，在 3 脚输出一定频率的振荡信号，振荡周期与充放电时间有关。

振荡周期：
$$T = t_{PH} + t_{PL} \approx 0.7（R1 + 2R2）C \tag{10－1}$$

振荡频率：
$$f = \frac{1}{T} = \frac{1}{t_{PH} + t_{PL}} \approx \frac{1.43}{（R_1 + 2R_2）C} \tag{10－2}$$

占空系数：
$$D = \frac{t_{PH}}{T} = \frac{R_1 + R_2}{R_1 + 2R_2} \tag{10－3}$$

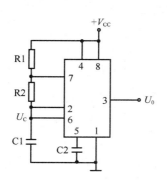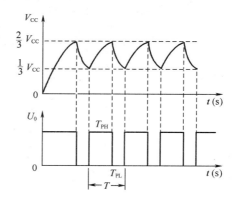

图 10－3　NE555 振荡器电路图和波形图

根据以上分析可知：

（1）电路振荡周期 T 只与外接元件 R1、R2 和 C1 参数有关，不受电源电压变化的影响。

（2）改变 R1、R2 参数即可改变占空系数，其值可在较大范围内调节。

（3）改变 C1 参数，可单独改变周期，而不影响占空系数。

（4）复位端4脚接高电平保持振荡，接低电平时，电路停振。

2. CD4017 十进制计数/脉冲分配器

CD4017 是一块 5 位 Johnson 计数器，具有 10 个译码输出端，约翰逊（Johnson）计数器又称扭环计数器，是一种用 n 位触发器来表示 $2n$ 个状态的计数器。它价格低廉，广泛使用在数据计算、信号分配等电路。提供多层陶瓷双列直插、熔封陶瓷双列直插、塑料双列直插和陶瓷片状载体 4 种封装形式。常用塑料双列直插式 16 脚封装，引脚功能如图 10-4 所示。

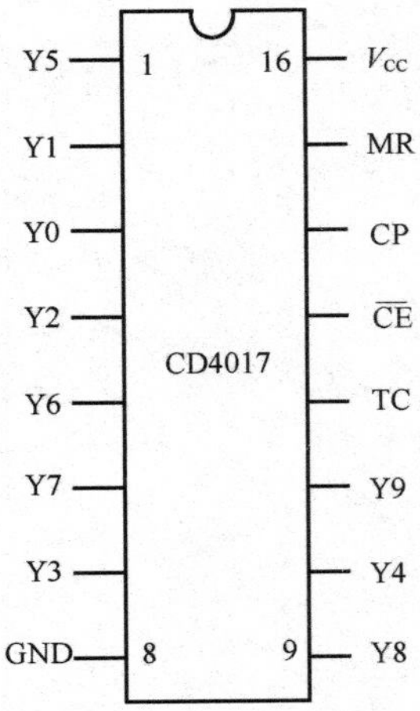

各引脚功能说明如下：

TC：级联进位输出端，每输入 10 个时钟脉冲，可得一个进位输出脉冲，此进位输出可作为下一级计数器的时钟信号。

CP：时钟输入端，脉冲上升沿有效。

CE：时钟输入端，脉冲下降沿有效。

MR：清零端，加高电平或正脉冲时，计数器各计数单元输出低电平。

Y0～Y9：计数脉冲输出端。

V_{CC}：正电源。

GND：接地。

图 10-4　CD4017 引脚功能

CD4017 内部逻辑原理图如图 10-5 所示，由十进制计数器电路和时序译码电路两部分组成。其中 D 触发器 F1～F5 构成十进制约翰逊计数器，约翰逊计数器结构比较简单。它实质是一种串行移位寄存器，除由门电路构成的组合逻辑电路作 D3 输入外，其他各级均是将前一级触发器输出端连接到后一级触发器输入端 D，计数器最后一级 Q5 端连接到第一级 D1 端。这种计数器具有编码可靠，工作速度快、译码简单，只需由 2 输入端的与门即可译码，且译码输出无过渡脉冲干扰等特点。通常只有译码选中的输出端为高电平，其余输出端均为低电平。

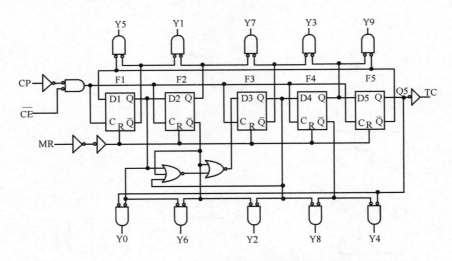

图 10-5　CD4017 内部逻辑原理图

当加上清零脉冲后，Q1～Q5 均为 0，由于 Q1 数据输入端 D1 是 Q5 输出的反码，因此，输入第 1 个时钟脉冲后，Q1=1，这时 Q2～Q5 均依次进行移位输出，Q1 输出移至 Q2，Q2 输出移至 Q3……。如果继续输入脉冲，则 Q1 为新的 Q5，Q2～Q5 仍然依次移位输出。由五级计数单元组成的约翰逊计数器，输出端共有 32 种组合状态，而构成十进制计数器只需 10 种计数状态，当电路接通电源之后，可能会进入不需要的 22 种伪码状态，为了使电路能迅速进入表 10-1 所列状态，在第三级计数单元的数据输入端上加接两级组合逻辑门，使 Q2 不直接连接 D3。当电源接通后，不论计数单元出现哪种随机组合，都会进入表

10 - 1 所列状态,波形如图 10 - 6 所示。

表 10 - 1

约翰逊计数器状态表

十进制	Q1	Q2	Q3	Q4	Q5
0	0	0	0	0	0
1	1	0	0	0	0
2	1	1	0	0	0
3	1	1	1	0	0
4	1	1	1	1	0
5	1	1	1	1	1
6	0	1	1	1	1
7	0	0	1	1	1
8	0	0	0	1	1
9	0	0	0	0	1

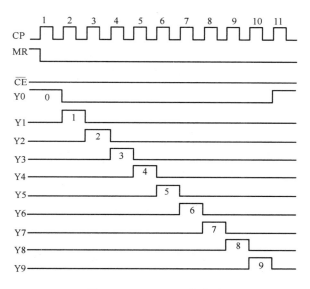

图 10 - 6 CD4017 波形图

CD4017 时钟输入端 CP 用于上升沿计数,CE 端用于下降沿计数,CP 和 CE 存在互锁关系,利用 CP 计数时,CE 端要接低电平;利用 CE 计数时,CP 端要接高电平。从上述波形分析可看,CD4017 基本功能是对输入 CP 端的脉冲进行十进制计数,并按照输入脉冲个数顺序将脉冲分配在 Y0 ~ Y9 这 10 个输出端,计满 10 个数后计数器复零,同时输出一个进位脉冲,只要掌握这些基本功能就能设计出不同功能的电路。

更多学习资料请查阅
- 电子爱好者制作论坛　http://www.etuni.com/index.asp? boardid = 4
- CD4017 资料　　　　http://pdf.51dzw.com/ic_ pdf/CD4017 - pdf - 116608_ 185320. html

四、任务实施

1. 讨论决策、制定计划

小组成员集体讨论，得出实施决策，制定工作计划，合理安排工作进程。根据已学理论知识和操作技能，结合实习情景，填写工作计划（表 10 – 2）。

表 10 – 2　　　　　　　　　　　　循环流水灯装调工作计划

工作时间	共＿＿＿＿小时		审核：＿＿＿＿＿＿＿＿＿	
计划实施步骤	1.			计划指南： 　　计划制定需考虑合理性和可行性，可参考以下工序： →学习理论 →准备器材 →安装调试 →创新操作 →综合评价
	2.			
	3.			
	4.			
	5.			

2. 任务实施

（1）准备器材　为完成工作任务，组员需要填写借用仪器仪表清单（表 10 – 3）和电子元器件领取清单（表 10 – 4）。

表 10 – 3　　　　　　　　　　　　　　借用仪器仪表清单

任务单号：＿＿＿＿＿＿＿　　　　借用组别：＿＿＿＿＿＿＿　　　　　　　　　　　　年　　月　　日

序号	名称与规格	数量	借出时间	借用人	归还时间	归还人	管理员签名

表 10 – 4　　　　　　　　　　　　　　电子元器件领取清单

任务单号：＿＿＿＿＿＿＿　　　　领料组别：＿＿＿＿＿＿＿　　　　　　　　　　　　年　　月　　日

序号	名称与规格型号	申领数量	实发数量	是否归还	归还人签名	管理员签名

（2）工作原理分析

本电路主要由两部分组成：NE555 可调振荡电路和脉冲计数电路。通电后，NE555 的 3 脚输出一定频率方波脉冲信号，振荡频率通过 RP1 调节。脉冲信号送至 CD4017 的 14 脚，在脉冲上升沿时进行计数，按输入脉冲的个数分配在 10 个输出端，依次点亮 VD1～VD10 发光管。满 10 个数后计数器清零，到下一个脉冲到来时再次点亮 VD1～VD10，不断循环点亮。

电路的定时元件是：_____

当 RP1 中心抽头往下调节时，阻值_____（大或小），振荡频率变_____（高或低）；当 C 容量变小，振荡频率变_____。

（3）PCB 制作和元器件安装

①使用 Protel 99SE 设计电路 PCB，采用热转印法制作电路板。

②按电子工艺要求对元器件引脚进行成形加工、插装和焊接。

③发光二极管安装高度一致，NE555 和 CD4017 使用集成插座安装。

（4）调试与排除故障　电路安装完毕，经检查无误后即可通电调试，按表 10－5 的要求调试、测量数据并填表。

表 10－5　　　　　　　　　　　　　循环流水灯调试波形

测试项目	测试波形
调节 RP1，使循环流水灯 1s 点亮 1 个，测量电容 U_{C1} 的波形	
调节 RP1，使循环流水灯 1s 点亮 1 个，测量 NE555 的 3 脚波形	

如果在调试时发生以下故障，请分析原因，写出排除故障的方法。

①发光二极管发光亮度不一致，有的很亮，有的很暗。

②通电调试时，调节 RP1 但发光二极管循环点亮的速度无变化。

③10 个发光二极管几乎同时闪烁，调节 RP1 无效。

④若 IC2 的 4 脚接地，电路会产生怎样的故障？

⑤每个发光二极管都加限流电阻，电路能否只用一个限流电阻？会出现什么问题？

⑥CD4017 的 15 脚为复位端，如果悬空，电路会出现什么问题？

（5）总结　本次任务使自己学习到哪些知识，积累了哪些经验，记录下来填在表 10 – 6 中。

表 10 – 6　　　　　　　　　　　　　　工 作 总 结

正确装调方法	
错误装调方法	
总结经验	

3. 工作岗位"6S"处理

工作任务全部完成后，关闭工作台总电源，拆下测量线和连接导线，归还借用工具仪器，组员对本工作岗位进行"整理、整顿、清扫、清洁、安全、素养"处理，维护和保养测量仪器仪表，确保其运行在最佳工作状态。

五、能力拓展

本电路只能循环点亮 10 个发光二极管，数量太少，若需要更多的发光二极管作循环点亮效果，电路能否升级改造？为了实现更多的发光二极管点亮，小组成员发挥团队协作精神，可以共用一个振荡产生电路，把输出脉冲信号送至多个计数分配器，分别点亮更多发光二极管。总体设计方案可参考图 10 – 7，赶快讨论决策，制定计划实施吧！

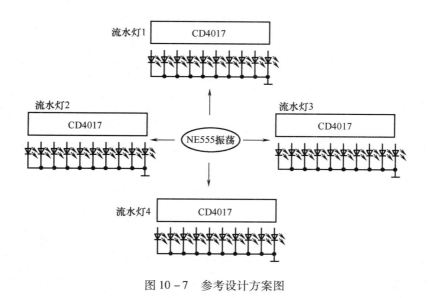

图 10 – 7　参考设计方案图

六、任务评价

将评价结果填入表 10 – 7。

表 10 - 7 循环流水灯装调评价表

班级：_____

小组：_____ 姓名：_____

指导教师：_____

日　　期：_____

评价项目	评价标准	评价依据	评价方式			权重	得分小计
			学生自评 15%	小组互评 25%	教师评价 60%		
职业素养	1. 遵守规章制度劳动纪律 2. 人身安全与设备安全 3. 积极主动完成工作任务 4. 完成任务的时间 5. 工作岗位"6S"处理	1. 劳动纪律 2. 工作态度 3. 团队协作精神				0.3	
专业能力	1. 熟悉 CD4017 功能和使用 2. 能熟练制作流水灯 PCB 和元器件装配达标 3. 能快速使用仪器调试电路和排除故障 4. 测量数据精度高	1. 工作原理分析 2. 安装工艺 3. 调试方法和步骤 4. 测量数据准确性				0.5	
创新能力	1. 电路调试提出自己独到见解或解决方案 2. 能利用 CD4017 集成电路制作各种功能电路 3. 能团队完成多个流水灯点亮的效果	1. 调试、分析方案 2. CD4017 集成电路的灵活使用 3. 团队任务完成情况				0.2	
	总分						
综合评价	教师点评						

任务 11　单键触发照明灯装调

【工作情景】

数控加工中心打算改造数控车床灯光照明系统，采用一个轻触式开关控制车床照明灯的通断，代替原来的拨动开关控制。轻触式开关控制电路采用继电器控制负载通断，能有效防止加工过程中因手沾有油或水而去按开关导致触电的事故。要求控制电路简洁稳定，不容易受到外界干扰，能可靠地控制照明灯通断。

一、任务描述和要求

1. 任务描述

电子加工中心接到这一改造任务后，综合决策后决定用 CD4013 和继电器来组装控制电路，CD4013是一块双 D 触发器，利用其逻辑功能，能方便设计仅用一个轻触式开关就可控制照明灯通断的电路。电路如图 11 - 1 所示。按一次开关 S1，继电器触点吸合，照明灯点亮，工作指示灯 VD1 点亮；再按一次开关 S1，继电器触点断开，照明灯熄灭，待机指示灯 VD2 点亮，触发照明灯电路板如图 11 - 2 所示。

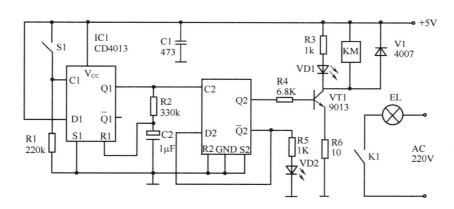

图 11 - 1　单键触发照明灯电路图

图 11 - 2　单键触发照明灯电路板

2. 任务要求

（1）按开关 S1 能在开灯和关灯之间转换，转换可靠，性能稳定。

（2）根据电路图设计单面 PCB，面积小于 $8\text{cm} \times 8\text{cm}$。

（3）元器件布局合理、规范，强电和弱电分开布线，大面积接地。

（4）CD4013 采用集成插座安装，灯泡和 220V 输入采用接线端钮连接。

二、任务目标

（1）懂得 CD4013 功能和使用，会分析单键触发台灯工作原理。

（2）学会运用 Protel 99SE 设计单键触发台灯 PCB。

（3）能使用示波器等仪器进行电路调试和排故。

（4）培养独立分析、团队协作、改造创新能力。

三、任务准备

1. 常用触发器介绍

（1）基本 RS 触发器

由两个与非门交叉耦合构成，逻辑图如图 11-3（a）所示，符号如图 11-3（b）所示。工作原理如下：

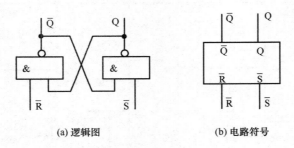

(a) 逻辑图   (b) 电路符号

图 11-3 基本 RS 触发器

$\bar{R} = \bar{S} = 1$ 时，不管初态如何，触发器状态将保持。

$\bar{R} = 0$，$\bar{S} = 1$ 时，不管初态如何，$Q = 0$，$\bar{Q} = 1$，触发器维持"0"态，$\bar{R}$ 称为直接置"0"端。

$\bar{R} = 1$，$\bar{S} = 0$ 时，不管初态如何，$Q = 1$，$\bar{Q} = 0$，触发器维持"1"态，$\bar{S}$ 称为直接置"1"端。

$\bar{R} = \bar{S} = 0$ 时，不管初态如何，两与非门输出均为"1"，此状态称不定状态，正常工作时不允许出现这种情况。

（2）钟控 RS 触发器 具备时钟脉冲 CP 输入控制端的触发器称为时钟触发器，它的输出状态变化不仅取决于输入信号的变化，还取决于时钟脉冲 CP 的控制。数字电路中多个钟控触发器可以在统一的脉冲信号控制下协调工作，按功能划分有 RS 触发器、D 触发器、JK 触发器、T 触发器。

钟控 RS 触发器组成如图 11-4 所示，由四个与非门组成，两个输入端 R 和 S，一个时钟控制端 CP。工作原理如下：

CP = 0 时：无论 R、S 为何值，Q^{n+1} 保持原态

CP = 1 时：$R = 1$，$S = 0$ 时，$Q^{n+1} = 0$

$\qquad\qquad R = 0$，$S = 1$ 时，$Q^{n+1} = 1$

$\qquad\qquad R = S = 0$ 时，$Q^{n+1} = Q^{n}$

$\qquad\qquad R = S = 1$ 时，Q^{n+1} 不定状态

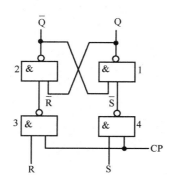

图 11 - 4　钟控 RS 触发器

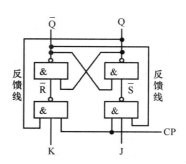

图 11 - 5　JK 触发器

特性方程：$Q^{n+1} = \overline{R} \cdot Q^n + S$

$R \cdot S = 0$

钟控 RS 触发器的缺点是输入存在约束条件。

（3）JK 触发器　JK 触发器是在 RS 触发器基础上添加两根反馈线克服了约束，电路组成如图 11 - 5 所示。工作原理如下：

当 CP = 0 时，不论 JK 为何值，Q^{n+1} 保持原态

当 CP = 1 时，J = 1，K = 0，不论初态 Q^n 如何，$Q^{n+1} = 1$

J = 0，K = 1，不论初态 Q^n 如何，$Q^{n+1} = 0$

J = K = 1 时，若 $Q^n = 0$ 时则 $Q^{n+1} = 1$；若 $Q^n = 1$ 时则 $Q^{n+1} = 0$

（4）T 触发器　把 JK 触发器 J、K 端连在一起，作为一个输入端 T 就组成 T 触发器，电路组成如图 11 - 6 所示。工作原理如下：

当 CP = 0 时，不论 JK 为何值，Q^{n+1} 维持原状态不变。

当 CP = 1 时，T = 0，Q^{n+1} 维持原状态不变。

T = 1，若 $Q^n = 0$ 时则 $Q^{n+1} = 1$；若 $Q^n = 1$ 时则 $Q^{n+1} = 0$。

2. 触发器逻辑符号

上升沿触发的 D 触发器和下降沿触发的 JK 触发器应用广泛，标准符号如图 11 - 7、图 11 - 8 所示。符号中输入端 $\overline{R}_D$、$\overline{S}_D$ 称为直接置"0"端、直接置"1"端，输入端有圆圈表示低电平有效。

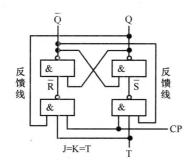

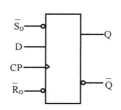

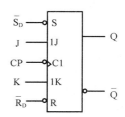

图 11 - 6　T 触发器　　　　图 11 - 7　上升沿触发 D 触发器　　　图 11 - 8　下降沿触发 JK 触发器

符号中如果 CP 端只有"∧"，表示触发器采用上升沿触发。若 CP 端既有"∧"，又有"0"，表示触发器采用下降沿触发。CP 端既没有"∧"，又没有"0"，表示采用高电平触发。

3. 继电器

继电器是一种电控制器件，用小信号控制一组或多组触点开关接通或断开，实质是用小电流去控制

大电流的一种器件，在自动控制电路中广泛使用。常见的电磁式继电器实物和结构如图 11-9 所示。

图 11-9 电磁式继电器实物及结构

继电器在电路图中常用字母"K"表示，常见几种继电器电路符号如图 11-10 所示。

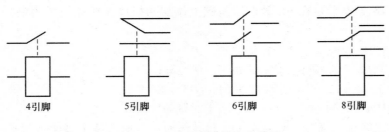

图 11-10 常见继电器电路符号

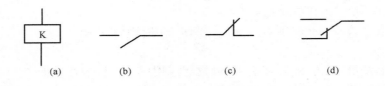

图 11-11 电磁式继电器线圈和触点

（1）电磁式继电器工作原理 电磁式继电器一般由线圈、铁芯、衔铁、触点和弹簧片等组成，线圈如图 11-11（a）所示，用 K 表示。在线圈两端加上一定电压，线圈中流过电流产生磁场，使铁芯产生电磁力，吸住衔铁带动动触点与静触点吸合。当线圈断电后，电磁吸力消失，衔铁在弹簧反作用力下返回原来位置，使动触点与静触点断开。触点类型分三种：常开触点、常闭触点和转换触点，分别如图 11-11（b）、（c）、（d）所示。线圈未通电时处于断开状态，通电后变成闭合状态的触点称为常开触点。线圈未通电时处于闭合状态，通电后变成断开状态的触点称为常闭触点。转换型触点共有三个触点，中间是动触点，上下各一个静触点，线圈不通电时，动触点与一个静触点组成闭合状态，与另一个静触点组成断开状态。当线圈通电时，原常闭触点变成常开触点，常开触点变成常闭触点。

（2）电磁式继电器检测

①检测触点电阻：用电阻挡测量常闭触点阻值，理想阻值为 0，如果有一定阻值或阻值较大，表明该触点已被氧化或被烧蚀。

②检测线圈阻值：额定电压较低的电磁式继电器其线圈阻值较小，额定电压较高的继电器线圈阻值相对较大，一般在 25Ω~2kΩ，若线圈阻值无穷大，表明线圈已开路损坏，若线圈电阻值低于正常值，线

圈内部存在短路故障。

4. CD4013 芯片介绍

CD4013 是一块双上升沿 D 触发器，由两个相同且相互独立的数据型 D 触发器构成，引脚功能如图 11 - 12 所示，真值表如表 11 - 1。每个触发器有独立的数据、置位、时钟输入端和 Q 及 $\overline{Q}$ 输出端。D 触发器在时钟上升沿时触发，加在 D 输入端的逻辑电平传送到 Q 输出端，置位端与时钟脉冲无关。

（1）CD4013 主要参数

①电源电压：5～18V。

②最大电流：4mA。

③输入电压：0～V_{DD}。

④存储温度：-55～+105℃。

⑤焊接温度：+265℃。

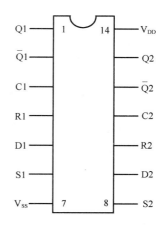

图 11 - 12　CD4013 引脚功能

表 11 - 1　　　　　　　　　　　　　　　　　　　　CD4013 真值表

输　入				输　出	
C	D	R	S	Q	$\overline{Q}$
↑	0	0	0	0	1
↑	1	0	0	1	0
↓	×	0	0	保　持	
×	×	1	0	0	1
×	×	0	1	1	0
×	×	1	1	1	1

（2）典型应用电路　数字电路或自动控制电路中，经常将输入脉冲信号经一段时间延迟后再输出，以适应后级控制电路的需要。采用 CD4013 和少量外围元件可组成脉冲延迟电路，正脉冲延迟电路及输出波形如图 11 - 13 所示，负脉冲延迟电路及输出波形如图 11 - 14 所示。

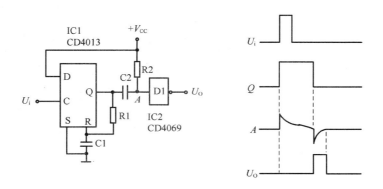

图 11 - 13　正脉冲延迟电路及波形

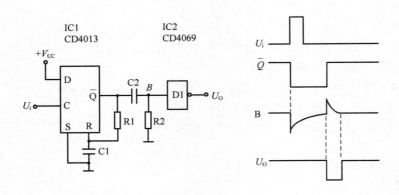

图 11-14　负脉冲延迟电路及波形

更多学习资料请查阅

- 电子爱好者制作论坛　http：//www. etuni. com/index. asp？boardid =4
- CD4013 资料　　　　http：//bihai. ic37. com/pdfold/2005 -9 -19/4571/CD401_ www. ic37. com. pdf

四、任务实施

1. 讨论决策、制定计划

小组成员集体讨论，得出实施决策，制定工作计划，合理安排工作进程。根据所学理论知识和操作技能，结合实习情景，填写工作计划。（表 11 -2）

表 11 -2　　　　　　　　　　　　单键触发照明灯装调计划

工作时间	共_____小时	审核：_____	计划指南：
计划实施步骤	1.		计划制定需考虑合理性和可行性，可参考以下工序： →理论学习 →准备器材 →安装调试 →创新操作 →综合评价
	2.		
	3.		
	4.		
	5.		

2. 任务实施

（1）准备器材　为完成工作任务，组员需要填写借用仪器仪表清单（表 11 -3）和元器件领取清单（表 11 -4）。

表 11－3　　　　　　　　　　　　　　　借用仪器仪表清单

任务单号：＿＿＿＿＿＿＿＿　　　　借用组别：＿＿＿＿＿＿＿＿　　　　　　　　　　　　　　年　　　月　　　日

序号	名称与规格	数量	借出时间	借用人	归还时间	归还人	管理员签名

表 11－4　　　　　　　　　　　　　　　电子元器件领取清单

任务单号：＿＿＿＿＿＿＿＿　　　　领料组别：＿＿＿＿＿＿＿＿　　　　　　　　　　　　　　年　　　月　　　日

序号	名称与规格型号	申领数量	实发数量	是否归还	归还人签名	管理员签名

（2）工作原理分析　本电路 CD4013 双 D 触发器分别接成一个单稳态电路和一个双稳态电路。单稳态电路作用是对轻触式开关 S1 产生的信号进行脉冲展宽整形，保证每次轻触动作都可靠。双稳态电路进行计数，产生翻转，用来驱动继电器控制照明灯点亮和熄灭。

当第一次按 S1 时，高电平进入 C1 端，使单稳态电路翻转进入暂态，Q1 输出高电平，高电平经 R2 向 C2 充电，使 V_{R2} 电位逐步上升，当上升到复位电平时，单稳态电路复位，Q1 输出恢复低电平。每按一下 S1，Q1 就输出一个固定宽度正脉冲。此正脉冲将直接加到 C2 端，使双稳态电路翻转一次，Q2 输出端电平就改变一次。当 Q2 输出为高电平时，三极管 VT1 导通，工作指示灯 VD1 点亮，继电器线圈得电吸合，台灯点亮。

①当第二次按轻触式开关 S1 时，请写出电路工作原理。

②电路中 V1 起到什么作用？如果 V1 在安装时反接会出现什么故障？

（3）制作 PCB 和元器件安装

①使用 Protel 99SE 设计电路 PCB，采用热转印法制作电路板。

②按电子工艺要求对元器件引脚进行成形加工、插装和焊接。

③继电器紧压电路板安装，焊接时间不可过长，CD4013 采用集成插座安装。

（4）调试与排除故障　电路安装完毕经检查无误后即可通电调试，按表 11－5 的要求测量、调试电路，并把数据填入表中。

表 11 - 5 单键触发照明灯调试波形

测试要求	测试波形
第一次按 S1 时，输出端 Q1 和 Q2 的波形	
第二次按 S1 时，输出端 Q1 和 Q2 的波形	

在调试时发生以下故障，请分析原因，并写出排除故障的方法。

①电路干扰严重，按 S1 时存在开灯又关灯的现象。

②按 S1 无法正常开灯，继电器发出"哒哒"声音，或者偶尔能正常开灯。

③R2 和 C2 在电路中起什么作用？改变其参数对电路有什么影响？

④CD4013 的 2 脚未使用，能否悬空，为什么？

⑤如果继电器驱动三极管改为 PNP 型，电路该怎样设计，请把电路图画下来。

（5）总结 本次任务使自己学习到哪些知识，积累了哪些经验，记录下来填在表 11–6 中。

表 11–6　　　　　　　　　　　　工　作　总　结

正确装调方法	
错误装调方法	
总结经验	

3. 工作岗位 "6S" 处理

工作任务全部完成后，关闭工作台总电源，拆下测量线和连接导线，归还借用工具仪器，组员对本工作岗位进行 "整理、整顿、清扫、清洁、安全、素养" 处理，维护和保养测量仪器仪表，确保其运行在最佳工作状态。

五、能力拓展

利用 CD4013 双 D 触发器可制作人体触摸控制电路，图 11–15 是一个双触摸灯光控制电路，利用人体触摸产生感应电动势使 D 触发器置 0 或置 1，电路带自锁功能，负载可选择灯泡或加装继电器控制大功率设备。

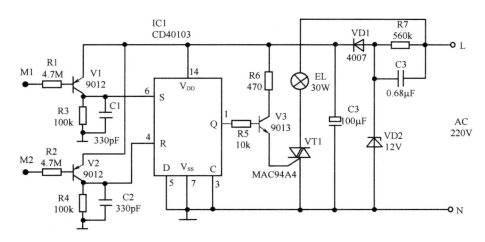

图 11–15　双触摸灯光控制电路

　　IC1 电源由 RC 降压整流滤波和 VD2 并联稳压电路提供，由于 D 触发器 D、C 端接地，所以 Q 输出状态由 R、S 置位端决定。当触摸 M1 时，人体和 V1 形成回路导致 V1 导通，S 端接高电平 D 触发器置 1，Q 端输出高电平驱动 V3 导通，致使 VT1 触发导通，灯泡点亮。若触摸 M2 铜片时，D 触发器置 0 使得 Q 端输出低电平，V3 不导通，灯泡熄灭。受到 VT1 电流的限制，EL 不能选用大功率灯泡，若需控制更大功率设备，只能改装成继电器控制方式。根据所学知识，赶紧决策出计划实施工作吧。

六、任务评价

将评价结果填入表 11 –7。

表 11 –7　　　　　　　　　　　　　　　　单键触发照明灯装调评价表

班级：＿＿＿＿＿＿　　　　　　　　　　　　　　　　　　　　　指导教师：＿＿＿＿＿＿

小组：＿＿＿＿＿　　姓名：＿＿＿＿＿　　　　　　　　　　　日　　期：＿＿＿＿＿

评价项目	评价标准	评价依据	评价方式			权重	得分小计
			学生自评 15%	小组互评 25%	教师评价 60%		
职业素养	1. 遵守规章制度劳动纪律 2. 人身安全与设备安全 3. 积极主动完成工作任务 4. 完成任务的时间 5. 工作岗位"6S"处理	1. 劳动纪律 2. 工作态度 3. 团队协作精神				0.3	
专业能力	1. 熟悉 CD4013 引脚功能和电路分析 2. 能熟练制作单键触发照明灯 PCB 和元器件装配 3. 会使用仪器调试单键触发照明灯和排除故障 4. 测量数据或波形准确	1. 工作原理分析 2. PCB 设计 3. 安装工艺 4. 调试方法和技巧				0.5	
创新能力	1. 电路调试提出自己独到见解或解决方案 2. 会使用 CD4013 集成电路制作各种功能电路 3. 能完成双触摸控制电路制作调试	1. 分析和调试方案 2. 触发器的灵活使用 3. 双触摸控制电路制作调试				0.2	
综合评价	总分						
	教师点评						

任务 12 加法计数器装调

【工作情景】

某工厂的包装车间流水线需安装一个计数显示电路，作用是在一定时间内计算流过的包装数量。计数器使用传感器输出脉冲作为检测信号，经过加法计数，把包装数量用两位数码管显示出来。要求计数器性能稳定，能准确计算和显示数值。电子加工中心接到这一任务后，马上制定安装计划，主要使用CD4543 和 CD4518 集成电路制作一个两位加法计数器。

一、任务描述和要求

1. 任务描述

加法计数器又称为加法译码器，电路如图 12 - 1 所示，能对输入脉冲个数进行累加并显示，常用在数字时钟、计数电路等场合。电路主要由 CD4543、CD4518 和共阴极数码管组成，能够实现加法计数、译码和显示功能，可以显示 0 ~ 99 两位数字。

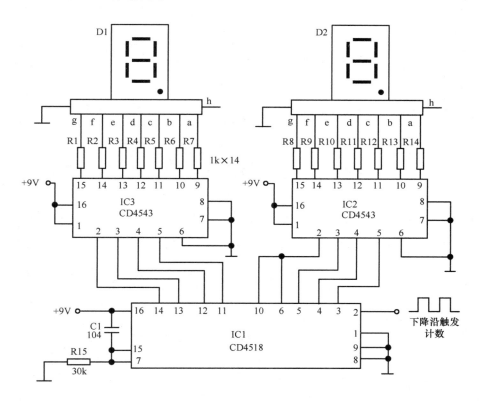

图 12 - 1 加法计数器电路图

2. 任务要求

（1）使用两位数码管显示，亮度清晰，能显示 0 ~ 99 两位数字。

（2）单面 PCB 设计，布局规范，面积小于 12cm×12cm，元器件焊接标准。

（3）准确计算最多 99 个脉冲，然后清零，重新计算，工作可靠。

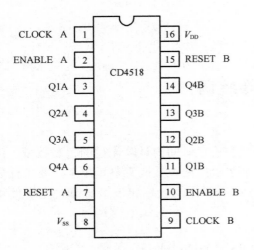

CLOCK A ── 1　　16 ── V_{DD}
ENABLE A ── 2　　15 ── RESET B
Q1A ── 3　　14 ── Q4B
Q2A ── 4　　13 ── Q3B
Q3A ── 5　　12 ── Q2B
Q4A ── 6　　11 ── Q1B
RESET A ── 7　　10 ── ENABLE B
V_{SS} ── 8　　9 ── CLOCK B

CD4518

图 12 – 2　CD4518 引脚排列

二、任务目标

（1）熟悉 CD4518、CD4543 引脚功能及其使用，会分析加法计数器工作原理。

（2）学会运用 Protel 99SE 设计加法计数器 PCB。

（3）会使用示波器等仪器进行电路调试和排故。

（4）培养独立分析、团队协作、改造创新能力。

三、任务准备

1. 同步加法计数器 CD4518

CD4518 是双 BCD 同步加法计数器，内含两单元加法计数器，引脚排列如图 12 – 2 所示，引脚功能如表 12 – 1 所示。每个单元有两个时钟输入端 CLK 和 EN，可选择时钟脉冲上升沿或下降沿触发。如果从 ENABLE 端输入信号时采用下降沿触发，CLOCK 端接低电平；如果从 CLOCK 端输入信号时采用上升沿触发，ENABLE 端接高电平。RESET 为复位端，当接高电平时，计数器各输出端 Q1 ~ Q4 均为 "0"，只有 RESET 端接低电平时，CD4518 才开始计数。

表 12 – 1　　　　　　　　　　　　　　　　CD4518 引脚功能

引　脚	名　称	功　能
1、9	CLOCK	时钟输入端
7、15	RESET	消除端
2、10	ENABLE	计数允许控制端
3、4、5、6	Q1A ~ Q4A	计数输出端
11、12、13、14	Q1B ~ Q4B	计数输出端
8	V_{SS}	接地
16	V_{DD}	正电源

CD4518 采用并行进位方式，逻辑结构图如图 12 – 3 所示。假如 Q1 ~ Q4 初态为 "0000"，当输入第 1

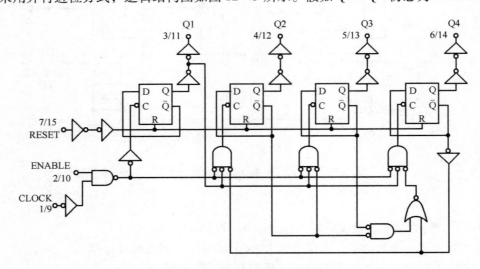

图 12 – 3　CD4518 内部逻辑图

个脉冲信号时，Q1 ~ Q4 输出为"1000"；当输入第 2 个脉冲信号时，Q1 ~ Q4 输出为"0100"；当输入第 3 个脉冲信号时，Q1 ~ Q4 输出为"1100"。这样从初始"0000"态开始计数，每输入 10 个时钟脉冲，计数单元便自动恢复到"0000"态，时序图如图 12 - 4 所示。若把第 1 个加法计数器输出端 Q4A 作为第 2 个加法计数器的输入端时钟脉冲信号，可组成两位 8421 编码计数器，依次下去可以进行多位串行计数。

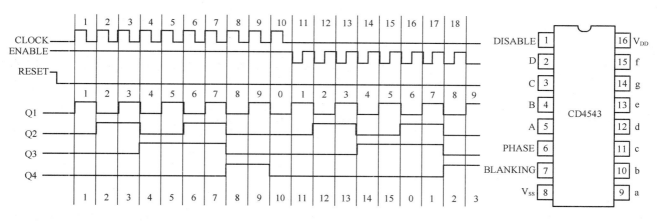

图 12 - 4　CD4518 时序图　　　　　　　　　图 12 - 5　CD4543 引脚排列

2. 译码器 CD4543

CD4543 是七段锁存译码驱动器，引脚排列如图 12 - 5 所示。有 A、B、C、D 四个输入端，可输入 8421 编码二进制数据，电路中与计数器 CD4518 输出端相连，能直接驱动一般小功率数码管。DISABLE 为锁存禁用，PHASE 为相位，BLANKING 为消隐端。CD4543 可以驱动共阴、共阳两种数码管，如果 PHASE 接高电平，可驱动共阳极数码管；如果 Phase 接低电平，可驱动共阴极数码管。CD4543 接收计数器送来的数据，经过翻译后驱动七段数码管点亮相应的笔画段，显示 0 ~ 9 数字，真值表如表 12 - 2 所示。

表 12 - 2　　　　　　　　　　　　　　　　CD4543 驱动共阴极数码管真值表

输　入				输　出	
DI	BL	PH	D C B A	a b c d e f g	显示
×	1	0	× × × ×	0000000	黑屏
1	0	0	0000	1111110	0
1	0	0	0001	0110000	1
1	0	0	0010	1101101	2
1	0	0	0011	1111001	3
1	0	0	0100	0110011	4
1	0	0	0101	1011011	5
1	0	0	0110	1011111	6
1	0	0	0111	1110000	7
1	0	0	1000	1111111	8
1	0	0	1001	1111011	9
1	0	0	1010	0000000	黑屏
1	0	0	1011	0000000	黑屏
1	0	0	1100	0000000	黑屏
1	0	0	1101	0000000	黑屏
1	0	0	1111	0000000	黑屏

更多学习资料请查阅

- 电子爱好者制作论坛　http：//www. etuni. com/index. asp？ boardid ＝4
- CD4518 资料　　　　http：//bihai. ic37. com/pdf2/2006－2－13/4299/CD4518_ www.ic37. com. pdf

四、任务实施

1. 讨论决策、制定计划

小组成员集体讨论，得出实施决策，制定工作计划，合理安排工作进程。根据所学理论知识和操作技能，结合实习情景，填写工作计划（表 12－3）。

表 12－3　　　　　　　　　　　　　加法计数器装调工作计划

工作时间	共_____小时		审核：_____	计划指南：
计划实施步骤	1.			计划制定需考虑合理性和可行性，可参考以下工序：
	2.			
	3.			→理论学习 →准备器材
	4.			→安装调试 →创新操作
	5.			→综合评价

2. 任务实施

（1）准备器材　为完成工作任务，组员需要填写借用仪器仪表清单（表 12－4）和电子元器件领取清单（表 12－5）。

表 12－4　　　　　　　　　　　　　借用仪器仪表清单

任务单号：_____　　　借用组别：_____　　　　　　　　　年　月　日

序号	名称与规格	数量	借出时间	借用人	归还时间	归还人	管理员签名

表 12－5　　　　　　　　　　　　　电子元器件领取清单

任务单号：_____　　　领料组别：_____　　　　　　　　　年　月　日

序号	名称与规格型号	申领数量	实发数量	是否归还	归还人签名	管理员签名

（2）工作原理分析　加法译码器电路主要由两部分组成：加法计数电路和译码显示电路。根据所学知识，查阅相关资料，完成下面填空。

①加法计数电路　CD4518 为双 BCD 加法计数器，每个计数器有两个时钟输入端 CLOCK 和 ENABLE，如选用时钟上升沿触发计数时，计数脉冲应从＿＿＿＿端输入，同时＿＿＿＿端接高电平，RESET 接＿＿＿＿电平，即可实现计数。

当 CD4518 接收脉冲时，计数器计数一次，个位输出端是＿＿＿＿脚，十位输出端是＿＿＿＿脚。输出二进制数从＿＿＿＿到＿＿＿＿。根据时序图波形分析，当输入第 10 个脉冲时，个位计数电路自动复位为＿＿＿＿状态，因为 CD4518 没有进位功能，把个位的＿＿＿＿脚连接到十位的输入端，使该脉冲和 ENABLE 端相连，即可实现计算进位功能，依次下去可以进行多位串行计数。

电路中 C1 作用是当电源接通时，与 R15 产生微分正脉冲提供给 RESET 端（7、15 脚）作复位作用，在正常计数时 C1 失去作用。

②译码显示电路　由 CD4543 和共阴极数码管组成，CD4543 把计数器输出二进制 BCD 码进行译码后驱动七段数码管。CD4543 驱动共阳极数码管的条件是＿＿＿＿＿＿＿＿＿＿＿＿＿＿＿＿＿＿＿＿＿＿＿＿＿＿，驱动共阴极数码管的条件是＿＿＿＿＿＿＿＿＿＿＿＿＿＿＿＿＿＿＿＿。随着输入脉冲累加，单位数码管可显示 0 ~ 9 数字，两位数码管组合可显示出 0 ~ 99 数字。

③为了更好理解电路工作原理，写出下面元器件的作用。

R1：＿＿

R15：＿＿＿

④一块 CD4518 可以进行两位加法计数，如果需要制作四位加法计数，需要增加哪些元器件，电路该怎样设计？请画下来。

（3）制作 PCB 和元器件装配

①设计 PCB 时，为防止信号干扰，脉冲信号输入端尽量靠近 IC1 的 2 脚。

②使用 Protel 99SE 绘制原理图和设计 PCB，采用热转印法制作 PCB。

③数码管的限流电阻根据发光亮度稍作调整，保证亮度达到白天显示要求。

④CD4518、CD4543 使用集成插座安装，电源使用接插件连接。

（4）调试与排除故障　电路安装完毕，检查无误后通电调试，按表 12 - 6 的测试要求，完成调试并把数据填入表 12 - 6 中。

表 12 -6　　　　　　　　　　两位加法计数器调试记录表

测试要求	测试数据							
	IC1　CD4518 引脚电平							
	14	13	12	11	6	5	4	3
显示 "07" 时								
（高电平 H 表示，低电平 L 表示）	IC2　CD4543 引脚电平							
	14	15	13	12	11	10	9	

续表

测试要求	测试数据							
	IC1　CD4518 引脚电平							
	14	13	12	11	6	5	4	3
显示"65"时								
（高电平 H 表示，低电平 L 表示）	IC3　CD4543 引脚电平							
	14	15	13	12	11	10	9	

在调试时发生以下故障，请分析原因，并写出排除故障的方法。

①输入脉冲计数时，两位数码管均显示 0，无计数变化。

②如果两位数码管笔段亮度不一致，该怎样修改电路？

③CD4543 可驱动共阳数码管，电路若用共阳数码管作显示，电路该怎样修改，请画出电路图。

④调试时，数码管有时会显示乱码，是什么原因造成，怎样排除故障？

（5）总结 本次任务使自己学习到哪些知识，积累了哪些经验，记录下来填在表12-7中。

表12-7   工 作 总 结

正确装调方法	
错误装调方法	
总结经验	

3. 工作岗位"6S"处理

工作任务全部完成后，关闭工作台总电源，拆下测量线和连接导线，归还借用工具仪器，组员对本工作岗位进行"整理、整顿、清扫、清洁、安全、素养"处理，维护和保养测量仪器仪表，确保其运行在最佳工作状态。

五、能力拓展

CD4518除用在加法计数电路中，利用其输出特性还可组成单开关控制多路通断电路。图12-6是个单键开关控制多路灯光电路，通过按键次数选择一组或数组灯泡点亮，共有7种状态可供选择，电路适合不同灯光组合点亮的场合使用。VT1～VT3根据灯泡功率选择2～3A电流的双向晶闸管。根据电路图参数，运用所学知识分析工作原理，查阅相关资料，赶紧制定安装计划并行动吧。

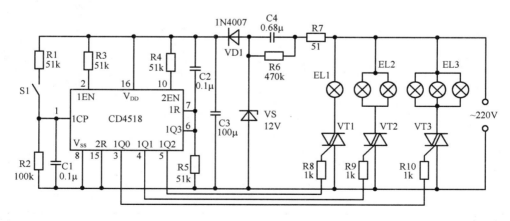

图12-6 单路开关控制多路灯光电路

六、任务评价

将评价结果填入表12-8。

表 12 - 8　　　　　　　　　　　　　　**加法计数器装调评价表**

班级：＿＿＿＿＿＿＿＿　　　　　　　　　　　　　　　　　　　指导教师：＿＿＿＿＿＿

小组：＿＿＿＿＿＿　　姓名：＿＿＿＿＿＿　　　　　　　　　日　　期：＿＿＿＿＿＿

评价项目	评价标准	评价依据	评价方式			权重	得分小计
			学生自评 15%	小组互评 25%	教师评价 60%		
职业素养	1. 遵守规章制度劳动纪律 2. 人身安全与设备安全 3. 积极主动完成工作任务 4. 完成任务的时间 5. 工作岗位"6S"处理	1. 劳动纪律 2. 工作态度 3. 团队协作精神				0.3	
专业能力	1. 熟悉 CD4543、CD4518 功能和会分析电路工作原理 2. 能熟练制作 PCB 和元器件装配符合标准 3. 熟练使用测量仪器调试电路和排除故障 4. 加法计数器计算精度高	1. 工作原理分析 2. PCB 设计 3. 安装工艺 4. 调试方法和技巧				0.5	
创新能力	1. 电路调试提出自己独到见解或解决方案 2. 能利用 CD4543 制作各种功能显示电路 3. 能独立组装单路开关控制多路灯光电路	1. 分析和调试方案 2. CD4543、CD4518 的灵活使用 3. 单路开关控制电路的制作调试				0.2	

总分	
综合评价	教师点评

任务 13　八路抢答器装调

【工作情景】

学校团委准备举行一场"爱我中华"百科知识抢答竞赛，委托电子加工中心制作一个抢答器。要求具备八路抢答开关，用一个数码管作显示，最先按下的一路数字编号显示在数码管上，设有主持人控制开关，能方便控制抢答开始。

一、任务描述和要求

1. 任务描述

抢答器广泛应用在一些知识竞赛或游戏比赛中，图 13 - 1 是一个八路抢答器电路图，主要由74LS373、74LS148、74LS83、CD4511 和共阴数码管构成。八个抢答开关中最先按下的一个即显示该路数字，直到复位清零后，再次进行第二轮抢答，电路板如图 13 - 2 所示。

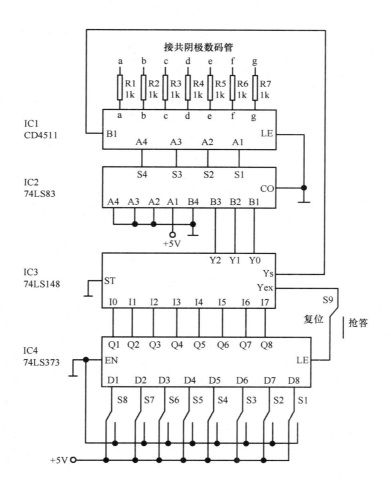

图 13 - 1　八路抢答器电路图

图 13 - 2　八路抢答器电路板

2. 任务要求

（1）电路具有锁存和显示功能，最先按下的一路编号被锁存并在数码管上显示。

（2）设有主持人清零开关，未开始抢答时各路开关按下无效。

（3）单面 PCB 设计和安装，布局合理，面积小于 15cm×10cm。

（4）电路抗干扰能力强，工作可靠，不存在误触发现象。

二、任务目标

（1）熟悉 74LS373、74LS148、74LS83、CD4511 数字集成电路引脚功能及其使用。

（2）会运用 Protel 99SE 设计八路抢答器 PCB。

（3）会使用示波器等仪器进行电路调试和排除故障。

（4）培养独立分析、团队协助、改造创新能力。

三、任务准备

1. 74LS373 三态八路锁存器

74LS373 是一块地址锁存器芯片，内部集有八路输出带三态门的 D 锁存器，可输出高电平、低电平或高阻三种状态。电路引脚功能如图 13 - 3 所示。

内部逻辑图如图 13 - 4 所示，该锁存器有两个功能端，输出控制端 EN 和锁存允许 LE，当 EN 为高电平时，无论锁存允许端 LE 电平高低，不管输入状态如何，输出全部呈现高阻状态；当 EN 为低电平时，LE 端由高电平变为低电平时，三态门导通，允许 Q1 ~ Q8 输出，其输出状态根据输入状态而定。

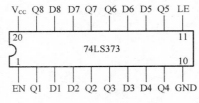

图 13 - 3　74LS373 引脚功能

当 74LS373 用作地址锁存器时，EN 应接低电平，当锁存允许端 LE 为高电平时，输出随输入数据而变。当 LE 为低电平时，输出被锁存。74LS373 真值表如表 13 - 1。

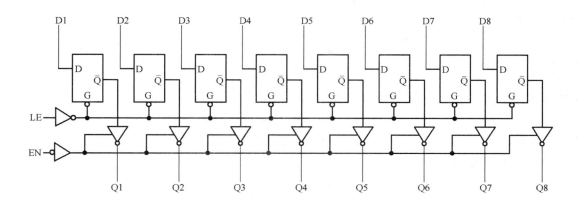

图 13－4　内部逻辑原理图

表 13－1　　　　　　　　　　　　　　　74LS373 真值表

D	LE	EN	Q_n
H	H	L	H
L	H	L	L
×	H	L	Q_0
×	L	H	高

2. 74LS148 编码器

　　74LS148 是 8 线－3 线八进制优先编码器，采用 DIP16 封装，引脚排列如图 13－5 所示。该编码器有 I0～I7 八位二进制数据输入，Y0～Y2 三位二进制输出，三个功能端：Ys 选通输出端，ST 选通输入端，Y_{EX} 扩展端。

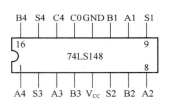

图 13－5　74LS148 引脚功能

　　当 ST＝1 时，禁止编码，输出为反码，Y0～Y2 输出均为 1；当 ST＝0 时，允许编码，在 I0～I7 输入中，输入 I7 优先级最高，其余依次为 I6、I5、I4、I3、I2、I1、I0。当某一输入端有低电平输入，且比它优先级别高的输入端没有低电平输入时，输出端才有该输入端的代码。例如：I4＝0，I7＝I6＝I5＝1（I7、I6、I5 优先级别高于 I4）此时输出代码 011。其真值表如表 13－2 所示。

表 13－2　　　　　　　　　　　　　　　74LS148 真值表

输　入									输　出				
ST	I0	I1	I2	I3	I4	I5	I6	I7	Y2	Y1	Y0	Y_{EX}	Y_S
1	×	×	×	×	×	×	×	×	1	1	1	1	1
0	1	1	1	1	1	1	1	1	1	1	1	1	0
0	×	×	×	×	×	×	×	0	0	0	0	0	1
0	×	×	×	×	×	×	0	1	0	0	1	0	1
0	×	×	×	×	×	0	1	1	0	1	0	0	1
0	×	×	×	×	0	1	1	1	0	1	1	0	1
0	×	×	×	0	1	1	1	1	1	0	0	0	1
0	×	×	0	1	1	1	1	1	1	0	1	0	1
0	×	0	1	1	1	1	1	1	1	1	0	0	1
0	0	1	1	1	1	1	1	1	1	1	1	0	1

3. 74LS83 全加器

74LS83 是快速进位四位二进制全加器，采用 DIP - 16 引脚封装，引脚功能如图 13 - 6 所示。它运算速度较快，如果参加运算的加数确定，可同时产生各位进位，实现多位二进制数的并行相加。

在 A1 ~ A4 和 B1 ~ B4 输入二进制数，S1 ~ S4 输出相加结果，C4 为总进位，使用时 C0 接低电平。全加器的逻辑都采用原码形式，不需要逻辑或者电平转换就可以实现循环进位。

按图 13 - 1 接法，74LS83 中 A4 ~ A1 输入始终为 "0001"，B4 始终输入 "0"，这种接法实际就是加 1 全加器，假如 B4 ~ B1 输入为 "0101"，则 S4 ~ S1 输出数据为 "0110"。

4. CD4511 七段译码驱动器

CD4511 是 BCD 锁存/七段译码/驱动器，具备 BCD 转换、消隐和锁存控制、七段译码及驱动功能，提供较大的驱动电流，能直接驱动共阴极数码管显示十进制数字，引脚功能如图 13 - 7 所示，真值表如表 13 - 3 所示。

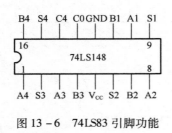

图 13 - 6　74LS83 引脚功能

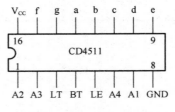

图 13 - 7　CD4511 引脚功能

引脚功能介绍：

（1）消隐输入控制端 BI，当 BI = 0 时，不管其他输入端状态如何，七段数码管均处于熄灭（消隐）状态，不显示数字。

（2）测试输入端 LT，当 BI = 1，LT = 0 时，译码输出全为 1，不管 A1 ~ A4 输入状态如何，七段均发亮，显示 "8"，主要用来检测数码管是否损坏。

（3）锁定控制端 LE，当 LE = 0 时，允许译码输出，LE = 1 时译码器锁定保持状态，输出被保持在 LE = 0 时的数值。

（4）8421BCD 码输入端 A1、A2、A3、A4。

（5）译码输出端 a、b、c、d、e、f、g，输出高电平有效。

表 13 - 3　　　　　　　　　　　　　　　　CD4511 真值表

| 输　入 | | | | | | | 输　出 | | | | | | | |
LE	BI	LI	A4	A3	A2	A1	a	b	c	d	e	f	g	显示
×	×	0	×	×	×	×	1	1	1	1	1	1	1	8
×	0	1	×	×	×	×	0	0	0	0	0	0	0	消隐
0	1	1	0	0	0	0	1	1	1	1	1	1	0	0
0	1	1	0	0	0	1	0	1	1	0	0	0	0	1
0	1	1	0	0	1	0	1	1	0	1	1	0	1	2
0	1	1	0	0	1	1	1	1	1	1	0	0	1	3
0	1	1	0	1	0	0	0	1	1	0	0	1	1	4
0	1	1	0	1	0	1	1	0	1	1	0	1	1	5
0	1	1	0	1	1	0	0	0	1	1	1	1	1	6

续表

输　　　入							输　　　出							显示
LE	BI	LI	A4	A3	A2	A1	a	b	c	d	e	f	g	
0	1	1	0	1	1	1	1	1	1	0	0	0	0	7
0	1	1	1	0	0	0	1	1	1	1	1	1	1	8
0	1	1	1	0	0	1	1	1	1	0	0	1	1	9
0	1	1	1	0	1	0	0	0	0	0	0	0	0	消隐
0	1	1	1	0	1	1	0	0	0	0	0	0	0	消隐
0	1	1	1	1	0	0	0	0	0	0	0	0	0	消隐
0	1	1	1	1	0	1	0	0	0	0	0	0	0	消隐
0	1	1	1	1	1	0	0	0	0	0	0	0	0	消隐
0	1	1	1	1	1	1	0	0	0	0	0	0	0	消隐
0	1	1	×	×	×	×	锁　　　存							锁存

更多学习资料请查阅

- 电子爱好者制作论坛　　http：//www. etuni. com/index. asp？boardid = 4
- CD4543 资料　　　　　　http：//pdf. 51dzw. com/ic_ pdf/CD4543 - pdf - 707660_ 981373. html

四、任务实施

1. 讨论决策、制定计划

　　小组成员集体讨论，得出实施决策，制定工作计划，合理安排工作进程。根据已学理论知识和操作技能，结合实习情景，填写工作计划（表 13 - 4）。

表 13 - 4　　　　　　　　　　　　八路抢答器装调工作计划

工作时间	共_____小时	审核：_____	
计划实施步骤	1.		计划指南： 　　计划制定需考虑合理性和可行性，可参考以下工序： →理论学习 →准备器材 →安装调试 →创新操作 →综合评价
	2.		
	3.		
	4.		
	5.		

2. 任务实施

（1）准备器材　为完成工作任务，组员需要填写借用仪器仪表清单（表13-5）和电子元器件领取清单（表13-6）。

表13-5　　　　　　　　　　　　　借用仪器仪表清单

任务单号：＿＿＿＿＿＿＿　　借用组别：＿＿＿＿＿＿＿　　　　　　　　年　月　日

序号	名称与规格	数量	借出时间	借用人	归还时间	归还人	管理员签名

表13-6　　　　　　　　　　　　　电子元器件领取清单

任务单号：＿＿＿＿＿＿＿　　领料组别：＿＿＿＿＿＿＿　　　　　　　　年　月　日

序号	名称与规格型号	申领数量	实发数量	是否归还	归还人签名	管理员签名

（2）工作原理分析　本电路主要由四部分组成：八路抢答器锁存电路、8线-3线编码电路、四位全加电路和译码显示电路。

①八路抢答锁存电路：不进行抢答时74LS373输入端通过抢答开关S1~S8连接到高电平，EN端接低电平，内部三态门导通。当主持人开关S9置抢答状态时，S1~S8中最先按下接地（输入为0）的一路输出状态为低电平，其余的不管输入状态如何，输出都为高电平，此时输出状态一直锁存直到主持人按复位清零开关S9。

②8线-3线编码电路：IC3输出的8种状态不能直接驱动数码管发光，需要把其转换成三位二进制数据，当ST选通端接低电平时即进入编码状态，输入低电平有效，由于在同一时刻只有一路为低电平，IC3对其输入状态进行编码转换，输出为三位二进制数据。共可以表达7种状态，假如S8最先按下，这时I0＝0，输出状态为"111"，表示十进制为"7"。

③四位全加电路：因编码电路最大输出只能表示为"7"，跟抢答个数不符合，需增加一块四位全加器，让输入三位二进制数码加上1，全加器的A输入端为固定的二进制"0001"，B输入的高位B4＝0，B3~B1直接连接编码器输出端数据。经过四位全加器后输出状态变为四位二进制数据，能表示十进制的1~8数字。

④译码显示电路：由CD4511和共阴极数码管组成，BI消隐端连接到IC3的Y_S选通端，当$Y_S＝0$时停止输入数据，不显示数字，达到消隐目的，防止干扰信号串入。

（3）制作PCB和元器件装配

①根据图13-1电路图，使用Protel 99SE绘制原理图，正确输入元器件编号和参数。

②设计PCB时，IC均采用DIP插座方式安装，方便调试。

③八路抢答开关安装整齐，排列在电路板方便操作位置。

④数码管限流电阻根据发光亮度可作调整，保证亮度达到白天显示要求。

（4）调试与排除故障　电路安装完毕经检查无误后即可通电调试，按表13-7的要求调试和测量，结果填入表中。

表 13 – 7　　　　　　　　　　　　　　　加法译码器调试记录表

测试要求	测试数据（高电平 H 表示，低电平 L 表示）			
按下 S2 时各引脚的电平	IC4　74LS373	IC3　74LS148	IC2　74LS83	IC1　CD4511
	Q1、Q2、Q3、Q4、Q5、Q6、Q7、Q8	Y2、Y1、Y0	S4、S3、S2、S1	a、b、c、d、e、f、g
按下 S5 时各引脚的电平	IC4　74LS373	IC3　74LS148	IC2　74LS83	IC1　CD4511
	Q1、Q2、Q3、Q4、Q5、Q6、Q7、Q8	Y2、Y1、Y0	S4、S3、S2、S1	a、b、c、d、e、f、g
按下 S7 时各引脚的电平	IC4　74LS373	IC3　74LS148	IC2　74LS83	IC1　CD4511
	Q1、Q2、Q3、Q4、Q5、Q6、Q7、Q8	Y2、Y1、Y0	S4、S3、S2、S1	a、b、c、d、e、f、g
按下 S8 时各引脚的电平	IC4　74LS373	IC3　74LS148	IC2　74LS83	IC1　CD4511
	Q1、Q2、Q3、Q4、Q5、Q6、Q7、Q8	Y2、Y1、Y0	S4、S3、S2、S1	a、b、c、d、e、f、g

在调试时发生以下故障，请分析原因，并写出排除故障的方法。

①调试时，数码管始终显示"8"，由什么原因造成，该怎样排除故障？

②抢答器无法清零，总是显示"1"，由什么原因造成，该怎样排除故障？

③抢答器存在误触发现象，有时会显示乱码，怎样才能提高电路稳定性？

④74LS83 的 A1 端应接高电平，如果误将其接地，会发生什么现象？

（5）总结　本次任务使自己学习到哪些知识，积累了哪些经验，记录下来填在表 13 – 8 中。

表 13－8	工 作 总 结
正确装调方法	
错误装调方法	
总结经验	

3. 工作岗位"6S"处理

工作任务全部完成后，关闭工作台总电源，拆下测量线和连接导线，归还借用工具仪器，组员对本工作岗位进行"整理、整顿、清扫、清洁、安全、素养"处理，维护和保养测量仪器仪表，确保其运行在最佳工作状态。

五、能力拓展

图 13－8 是由 CD40192、CD4511、CD4023、CD4001 组成的七进制计数器，七进制计数功能是通过 CD4001 构成的 RS 触发器来转换。当计数器在 1～7 范围内计数时，IC_1 的 Q4～Q1 输出范围为 0001～0111，Q4 输出状态始终为 0，使得触发器一直保持置 0 态，此时 PE 端为高电平状态，计数器正常工作。当输入第 8 个脉冲后，Q4～Q1 输出状态变为 1000，Q4 端处于高电平状态，使得 CD40192 的 PE 端为低电平，计数器进入预置数状态，输出变为 0001，LED 数码管显示 1 而不是 8。请查阅相关资料，写出七进制计数器工作原理和真值表，制定装调计划并赶紧实施吧。

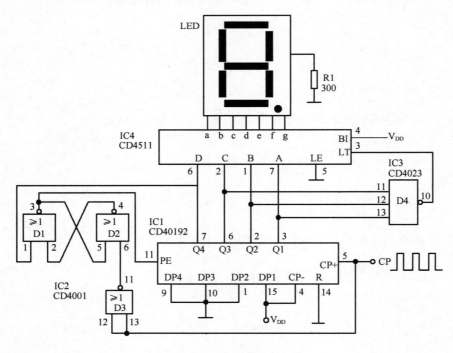

图 13－8 七进制计数器电路

六、任务评价

将评价结果填入表 13 – 9。

表 13 – 9　　　　　　　　　　　　　　八路抢答器装调评价表

班级：＿＿＿＿＿＿　　　　　　　　　　　　　　　　　　　　　　指导教师：＿＿＿＿＿＿
小组：＿＿＿＿＿　　姓名：＿＿＿＿＿　　　　　　　　　　　　　日　　期：＿＿＿＿＿＿

评价项目	评价标准	评价依据	评价方式			权重	得分小计
			学生自评 15%	小组互评 25%	教师评价 60%		
职业素养	1. 遵守规章制度劳动纪律 2. 人身安全与设备安全 3. 积极主动完成工作任务 4. 完成任务的时间 5. 工作岗位"6S"处理	1. 劳动纪律 2. 工作态度 3. 团队协作精神				0.3	
专业能力	1. 熟悉 CD4511、74LS373、74LS148、74LS83 的功能及其使用 2. 会分析抢答器工作原理 3. 能熟练制作 PCB 和元器件安装符合标准 4. 会正确使用仪器调试电路和排除故障	1. 工作原理分析 2. PCB 设计 3. 安装工艺 4. 调试方法和技巧				0.5	
创新能力	1. 电路调试提出自己独到见解或解决方案 2. 能用 74LS373、74LS148、74LS83 设计各种功能电路 3. 团队完成七进制计数器的安装调试	1. 分析和调试方案 2. 抢答器功能扩展 3. 七进制计数器制作调试				0.2	
综合评价	总分						
	教师点评						

任务 14　花样效果灯制作

【工作情景】

某广告设计部委托电子加工中心组装一个 LED 效果灯电路，采用单片机程序控制，能够驱动 8 个 LED 按程序设计点亮，有一定观赏效果。为了使 LED 有多种显示效果，单片机采用集成插座安装，方便以后重新烧写程序。

一、任务描述和要求

1. 任务描述

应用单片机强大的控制技术能灵活设计 LED 效果灯电路，通过程序控制发光二极管点亮，在不更改硬件电路前提下可编程改变点亮效果，电路简洁可靠。图 14 - 1 是采用 MCS - 51 单片机控制的花样效果灯电路，8 个发光二极管按照一定程序执行点亮，实现左移动、右移动和两边向中心靠拢或中心向两边散开效果，电路板如图 14 - 2 所示。

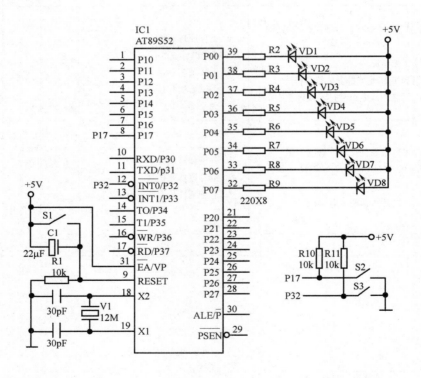

图 14 - 1　花样效果灯电路图

2. 任务要求

（1）使用 AT89S52 单片机，编程实现 LED 左右移动、靠拢和散开的花样效果。

（2）PCB 设计简洁，LED 整齐安装，具有复位、程序选择功能。

（3）S1：复位；S2：左右移动选择；S3：程序选择。

图 14 - 2　花样效果灯电路板

二、任务目标

（1）熟悉 MCS - 51 单片机引脚功能和基础知识。

（2）会使用单片机系统开发工具。

（3）熟悉左右循环移位指令的使用。

（4）能正确设计、仿真和烧写花样效果灯控制程序。

（5）培养自主学习、团队协作、拓展创新能力。

三、任务准备

1. MCS - 51 单片机基础知识

单片机是一种嵌入式微控制器（Microcontroller Unit），英文字母缩写为 MCU，最早是在工业控制领域中使用。它把微处理器（CPU）、随机存储器（RAM）、只读存储器（ROM）、定时/计数器、输入/输出电路和中断系统等电路集成在一块超大规模芯片中，构成一个完善的计算机系统。市场上单片机种类繁多，性能各异，目前最流行的是 Intel 公司的 MCS - 51 系列单片机。它是 1980 年推出的 8 位高档单片机，与 MCS - 48 系列相比，MCS - 51 无论在 CPU 功能还是存储容量及特殊功能部件性能上都要高出一等，是工业控制系统中较为理想的机种。早期的 MCS - 51 时钟频率为 12MHz，目前与 MCS - 51 单片机兼容的一些单片机时钟频率已达到 40MHz 甚至更高。

使用较广泛的 AT89C51 单片机是 Atmel 公司生产以 MCS - 51 为内核的系列单片机，引脚功能和实物如图 14 - 3 所示，常用型号如表 14 - 1 所示。它使用先进的 Flash 存储器代替原来的 ROM 存储器，时钟频率更高，有些型号还支持 ISP（在线更新程序）功能，性能优越，在自动控制系统、机电设备、家用电器等现代多功能产品中广泛使用。

表 14 - 1　　　　　　　　　　　　　　　　Atmel MCS - 51 系列单片机

型　号	程序存储器	数据存储器	是否支持 ISP	最高时钟频率
AT89C51	4kB Flash	128B	否	24MHz
AT89C52	8 kB Flash	256B	否	24MHz
AT89S51	4 kB Flash	128B	是	33MHz
AT89S52	8 kB Flash	256B	是	33MHz

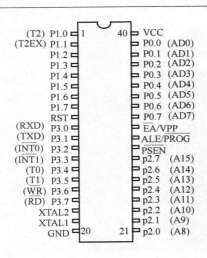

图 14 - 3　AT89S51 引脚功能和实物图

MCS - 51 系列中的各类型单片机引脚端子大同小异，使用 HMOS 工艺技术制造的单片机通常采用双列直插 40 引脚封装，在使用时需注意，因受到集成电路芯片引脚数目的限制，有许多引脚具备第二功能，MCS - 51 单片机具体引脚功能如表 14 - 2。

表 14 - 2　　　　　　　　　　　　　MCS - 51 单片机引脚功能表

功　能	名　称	功能含义
电源线	VCC	正电源，为工作电源和编程校验
	GND	接地，接公共地端
端口线	P0. 0 ~ P0. 7	第一功能：8 位双向 I/O 使用 第二功能：访问外部存储器时，分时提供低 8 位地址和 8 位双向数据，在对 8751 片内 EPROM 进行编程和校验时，P0 口用于数据的输入和输出
	P1. 0 ~ P1. 7	8 位准双向 I/O 口
	P2. 0 ~ P2. 7	第一功能：8 位双向 I/O 口 第二功能：访问外部存储器时，输出高 8 位地址 A8 ~ A15
	P3. 0 ~ P3. 7	第一功能：8 位双向 I/O 口 第二功能：P3.0　串行数据输入端 P3.1　串行数据输出端 P3.2　外部中断 0 输入端 P3.3　外部中断 1 输入端 P3.4　定时/计数器 T0 外部输入端 P3.5　定时/计数器 T1 外部输入端 P3.6　外部数据存储器写选通信号 P3.7　外部数据存储器读选通信号
控制线	ALE/PROG	地址锁存信号，访问外部存储器时，ALE 作为低 8 位地址锁存信号，PROG 为 8751 内部 EPROM 编程时的编程脉冲输入端。
	PSEN	外部程序存储器的读选通信号，当访问外部 ROM 时，将产生负脉冲作为外部 ROM 的选通信号
	RST	复位/备用电源线。当 RST 保持两个机器周期以上的高电平时，单片机完成复位操作。VPD 作为备用电源输入端，当主 VCC 断电或者降到一定值时，备用电源自动投入，保证片内 RAM 的信息不丢失
	EA/V$_{PP}$	访问程序存储器的控制信号，当为低电平时允许访问限定在外部存储器；当为高电平时允许访问片内 ROM
	ATAL1	外接石英晶体和微调电容，使用外部时钟时，接外部时钟源
	ATAL2	

2. 单片机系统开发工具

单片机只是一个硬件，本身不具备开发和编程能力，没有程序就不会执行任何操作，要把编好的程序写进单片机里面，需要系统开发工具来完成。单片机系统开发主要由主机、仿真器和编程器等组成。通用型的单片机系统开发配备多种在线仿真头和相应的支持软件，在使用时只需更换系统中的仿真头，就可以开发相应的单片机系统或可编程器件。

（1）仿真器   单片机在结构上不具备标准的输入输出装置，受存储空间限制难以容纳用于调试程序的专门软件，如果要对单片机程序进行调试，需使用单片机仿真器。仿真器是通过仿真软件的配合，用来模拟单片机运行并可以进行在线调试的工具。它具备基本的输入输出装置，配备支持程序调试的软件，使得单片机开发人员可以通过单片机仿真器输入和修改程序，观察程序运行结果与中间值，同时对单片机配套的硬件进行检测与观察，可以大大提高单片机的编程效率和效果。

早期仿真器有专用的键盘和显示器，用于输入程序并显示运行结果。随着 PC 机的普及，现在仿真器大多数都是利用 PC 机作为标准输入输出装置，而仿真器本身成为微机和目标系统之间的接口，一端连接微机，另一端通过仿真头连接到单片机目标板。仿真方式从最初的机器码发展到汇编语言、C 语言仿真，仿真环境也与 PC 机上的高级语言编程与调试环境非常类似。

伟福 SP51 型 MCS51 专用 USB 仿真器是常用的一种仿真器，随机附带 POD - S8X5X 仿真头，如图 14 -4 所示。它具备以下特点：

①Wave/Keil 双平台，中/英文可选。

②集成编辑器、编译器、调试器。

③集成强大软硬件调试手段，包括逻辑分析仪、逻辑笔、波形发生器、计时器、程序时效分析、数据时效分析、硬件测试仪、事件触发器。

④调试环境支持汇编、C、PL/M 源程序混合调试。

⑤支持软件模拟、项目管理、点屏功能。

⑥在线修改、编译、调试源程序，错误指令定位。

（2）编程器   编程器的作用是把可编程的集成电路写入数据，主要用于单片机（含嵌入式）、存储器（含 BIOS）之类芯片的编程，平时也称为"烧写器"或者"烧录器"。一般程序编写完毕后，经过仿真调试无误后，就可以编译成十六进制或二进制机器代码，烧写入单片机程序存储器中，使得单片机能在目标电路板上正常运行。

编程器在功能上分通用编程器和专用编程器，专用编程器价格低，适用芯片种类少，适合以某一种或者某一类专用芯片编程的需要，例如仅仅只对 MCS - 51 系列编程。全功能通用型一般能够涵盖大多数常用的芯片，由于设计麻烦，成本较高，适合需要对很多种芯片进行编程的场合，图 14 -5 是双龙 RF -1800 编程器。

图 14 -4   伟福 SP51 仿真器

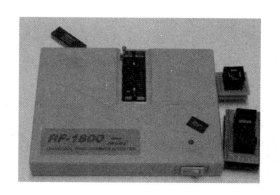

图 14 -5   RF -1800 编程器

主要功能和特点：

①能对 EPROM、FLASHROM、EEPROM、串行 EEPROM、可编程逻辑阵列（PLD）、微处理器（MPU）等器件进行烧写。

②TTL74/75 系列、CMOS40/45 系列器件功能测试和型号查找。

③具备解密功能，可对 AT89C 系列单片机进行不可恢复加密。

④具有 32 通道逻辑仿真功能，可输出 16 路波形和采集输入 16 路波形。

3. MCS-51 单片机指令

MCS-51 单片机指令系统具有功能强、指令短、执行快的特点，共有 111 条指令。从功能上可划分成数据传送、算术操作、逻辑操作、程序转移位操作等五大类；从空间属性上分单字节指令（49 条）、双字节指令（46 条）和最长的三字节指令（16 条）。从时间属性上可分单机器周期指令（64 条）、双机器周期指令（45 条）和只有乘、除法两条 4 个机器周期指令。

（1）指令格式 MCS-51 单片机指令主要由标号、操作码、操作数和注释四部分组成，格式如下：

START: MOV   A，#64H   ；将立即数传送到累加器 A

［标号］   ＜操作码＞ ［操作数］   ［注释］

在格式中，方括号的内容是可选部分，根据程序编写要求而定。

①标号：是指令的符号地址，由 1~8 个 ASCII 字符组成，不是每条语句都需要。

- 标号由不超过 8 位的英文字母和数字组成，首一个字符必须是字母。
- 不能使用系统中已规定的指令符号。
- 标号后面必须跟有英文半角冒号（:）。
- 同一个标号在一个程序里只能定义一次，不能重复。

②操作码：表明指令的作用与功能，不能缺少，以助记符表示。

③操作数：给指令的操作提供数据或者地址，指令中操作数可以是 1 个、2 个或没有。

④注释：不生成可执行的机器代码，能增加程序的可阅读性，便于程序的调试与交流。

（2）相关指令介绍

①设置目标程序起始地址伪指令 ORG

ORG 是一条伪指令，伪指令语句是用于指示汇编程序如何汇编源程序，不产生可供计算机执行的指令代码（即目标代码），不算单片机本身的指令，又称为命令语句。主要用来指定源程序如何分段，数据起始位置，寄存器的指向；定义数据，分配存储单元等。

指令格式：ORG   ＜16 位地址＞

指明后面程序的起始地址，总是出现在每段程序的开始。

例如：ORG   0000H

      LJMP   MAIN   ；本条指令存放在从 0000H 地址开始的连续单元中

②数据传送指令 MOV

通用格式：MOV ＜目的操作数＞，＜源操作数＞

例如：MOV   A，#0FH ；将立即数 0FH 送入累加器 A

③无条件转移指令 LJMP

通用格式：LJMP ＜十六位程序存储器地址或以标号表示的十六位地址＞

例如：LJMP   MAIN   ；转移到标号为"MAIN"处执行

其他无条件转移指令请查阅相关资料。

④子程序调用和返回指令 LCALL、RET

子程序调用：LCALL ＜子程序的地址或标号＞

例如：LCALL   DELAY

子程序返回：RET

⑤移位指令 RR、RL

循环右移：RR　　A　　　　　；将 A 中的内容循环右移一位

循环左移：RL　　A　　　　　；将 A 中的内容循环左移一位

循环移位指令示意图如图 14 −6 所示。

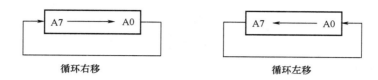

循环右移　　　　　　　　　　　循环左移

图 14 −6　循环移位指令示意图

更多学习资料请查阅

● 单片机教程网　　　　　　　　http：//www. 51hei. com/

● 51 单片机学习论坛　　　　　　http：//www. 51c51. com/bbs/

四、任务实施

1. 讨论决策、制定计划

小组成员集体讨论，得出实施决策，制定工作计划，合理安排工作进程。根据已学理论知识和操作技能，结合实习情景，填写工作计划（表 14 −3）。

表 14 --3　　　　　　　　　　　　**花样效果灯制作工作计划**

工作时间	共＿＿＿＿小时		审核：＿＿＿＿＿＿＿＿	
计划实施步骤	1.			计划指南： 　计划制定需考虑合理性和可行性，可参考以下工序： →程序编写 →仿真调试 →硬件装调 →创新操作 →综合评价
	2.			
	3.			
	4.			
	5.			

2. 任务实施

（1）准备器材　为完成工作任务，组员需要填写借用仪器仪表清单（表 14 −4）和电子元器件领取清单（表 14 −5）。

表 14 −4　　　　　　　　　　　　**借用仪器仪表清单**

任务单号：＿＿＿＿＿＿＿　　　借用组别：＿＿＿＿＿＿＿　　　　　　　　　　　年　　月　　日

序号	名称与规格	数量	借出时间	借用人	归还时间	归还人	管理员签名

表 14 – 5　　　　　　　　　　　　　　　**电子元器件领取清单**

任务单号：_____　　　　　领料组别：_____　　　　　　　　　　年　月　日

序号	名称与规格型号	申领数量	实发数量	是否归还	归还人签名	管理员签名

（2）硬件制作

①使用高精度激光打印机打印 PCB 图，采用热转印方法制作电路板。

②8 个发光二极管整齐排列安装，高度一致。

③单片机采用 40 引脚集成插座安装。

④时钟振荡元器件紧贴底板安装。

（3）程序编写

输入以下程序进行仿真，观察仿真后输出的效果，然后烧写入 AT89S52 单片机。

```
;* * * * * * * * * * * * * 程序开始 * * * * * * * * * * * * *
    ORG     0000H            ;设置单片机起始地址
    LJMP    MAIN             ;跳转到主程序执行
;* * * * * * * * * * * * * 主程序 * * * * * * * * * * * * *
MAIN:                        ;标号
    MOV     A , #0FEH        ;将立即数 OFEH 送入累加器 A
    MOV     R1 , #07H        ;将立即数 O7H 送入寄存器 R1
    MOV     R2 , #08H        ;将立即数 O8H 送入寄存器 R2
;* * * * * * * * * * * * * 左移程序 * * * * * * * * * * * * *
STRL:                        ;标号
    MOV     P0, A            ;将累加器 A 中的内容送入到 P0 口
    RL      A                ;累加器 A 中的内容循环左移一位
    ACALL   DEY              ;调用延时子程序
    DJNZ    R1, STRL         ;寄存器 R1 中内容自动减 1,不为 0 则转移 STRL 标号
                             ;执行,为 0 执行下条指令
;* * * * * * * * * * * * * 右移程序 * * * * * * * * * * * * *
STRR:                        ;标号
    MOV     P0, A            ;将累加器 A 中的内容送入到 P0 口
    RR      A                ;累加器 A 中的内容循环右移一位
    ACALL   DEY              ;调用延时子程序
    DJNZ    R2, STRR         ;R2 中内容自动减 1,不为 0 则转移 STRR 标号执行
                             ;为 0 执行下条指令
;* * * * * * * * * * * * * 两边向中心靠拢程序 * * * * * * * * * * * * *
    MOV     P0, #0FFH        ;将立即数 OFFH 送入 P0 口中
    ACALL   DEY              ;调用延时子程序
    MOV     P0, #7EH         ;将立即数 7EH 送入 P0 口中
    ACALL   DEY              ;调用延时子程序
    MOV     P0, #0BDH        ;将立即数 0BDH 送入 P0 口中
    ACALL   DEY              ;调用延时子程序
```

MOV	P0，#0DBH	；将立即数 0DBH 送入 P0 口中
ACALL	DEY	；调用延时子程序
MOV	P0，#0E7H	；将立即数 0E7H 送入 P0 口中
ACALL	DEY	；调用延时子程序

；＊＊＊＊＊＊＊＊＊＊＊＊两边散开程序＊＊＊＊＊＊＊＊＊＊＊＊

MOV	P0，#0DBH	；将立即数 0DBH 送入 P0 口中
ACALL	DEY	；调用延时子程序
MOV	P0，#0BDH	；将立即数 0BDH 送入 P0 口中
ACALL	DEY	；调用延时子程序
MOV	P0，#7EH	；将立即数 07EH 送入 P0 口中
ACALL	DEY	；调用延时子程序
MOV	P0，#0FFH	；将立即数 0FFH 送入 P0 口中
ACALL	DEY	；调用延时子程序
JMP	MAIN	；跳转回主程序 MAIN 标号循环执行

；＊＊＊＊＊＊＊＊＊＊＊＊延时子程序＊＊＊＊＊＊＊＊＊＊＊＊

DEY：MOV	R5，#04H	；将立即数 04H 送入寄存器 R5 中
DEY1：MOV	R6，#0FFH	；将立即数 0FFH 送入寄存器 R6 中
DEY2：MOV	R7，#0FFH	；将立即数 0FFH 送入寄存器 R7 中
DEY3：DJNZ	R7，DEY3	；R7 中内容减 1，不为 0 则转移，为 0 执行下条指令
DJNZ	R6，DEY2	；R6 中内容减 1，不为 0 则转移，为 0 执行下条指令
DJNZ	R5，DEY1	；R5 中内容减 1，不为 0 则转移，为 0 执行下条指令
RET		；延时返回
END		；程序结束语

（4）仿真和烧写　程序调试的方法有多种：①可以使用编程器把编译后的程序直接烧写入单片机，然后把装有程序的单片机安装到已装配好的硬件电路中，通电即可实现相应的功能，如果发现功能不对，则要重新修改程序，然后再次烧写，直到调试正常为止。②通过仿真器先进行仿真调试，如果发现程序有问题，直接在 PC 上修改，直到仿真所有功能都正常后再烧写入单片机，对于支持 ISP 在线下载的单片机，可通过下载线实现程序烧写并进行验证。这种方法最直观、高效，是目前流行的做法。程序仿真步骤如表 14 −6。

表 14 −6　　　　　　　　　　　程序仿真操作步骤

步骤	说　明	操　作　图
1	把伟福仿真器的仿真头插在 IC1 插座上，打开仿真器电源，给花样效果灯电路连接 5V 电源	

续表

步骤	说　　明	操　作　图
2	启动仿真软件 WAVE 6000，选择菜单【仿真器】-【仿真器设置】命令，选择 CPU 和相关设置，因为使用硬件仿真，"使用伟福软件模拟器"选项不能勾选	
3	新建一文件，输入花样效果灯程序，然后保存，文件的扩展名为". ASM"	
4	程序编译操作，当有出错的命令时，信息窗口会提示错误的行、错误代码、类型	
5	编译后生成 HEX 目标文件	

续表

步骤	说　明	操　作　图
6	调试操作，选择菜单【执行】上的【单步】或【全速执行】，观察电路板上发光管的点亮效果，如果无法实现相关功能，则重新进行编写编译操作	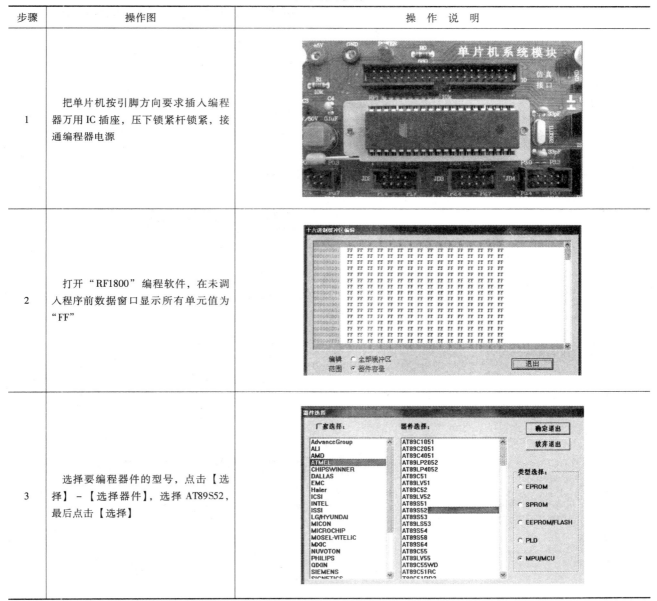

　　在调试过程中，可以采用单步与全速执行相结合的方法，这样能快速找到错误的位置，全速执行配合设置断点，可以确定错误的大致范围。单步执行能了解程序中每条指令的执行情况，对照指令运行结果即可知道该指令是否正确。当程序所有功能都正常后，进行烧写操作，以 RF – 1800 编程器烧写为例，操作步骤如表 14 – 7 所示。

表 14 – 7　　　　　　　　　　　　　　　程序烧写步骤

步骤	操　作　图	操　作　说　明
1		把单片机按引脚方向要求插入编程器万用 IC 插座，压下锁紧杆锁紧，接通编程器电源
2		打开"RF1800"编程软件，在未调入程序前数据窗口显示所有单元值为"FF"
3		选择要编程器件的型号，点击【选择】–【选择器件】，选择 AT89S52，最后点击【选择】

续表

步骤	操作图	操作说明
4		调入选择，点击【打开】，可选择文件格式"HEX"或"BIN"，调入前需清空缓冲区
5		调入文件后，数据窗口显示单元有具体的数据
6		编程操作，点击【编程】菜单，有"自动编程"、"查空"、"编程"、"读出"、"校验"、"比较"等项，可直接选择"自动编程"完成整个烧写操作或选择单项操作
7		点击"自动编程"按钮，程序开始写入操作，完成后显示"100%"表示编程成功

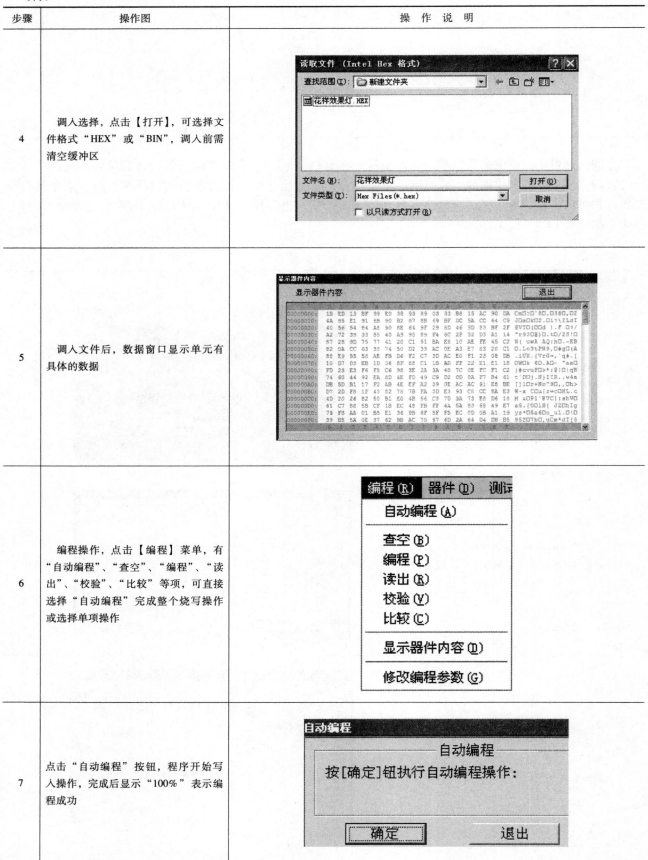

单片机写入程序后，按引脚号正确插入花样效果灯电路板的 IC1 插座。电路最后检查无误后，接上 5V 电源，按"程序"、"左右移动"轻触式开关，观察发光二极管点亮的效果。

（5）初次尝试单片机电路制作，它和传统模拟电路、数字电路制作有什么异同？

（6）电路中，发光二极管采用共阳极接法，若错装成共阴极接法，会发生什么现象？

（7）总结　第一次的单片机程序编写、仿真和烧写，你试了多少次才成功？有哪些要注意的操作？电路制作中有哪些好的方法、经验，结合自己所见所遇，请记下来填在表 14 - 8 中。

表 14 -8　　　　　　　　　　　　　　工　作　总　结

正确装调方法	
错误装调方法	
总结经验	

3. 工作岗位"6S"处理

工作任务全部完成后，关闭工作台总电源，拆下测量线和连接导线，归还借用工具仪器，组员对本工作岗位进行"整理、整顿、清扫、清洁、安全、素养"处理，维护和保养测量仪器仪表，确保其运行在最佳工作状态。

五、能力拓展

本任务中发光二极管只有 4 种点亮效果，在实际产品中，利用单片机强大的软件编程功能可以实现多种效果显示，比如：循环点亮、两个一起点亮、间隔点亮等效果。根据图 14 - 1 的硬件电路连接方案，查阅相关资料，试编写多种效果灯程序，再通过仿真器仿真调试，试试能否制作成功。

六、任务评价

将评价结果填入表 14 – 9。

表 14 – 9　　　　　　　　　　　　**花样效果灯制作评价表**

班级：_____　　　　　　　　　　　　　　　　指导教师：_____

小组：_____　　姓名：_____　　　　　日　　期：_____

评价项目	评价标准	评价依据	评价方式			权重	得分小计
			学生自评 15%	小组互评 25%	教师评价 60%		
职业素养	1. 遵守规章制度劳动纪律 2. 人身安全与设备安全 3. 积极主动完成工作任务 4. 按时按质完成工作任务 5. 工作岗位 6S 处理	1. 劳动纪律 2. 工作态度 3. 团队协作精神				0.3	
专业能力	1. 熟悉单片机基础知识，熟悉其引脚功能 2. 能熟练制作花样效果灯 PCB，元器件装配工艺达标 3. 会熟练编写花样效果灯程序和仿真操作 4. 会使用编程器烧写程序	1. 基础知识的理解和掌握 2. 指令使用 3. PCB 设计和装配 4. 仿真编程操作				0.5	
创新能力	1. 在程序设计、仿真调试提出自己独到见解或解决方案 2. 能灵活使用 MOV、ACALL 指令设计程序 3. 能让花样效果灯实现多种显示效果	1. 功能改造或升级解决方案 2. 各种效果灯程序的设计和仿真 3. 效果灯装配技巧				0.2	
总分							
综合评价	教师点评						

任务 15　交通灯制作

【工作情景】

电子加工中心为单片机实验室制作一个模拟交通灯电路，交通灯具备红、绿、黄灯指示，程序简洁可靠，性能稳定，能真实模拟现实交通灯控制过程。根据任务要求，红、绿、黄指示灯点亮和熄灭的时间准确，还需具备直通灯强制控制功能。

一、任务描述和要求

1. 任务描述

利用单片机强大的程控功能可设计制作一个交通灯控制电路，模拟真实交通灯控制功能。绿灯表示直通，黄灯表示缓行，红灯表示禁止通行。能够上电复位和手动复位，具有东西直通和南北直通功能开关。硬件电路如图 15 - 1 所示，交通灯电路板如图 15 - 2 所示。

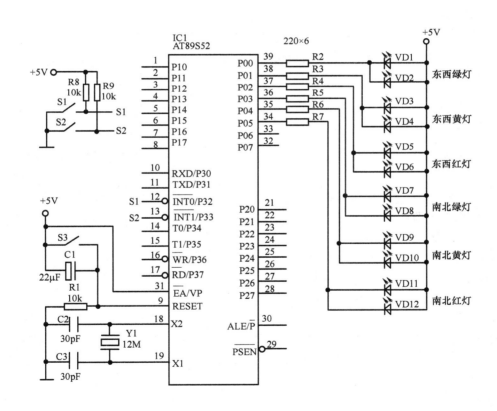

图 15 - 1　交通灯电路图

2. 任务要求

（1）电路 PCB 设计合理，红、绿、黄灯安装位置符合十字路口交通灯的要求。

（2）绿灯直通，点亮 25s；黄灯缓行，点亮 5s；红灯禁止，点亮 30s。

（3）能够手动复位，具备东西直通和南北直通灯强制指示功能。

图 15 - 2 交通灯电路板

二、任务目标

（1）熟悉中断指令的使用，能独立设计交通灯程序。

（2）能熟练完成交通灯控制程序的仿真、烧写和硬件电路安装与调试。

（3）培养自主学习、团队协作、拓展创新能力。

三、任务准备

1. 指令介绍

根据所学习效果灯知识及相关指令试编程点亮东西南北各方向红、黄、绿灯，使用 MOV 传送指令和 CLR 位操作指令。

例1：根据交通灯电路图，若要编程点亮东西方向绿灯、黄灯、红灯，只需让单片机 P0.0、P0.1 和 P0.2 的 I/O 口置低电平即可点亮相应的发光二极管。

方法一

CLR　　P0.0　　　；　点亮东西绿灯

CLR　　P0.1　　　；　点亮东西黄灯

CLR　　P0.2　　　；　点亮东西红灯

指令功能分析：

单片机系统只能识别二进制代码"0、1"，"0"代表低电平，"1"代表高电平，CLR 位操作指令的功能是给该位置"0"；SETB 位操作指令的功能是给该位置"1"。

方法二

MOV　　P0，#0FEH　　　；　点亮东西绿灯

MOV　　P0，#0FDH　　　；　点亮东西黄灯

MOV　　P0，#0FBH　　　；　点亮东西红灯

指令功能分析：

MOV direct，#data 传送指令的功能是传送立即数据，可以传送 8 位或 16 位的立即数。例如：MOV P0，#0FEH；该条指令在本电路中执行是点亮东西绿灯，给单片机 P0.7、P0.6、P0.5、P0.4、P0.3、P0.2、P0.1、P0.0 八个 I/O 口传送立即数 #0FEH（11111110B），执行后在相应 I/O 口 P0.7、P0.6、P0.5、P0.4、P0.3、P0.2、P0.1 置高电平，P0.0 置低电平。

根据例 1 试编程点亮南北方向绿灯、黄灯、红灯。

方法一：

_____；　点亮南北绿灯

_____；　点亮南北黄灯

_____；　点亮南北红灯

方法二：

_____；　点亮南北绿灯

_____；　点亮南北黄灯

_____；　点亮南北红灯

2. 延时程序编写

根据交通灯各支路通行时间，绿灯点亮 25s、黄灯点亮 5s、红灯点亮 30s。试编程延长时间子程序（延时子程序），使用 DJNZ 控制转移指令和 MOV 传送指令。

例 2：根据交通灯各支路通行时间试编制一个延时 50ms 的子程序。

```
            ORG      1000H          ；延时子程序从地址 1000 开始
DELAY：MOV       R6，#200        ；寄存器 R6 送立即数 200
DELAY1：MOV      R7，#123        ；寄存器 R7 送立即数 123
            NOP                     ；空操作
DELAY2：DJNZ     R7，DELAY2      ；寄存器 R7 内容减 1，不为 0 则转移到 DELAY2 处
                                    ；执行，为 0 则执行下一条指令
            DJNZ     R6，DELAY1      ；寄存器 R6 内容减 1，不为 0 则转移到 DELAY2 处
                                    ；执行，为 0 则执行下一条指令
            RET                     ；延时返回
```

例 2 分析：当单片机晶振频率为 12MHz 时，则一个机器周期为 $1\mu s$，执行 MOV 指令需要 1 个机器周期 $1\mu s$，NOP 指令需要 1 个机器周期 $1\mu s$，DJNZ 指令需要 2 个机器周期 $2\mu s$。

总延时时间计算如下：

$$1 + [(1 + 1 + 2 \times 123) + 2] \times 200 = 50.001\text{ms}$$

指令功能分析：

DJNZ　Rn，rel 控制转移指令功能是执行该指令后，寄存器 Rn 中内容自动减 1，如 Rn 中内容不为 0 则转移到 rel 标号处执行，如 Rn 中内容为 0 则执行下一条指令。

参考例 2，试计算下面延时子程序总延时时间。

```
            ORG      1000H
DELAY：   MOV      R5，#02H        ；_____
DELAY1：  MOV      R6，#0C8H       ；_____
DELAY2：  MOV      R7，#0FAH       ；_____
DELAY3：  DJNZ     R7，DELAY3      ；_____
            DJNZ     R6，DELAY2      ；_____
            DJNZ     R5，DELAY1      ；_____
            RET
```

根据自己已学知识试编制一个延时 10ms 的子程序，设时间晶振频率为 12MHz。

3. 按键抖动处理

在单片机应用系统中，操作人员对系统进行初始化设置或输入任何数据等都要用键盘输入来完成。按键在闭合及断开的瞬间，电压信号伴随有一定时间的抖动，一般抖动时间为 5～10ms。按键稳定闭合时间的长短由操作员的按键动作来决定，一般为零点几秒到几秒的时间。为了保证 CPU 确认一次按键动作，必须消除抖动的影响，在单片机中一般采用软件消除抖动。

软件消除抖动方法是在程序执行过程中检测到有键按下时，先调用一段延时 5 ~ 10ms 子程序，然后判断该按键是否仍保持闭合状态，如果是则确认有键按下，如图 15 - 3 所示。

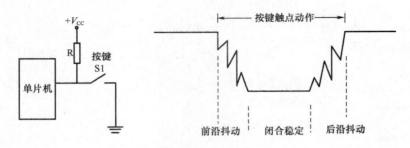

图 15 - 3 按键触点及其机械抖动

按键抖动处理流程如图 15 - 4 所示，程序如下：

```
KEY：
        JNB     P3.2    NEXT    ；判断是否有按键按下
        LCALL   DELAY           ；调用延时去抖动子程序
        JNB     P3.2    NEXT    ；再一次判断按键是否稳合按下
NEXT：
        …………                   ；进入按键稳合处理程序
DELAY：
        …………                   ；按键抖动延时子程序
```

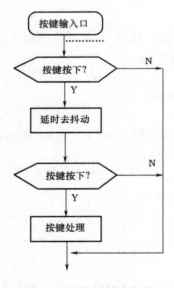

图 15 - 4 按键抖动流程

4. 中断处理

中断顾名思义就是停止正在执行的过程，转而执行其他任务的过程。MCS - 51 单片机中一共有 5 个中断：两个外部中断，两个定时/计数器中断，一个串行口中断。内部或者外部事件的发生，以及外设发出的信号称为中断源，如电源断电、串口通信及外设提出的数据传输等。中断源向 CPU 发出信号称为中断请求，如电平变化、脉冲信号及溢出信号等。主程序停止目前的程序，转而处理该事件就称为中断响应。事件处理完毕，再转回主程序称为中断的返回。

（1）中断系统的结构 中断系统的内部结构如图 15 - 5 所示，在 MCS - 51 单片机中，开关状态由 SFR（TCON、SCON、IE 及 IP）的数值决定。5 个中断源分别为：$\overline{INT0}$、T0、$\overline{INT1}$、T1 和串口（TX 和 RX）。这 5 个中断的运行由 4 个控制寄存器控制，分别为 TCON、SCON、IE、IP。它们根据所代表突发事件的重要性又分为高、低优先级别，由 IP 优先级中断寄存器控制。

1）中断源分外部和内部中断源。

①外部中断请求源：单片机上有两个引脚 P3.2 和 P3.3，为中断 0 和 1，名称为 $\overline{INT0}$、$\overline{INT1}$。

②内部中断请求源：

TF0：定时器 T0 的溢出中断标记，当 T0 计数产生溢出时，由硬件置位 TF0。当 CPU 响应中断后，再由硬件将 TF0 清零。

TF1：与 TF0 相类似。

TI、RI：串行口发送、接收中断。

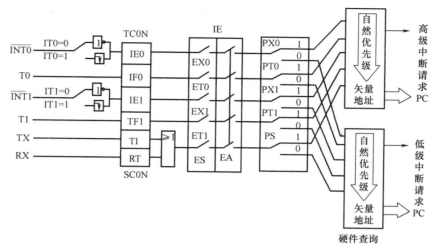

图 15 - 5　MCS - 51 中断系统

2）中断标志：

INT0、INT1、T0、T1 中断请求标志存放在 TCON 中，如表 15 - 1 所示。

表 15 - 1　　　　　　　　　　　　　　　　TCON 寄存器结构和功能

TCON 位	D7	D6	D5	D4	D3	D2	D1	D0
位名称	TF1	TR1	TF0	TR0	IE1	IT1	IE0	IT0
功能	T1 中断标志	T1 启动控制	T0 中断标志	T0 启动控制	INT1 中断标志	INT1 触发方式	INT0 中断标志	INT0 触发方式

ITO：INT0 触发方式控制位，可由软件进行置位和复位。当 IT0 = 0，INT0 为低电平触发方式；当 IT0 = 1，INT0 为负跳变触发方式。

IE0：INT0 中断请求标志位。当有外部的中断请求时，标志位置 1，在 CPU 响应中断后，由硬件将 IE0 清零。IT1、IE1 的用途和 IT0、IE0 相同。

TF0：定时器 T0 的溢出中断标记，当 T0 计数产生溢出时，由硬件置位 TF0。当 CPU 响应中断后，再由硬件将 TF0 清零。TF1 和 TF0 类似。

3）中断允许寄存器 IE　在 MCS - 51 中断系统中，中断的允许或禁止是由片内可进行位寻址的 8 位中断允许寄存器 IE 来控制，IE 格式如表 15 - 2 所示。

表 15 - 2　　　　　　　　　　　　　　　　IE 寄存器格式

IE 位	D7	D6	D5	D4	D3	D2	D1	D0
位名称	EA	—	ET2	ES	ET1	EX1	ET0	EX0
功能	中断总控位	—	开 T2 中断	开串行口中断	开 T1 中断	开 INT1 中断	开 T0 中断	开 INT0 中断

其中 EA 是总开关，如果它等于 0，则所有中断都不允许。

ES：串行口中断允许。

ET1：定时器 1 中断允许。

EX1：外部中断 1 中断允许。

ET0：定时器 0 中断允许。

EX0：外部中断 0 中断允许。

4）5 个中断源的自然优先级与中断服务入口地址：它的自然优先级从左向右依次降低，与中断服务入口地址如表 15 - 3 所示。

表 15 - 3　　　　　　　　　　**自然优先级与中断地址服务入口地址**

中断源	外中断 0	定时器 0	外中断 1	定时器 1	串口
中断入口地址	0003H	000BH	0013H	001BH	0023H

（2）中断初始化及中断服务程序结构　　中断控制实质上是对 4 个与中断有关的特殊功能寄存器 TCON、SCON、IE 和 IP 进行管理和控制，具体实施如下。

①CPU 的开、关中断。

②具体中断源中断请求的允许和禁止（屏蔽）。

③各中断源优先级别的控制。

④外部中断请求触发方式的设定。

中断管理和控制程序一般都包含在主程序中，根据需要通过几条指令来完成。中断服务程序是一种具有特殊功能的独立程序段，可根据中断源的具体要求进行服务。例如图 15 - 6 中，在单片机的 P2.0 和 P2.1 端口各接一个 LED 发光管，要求无外部中断时 D1 点亮，有外部中断时 D2 点亮，可编程实现其功能。

电路中当 S1 接通时，单脉冲发生器就输出一个负脉冲加到 $\overline{INT0}$ 上，产生中断请求信号，CPU 响应中断后，进入中断服务子程序，使 P2.1 端口 D1 点亮，程序如下：

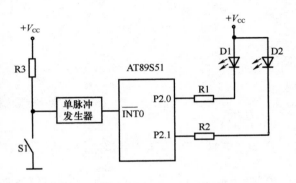

图 15 - 6　中断控制 LED 亮灭

```
          ORG     0000H
          AJMP    MAIN            ；转主程序
          ORG     0003H
          AJMP    S1              ；转 INT0 中断服务程序
          ORG     0030H
MAIN：    MOV     P2，#0FFH       ；熄灭两个 LED
          MOV     IE，#00H        ；关中断
          CLR     IT0             ；设置 INT0 为电平触发方式
          SETB    EA              ；开中断
          SETB    EX0             ；允许 INT0 中断
LOOP：    MOV     P2，#0FEH       ；P2.0 端口的 LED 发光
          SJMP    LOOP
S1：      MOV     P2，#0FDH       ；P2.1 端口的 LED 发光
          RETI                    ；中断返回
          END
```

更多学习资料请查阅

- 单片机教程网　　　　　http：//www.51hei.com/
- 51 单片机学习论坛　　　http：//www.51c51.com/bbs/

四、任务实施

1. 讨论决策、制定计划

小组成员集体讨论，得出实施决策，制定工作计划，合理安排工作进程。根据已学理论知识和操作

技能，结合实习情景，填写工作计划（表15－4）。

表 15－4　　　　　　　　　　　　　　　　交通灯制作工作计划

工作时间	共_____小时	审核：_____	
计划实施步骤	1.		计划指南： 　　计划制定需考虑合理性和可行性，可参考以下工序： →程序编写 →仿真调试 →硬件装调 →创新操作 →综合评价
	2.		
	3.		
	4.		
	5.		

2. 任务实施

（1）准备器材　为完成工作任务，组员需要填写借用仪器仪表清单（表15－5）和电子元器件领取清单（表15－6）。

表 15－5　　　　　　　　　　　　　　　　借用仪器仪表清单

任务单号：_____　　　借用组别：_____　　　　　　　　　年　　月　　日

序号	名称与规格	数量	借出时间	借用人	归还时间	归还人	管理员签名

表 15－6　　　　　　　　　　　　　　　　电子元器件领取清单

任务单号：_____　　　领料组别：_____　　　　　　　　　年　　月　　日

序号	名称与规格型号	申领数量	实发数量	是否归还	归还人签名	管理员签名

（2）硬件制作

①使用高精度激光打印机打印 PCB 图，采用热转印方法制作电路板。

②PCB 设计布局合理，走线简洁，大面积接地，元器件排列整齐。

③12 个交通灯按颜色要求安装，高度一致。

（3）程序编写

根据所学知识，查阅相关资料，按照图 15 - 7 流程图用位操作指令完成以下程序编写。

```
        ORG     0000H
        LJMP    MAIN
; * * * * * * * * * * *中断处理程序* * * * * * * * * * * * *
        ORG     0003H
        LJMP    S1              ；外部中断 0
        ORG     0013H
        LJMP    S2              ；外部中断 1
        ORG     030H
MAIN：MOV     SP，#60H        ；设定堆栈指针寄存器 SP
        MOV     IE，#85H        ；设定中断允许寄存器 IE
; * * * * * * * *东西南北方向红灯亮，其他灯熄灭* * * * * * * * *
MAIN：
        CLR     P0.2            ；点亮东西方向红灯
        CLR     P0.5            ；点亮南北方向红灯
        SETB    P0.0            ；熄灭东西方向绿灯
        SETB    P0.1            ；熄灭东西方向黄灯
        SETB    P0.3            ；熄灭南北方向绿灯
        SETB    P0.4            ；熄灭南北方向黄灯
; * * * * *东西方向绿灯亮，南北方向红灯亮，其他灯熄灭* * * * * *
AAA：
        CLR     P0.0            ；点亮东西方向绿灯
        CLR     P0.5            ；点亮南北方向红灯
        SETB    P0.1            ；熄灭东西方向黄灯
        SETB    P0.2            ；熄灭东西方向红灯
        SETB    P0.3            ；熄灭南北方向绿灯
        SETB    P0.4            ；熄灭南北方向黄灯
; * * * * * * * * * * *调用延时 25s 子程序* * * * * * * * * *
        ACALL   DEL25S          ；延时 25s
; * * * * * *东西黄灯亮，南北方向红灯亮，其他灯熄灭* * * * * * *
        CLR     P0.1            ；点亮东西方向黄灯
        CLR     P0.5            ；点亮南北方向红灯
        SETB    P0.0            ；熄灭东西方向绿灯
        SETB    P0.2            ；熄灭东西方向红灯
        SETB    P0.3            ；熄灭南北方向绿灯
        SETB    P0.4            ；熄灭南北方向黄灯
; * * * * * * * * * * *调用延时 5s 子程序* * * * * * * * * * *
        ACALL   DEL5S           ；延时 5s
; * * * * * *东西方向红灯亮，南北方向绿灯亮，其他灯熄灭* * * *
        _____     ；点亮东西方向红灯
        _____     ；点亮南北方向绿灯
        _____     ；熄灭东西方向绿灯
```

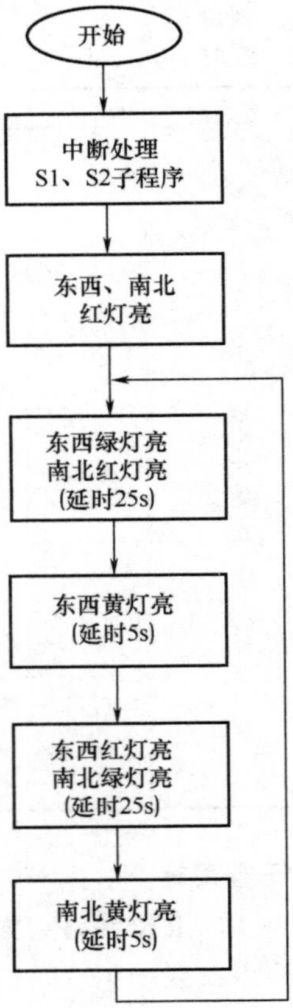

图 15 - 7　交通灯流程图

	；熄灭东西方向黄灯
_____	；熄灭东西方向黄灯
_____	；熄灭南北方向红灯
_____	；熄灭南北方向黄灯

；＊＊＊＊＊＊＊＊＊＊调用延时 25s 子程序＊＊＊＊＊＊＊＊＊＊

ACALL　DEL25S　　　　；延时 25s

；＊＊＊＊＊东西方向红灯亮，南北方向黄灯亮，其他灯熄灭＊＊＊＊＊

_____	；点亮东西方向红灯
_____	；点亮南北方向黄灯
_____	；熄灭东西方向绿灯
_____	；熄灭东西方向黄灯
_____	；熄灭南北方向绿灯
_____	；熄灭南北方向红灯

；＊＊＊＊＊＊＊＊＊＊调用延时 5s 子程序＊＊＊＊＊＊＊＊＊＊

ACALL　DEL5S　　　　；延时 5s

；＊＊＊＊＊＊＊＊＊跳转回 AAA 标号处循环运行＊＊＊＊＊＊＊＊

AJMP　　AAA　　　　　；绝对转移到 AAA 标号处循环运行

；＊＊＊＊＊＊＊＊＊＊调用延时 25s 子程序＊＊＊＊＊＊＊＊＊＊

ORG　　0100H

DEL25S：_____

_____

_____

_____

；＊＊＊＊＊＊＊＊＊＊＊调用延时 5s 子程序＊＊＊＊＊＊＊＊＊＊＊

ORG　　0200H

DEL5S：_____

_____

_____

_____

；＊＊＊＊＊＊东西方向绿灯亮，南北方向红灯亮，其他灯熄灭＊＊＊＊＊

S1：	；中断处理子程序
CLR　　P0.0	；点亮东西方向绿灯
CLR　　P0.5	；点亮南北方向红灯
SETB　P0.1	；熄灭东西方向黄灯
SETB　P0.2	；熄灭东西方向红灯
SETB　P0.3	；熄灭南北方向绿灯
SETB　P0.4	；熄灭南北方向黄灯
RETI	；中断返回

；＊＊＊＊南北方向绿灯亮，东西方向红灯亮，其他灯熄灭＊＊＊＊＊＊＊＊

S2：	；中断处理子程序
_____	；点亮东西方向红灯
_____	；点亮南北方向绿灯

```
_____        ；熄灭东西方向绿灯
_____        ；熄灭东西方向黄灯
_____        ；熄灭南北方向红灯
_____        ；熄灭南北方向黄灯
RETI                           ；中断返回
END
```

（4）仿真和烧写　使用伟福 SP51 仿真器和 RF – 1800 编程器仿真和烧写程序。单片机写入程序后，按引脚号正确插入交通灯电路板 IC1 插座。电路最后检查无误后接通 5V 电源，观察 12 个发光二极管的点亮效果，填入表 15 – 7 中。

表 15 – 7　　　　　　　　　　　　　　　交通灯调试记录表

调试要求		交通灯状态	通行方向
按程序流程图，写出程序执行一个流程的指示效果	1		
	2		
	3		
	4		
按一次 S1 后，程序执行状态			
按一次 S2 后，程序执行状态			
最后按一次 S3，程序执行状态			

（5）交通灯在缓行时黄灯一直保持点亮，如果要让其闪烁指示，写出修改程序。

（6）本电路中，若要绿灯点亮时间为 15s，黄灯点亮时间为 5s，红灯点亮时间为 20s，写出修改程序。

（7）总结　本次任务使自己学习到哪些知识，积累了哪些经验，记录下来填在表 15 – 8 上。

表 15 – 8	工　作　总　结
正确装调方法	
错误装调方法	
总结经验	

3. 工作岗位"6S"处理

工作任务全部完成后，关闭工作台总电源，拆下测量线和连接导线，归还借用工具仪器，组员对本工作岗位进行"整理、整顿、清扫、清洁、安全、素养"处理，维护和保养测量仪器仪表，确保其运行在最佳工作状态。

五、能力拓展

一套合理的交通灯控制系统，会让现代的公路资源发挥高效的交通作用。本次任务的交通灯功能简单，没有左转弯指示功能，在现实的十字路口中无法充分发挥其控制作用。根据已学知识，使用 MCS – 51 单片机重新设计一个带左转弯指示的硬件电路，编写控制程序，流程图如图 15 – 8 所示，赶紧构思设计、动手制作吧！

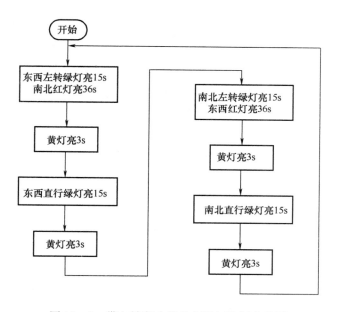

图 15 – 8　带左转弯功能的交通灯控制流程图

六、任务评价

将评价结果填入表 15 – 9。

表 15 - 9   交通灯制作评价表

班级：_____   指导教师：_____
小组：_____   姓名：_____   日　　期：_____

评价项目	评价标准	评价依据	评价方式			权重	得分小计
			学生自评 15%	小组互评 25%	教师评价 60%		
职业素养	1. 遵守规章制度劳动纪律 2. 人身安全与设备安全 3. 积极主动完成工作任务 4. 按时按质完成工作任务 5. 工作岗位 6S 处理	1. 劳动纪律 2. 工作态度 3. 团队协作精神				0.3	
专业能力	1. 熟悉交通灯工作原理和中断控制的使用 2. 能熟练制作交通灯 PCB，元器件装配工艺达标 3. 熟练编写程序和仿真调试 4. 使用单片机系统开发工具综合调试电路功能	1. 指令的使用 2. 程序编写和仿真调试 3. PCB 设计和硬件装配工艺 4. 编程时间				0.5	
创新能力	1. 在程序设计、仿真调试提出自己独到见解或解决方案 2. 会灵活应用中断允许寄存器 IE 3. 能熟练使用中断设计带左转弯功能的交通灯程序	1. 功能改造或升级解决方案 2. 带左转弯功能的交通灯程序设计 3. 中断的灵活使用				0.2	
	总分						
综合评价	教师点评						

任务 16 点阵显示屏制作

【工作情景】

点阵显示模块能显示图形、字符或特殊效果，广泛应用在各种公共场合做显示用。电子加工中心接到一个组装点阵显示屏的工作任务，某营业厅办公窗口要安装一块点阵显示屏作引导提示，要求显示屏能够显示数字或一些简单符号，性能稳定，亮度适中。

一、任务描述和要求

1. 任务描述

显示屏可用单个或多个点阵显示屏组成，由于显示内容经常变换，电路采用 MCS – 51 单片机和 74LS244 三态总线转换器件组成，若要更改显示内容时只需修改程序即可。电路如图 16 – 1 所示，使用 8 × 8 LED 点阵屏作显示，通过程序控制能显示各种静止或滚动字符，点阵显示屏电路板如图 16 – 2 所示。

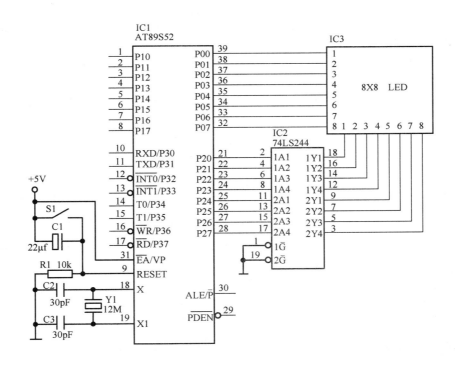

图 16 – 1 点阵显示屏电路图

2. 任务要求

（1）电路 PCB 设计布局合理，走线简洁，大面积接地。

（2）电路上电复位或手动复位，能正常显示静止或滚动字符。

（3）LED 点阵显示亮度一致，字符亮度能达到白天显示要求。

（4）显示字符稳定，如果是滚动字符，显示速度符合视觉要求。

图 16 – 2　点阵显示屏电路板

二、任务目标

（1）熟悉 LED 点阵的组成、检测和使用。

（2）能熟练编写简单字符显示程序。

（3）会制作点阵显示屏电路，能使用开发工具仿真调试程序。

（4）培养自主学习、团队协作、拓展创新能力。

三、任务准备

1. 查表指令介绍

查表指令有两条：

（1）MOVC　A，@A + DPTR 　　　；(A) ← ((A) + (DPTR))

该指令功能是源操作数采用变址寻址方式，执行时将 DPTR 数据指针的内容与累加器 A 中的数据相加形成新的地址，将该地址所指向的 ROM 中的数据取出并传送到累加器 A 中。

（2）MOVC　A，@A + PC 　　　；(PC) ← (PC) + 1

　　　　　　　　　　　　　　　；(A) ← ((A) + (PC))

该指令功能首先将 PC 值修改为下一条指令的地址，然后执行 16 位无符号数加法操作，即将 PC 的内容与累加器 A 中的数据相加形成新的地址，将该地址所指向的 ROM 单元中的数据取出并传送到累加器 A 中。

例如：假设已经将 0 ~ 9 之间的任意数字存在 A 中，请编制查其平方表。

方法 1：INC　　　A

　　　　 MOVC　A，@A + PC

　　　　 RET

TAB1：DB　　　00，01，04，09，16

　　　 DB　　　25，36，49，64，81

方法 2：MOV　　DPTR，#TAB2

```
        MOVC    A，@ A + DPTR
        RET
TAB2：  DB      00，01，04，09，16
        DB      35，36，49，64，18
```

由上可见，这组指令常用于程序储存器 ROM 中的查表操作，因此也称为查表指令。其中 MOVCA，@ A + PC 为近程查表指令，因为它只能在以当前 PC 值为基准的 256B 范围内查表，而 MOVC A，@ A + DPTR 可以在 64KB ROM 范围内查表，故称远程查表指令。程序存储器数据传送类指令路径图如图 16 - 3 所示。

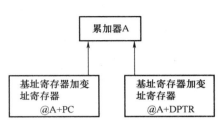

图 16 - 3　查表指令路径图

2. DB 伪指令

格式：［标号:］　DB　字节数据表格

用来定义字节数据伪指令，定义数据表格。

如：TAB：DB　00，01，04，09，16

　　　　 DB　25，36，49，64，81　　；表示从标号 TAB 开始的地方将数据从左到

　　　　　　　　　　　　　　　　 ；右依次存放在指定的地址单元。

3. 点阵显示模块结构与原理

LED 点阵显示是由发光二极管按一定的结构组合起来的显示器件，在单片机应用系统中通常用来显示字符或图形。8×8 点阵显示屏是使用较多的一种，由 64 个发光二极管组成 8×8 点阵模块各个引脚的排列和外观见图 16 - 4。现在厂家已经将 LED 封装在一个点阵的外壳中，为了减少外部引线，点阵模块内部已经将其连接成矩阵形式，只将行线和列线引出，内部连接如图 16 - 5 所示。市场上 LED 点阵分为共阴和共阳两种，共阴或者共阳是指行引出线为共阴或者共阳。当需要使用 16×16 点阵时，可以使用 4 片 8×8 点阵器件拼接而成，如图 16 - 6 所示。

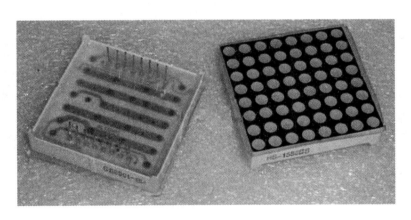

图 16 - 4　8×8 点阵外观

点阵显示屏有单色和双色两类，可显示红，黄，绿，橙色等；根据像素的数目分为单色、双基色、三基色等；根据像素颜色的不同所显示的文字、图像等内容的颜色也不同。单基色点阵只能显示固定色彩如红、绿、黄等单色，双基色和三基色点阵显示内容的颜色由像素内不同颜色发光二极管点亮组合方式决定，如红绿都亮时可显示黄色，如果按照脉冲方式控制二极管的点亮时间，则可实现 256 或更高级灰度显示，即可实现真彩色显示。

LED 点阵显示屏单块使用时，既可代替数码管显示数字，也可显示各种中西文字及符号。如 5×7 点阵显示器用于显示西文字母，5×8 点阵显示屏用于显示中西文，8×8 点阵用于显示中文文字，也可用于图形显示。用多块点阵显示器组合则可构成大屏幕显示屏，但这类实用装置常通过微机或单片机控制驱动。

列

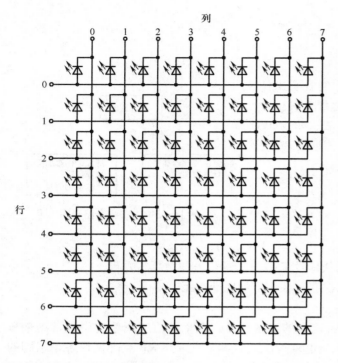

图 16 - 5　行共阳接法 8×8 点阵器内部结构图

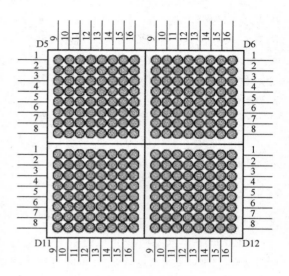

图 16 - 6　16×16 点阵

由内部结构可知，LED 点阵器件宜采用动态扫描方式驱动工作，分为：点扫描、行扫描和列扫描三种。若使用第一种方式，其扫描频率必须大于 $16 \times 64 = 1024$（Hz），周期小于 1ms 即可。若使用第二和第三种方式，则频率必须大于 $16 \times 8 = 128$（Hz），周期小于 7.8ms 即可符合视觉暂留要求。此外一次驱动 1 列或 1 行（8 颗 LED）时需外加驱动电路以提高电流，否则 LED 亮度不够，尤其在白天很难看得见。

由于 LED 管芯大多为高亮度型，因此某行或某列的单体 LED 驱动电流可选用窄脉冲，但其平均电流应限制在 20mA 内。多数点阵显示器的单体 LED 的正向压降约在 2V 左右，但大亮点 φ10 的点阵显示器单体 LED 正向压降约为 6V。

大屏幕显示系统一般由多个 LED 点阵组成的小模块以搭积木的方式组合而成，每个小模块都有自己独立的控制系统，组合在一起后，只要引入一个总控制器控制各模块命令和数据即可，这种方法既简单且具有易展、易维修等特点。

LED 点阵显示系统中各模块的显示方式有静态和动态两种。静态显示原理简单、控制方便，但硬件接线复杂。在实际应用中一般采用动态显示方式，动态显示采用扫描方式工作，由峰值较大的窄脉冲驱动，从上到下逐次不断地对显示屏各行进行选通，同时又向各列送出表示图形或文字信息的脉冲信号，反复循环以上操作，就可显示各种图形或文字信息。

4. 74LS244 三态八缓冲器/总线驱动器/总线接收器

74LS244 是三态总线转换器件，一般用于解决总线电平匹配方案，比如 5V 器件要与 3.3V 器件进行数据交换时，若存在 TTL 电平和 CMOS 电平不兼容的情况，中间用一片 74LS244 单向数据传送集成即能解决问题，可起到隔离并带驱动保护作用。内部逻辑图和引脚功能如图 16 - 7 所示。

主要引脚定义如下：

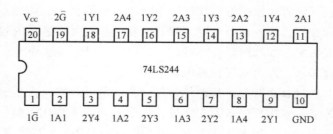

图 16 - 7　74LS244 引脚功能

A1 ~ A4：输入端。

Y1 ~ Y4：输出端。

$\overline{G}$：芯片使能端，当接低电平时，输出等于输入；当接高电平时无论输入为何状态输出均为高阻状态。功能表见如表 16 - 1 所示，L 为低电平，H 为高电平，Z 为高阻状态。

表 16 - 1　　　　　　　　　　　　　　　　**74LS244 功能表**

输入		输出
$\overline{G}$	A	Y
L	L	L
L	H	H
H	×	Z

74LS244 推荐工作条件如表 16 - 2 所示。

表 16 - 2　　　　　　　　　　　　　　　**54LS244/74LS244 工作条件**

		54LS244/74LS244			单位
		最小	额定	最大	
电源电压 Vcc	54 系列	4.5	5	5.5	V
	74 系列	4.75	5	5.25	
输入高电平电压 V_{iH}		2			V
输入低电平电压 V_{iL}	54 系列			0.7	V
	74 系列			0.8	
输出高电平电流 I_{OH}	54 系列			− 12	mA
	74 系列			− 15	
输出低电平电流 I_{OL}	54 系列			12	mA
	74 系列			24	

更多学习资料请查阅

● 单片机教程网　　　　　　http：//www. 51hei. com/

● 51 单片机学习论坛　　　　http：//www. 51c51. com/bbs/

四、任务实施

1. 讨论决策、制定计划

小组成员集体讨论，得出实施决策，制定工作计划，合理安排工作进程。根据已学理论知识和操作技能，结合实习情景，填写工作计划（表 16 - 3）。

表16-3 点阵显示屏制作工作计划

工作时间	共_____小时	审核：_____	计划指南：计划制定需考虑合理性和可行性，可参考以下工序：→程序编写 →仿真调试 →硬件装调 →创新操作 →综合评价
计划实施步骤	1.		
	2.		
	3.		
	4.		
	5.		

2. 任务实施

（1）准备器材 为完成工作任务，组员需要填写借用仪器仪表清单（表16-4）和电子元器件领取清单（表16-5）。

表16-4 借用仪器仪表清单

任务单号：_____ 借用组别：_____ 年 月 日

序号	名称与规格	数量	借出时间	借用人	归还时间	归还人	管理员签名

表16-5 电子元器件领取清单

任务单号：_____ 领料组别：_____ 年 月 日

序号	名称与规格型号	申领数量	实发数量	是否归还	归还人签名	管理员签名

（2）硬件制作

①使用高精度激光打印机打印PCB图，采用热转印方法制作电路板。

②IC1和IC2采用集成插装安装，插装时注意引脚顺序是否正确。

③时钟振荡元器件紧贴底板安装，剪去过长的引脚。

（3）程序编写

以下是一个循环移动光柱程序，参考此程序，试编写一个显示静止字符"3"的程序。"3"字符的查表数据：DB 0FEH，0BDH，7EH，6EH，6EH，5EH，0B9H，0FFH。

循环移动光柱程序：

```
ORG     0000H
LJMP    MAIN
MAIN：
        MOV     R1，#08H
        MOV     R2，#00H         ；查表指针初值
GRL：   MOV     P2，#0FFH        ；将 P2 口全部送 "1"
        MOV     DPTR，#TAB       ；指向表地址
        MOV     A，R2            ；将寄存器 R2 内容传送给 A
        MOVC    A，@A+DPTR       ；查表
        MOV     PO，A            ；将查表的结果送入 PO 口
        INC     R2              ；查表指针加 1，准备查下一个数据
        LCALL   DELAY           ；调用延时子程序
        DJNZ    R1，GRL          ；判断是否左移显示完毕
        MOV     R1，#8
        MOV     R2，#7           ；查表指针初值
GRR：   MOV     P2，#0FFH        ；将 P2 口全部送 "1"
        MOV     DPTR，#TAB       ；指向表地址
        MOV     A，R2            ；将寄存器 R2 内容传送给 A
        MOVC    A，@A+DPTR       ；查表
        MOV     PO，A            ；将查表的结果送入 PO 口
        DEC     R2              ；查表指针减 1，准备查下一个数据
        LCALL   DELAY           ；调用延时子程序
        DJNZ    R1，GRR          ；判断是否右移显示完毕
        LJMP    MAIN
DELAY： MOV     R5，#04H         ；延时程序
DELA1： MOV     R6，#0FFH
DELA2： MOV     R7，#0FFH
DELA3： DJNZ    R7，DELA3
        DJNZ    R6，DELA2
        DJNZ    R5，DELA1
        RET
TAB：   DB 0FEH，0FDH，0FBH，0F7H，0EFH，0DFH，0BFH，07FH
        END
```

（4）仿真和烧写　单片机写入程序后，按引脚号正确插入点阵显示屏电路板的 IC1 插座。电路最后检查无误后，接上 5V 电源，观察点阵显示屏显示字符的效果。

（5）本电路中若要让点阵显示屏的全部发光二极管点亮，该怎样编写程序？

（6）若点阵显示屏发光二极管全部点亮，发现亮度不够，有什么解决方案？

（7）总结 本次任务使自己学习到哪些知识，积累了哪些经验，记录下来填在表16-6上。

表16-6　　　　　　　　　　　　　　　　工 作 总 结

正确装调方法	
错误装调方法	
总结经验	

3. 工作岗位"6S"处理

工作任务全部完成后，关闭工作台总电源，拆下测量线和连接导线，归还借用工具仪器，组员对本工作岗位进行"整理、整顿、清扫、清洁、安全、素养"处理，维护和保养测量仪器仪表，确保其运行在最佳工作状态。

五、能力拓展

一个8×8点阵模块只能显示一个字符，若要显示更多字符，可以采取使字符左右滚动或上下滚动显示方法。

要使显示的内容滚动，可以使用一个变量，在查行码表时不断改变每一列所对应的行码，产生滚动效果。比如，第一次显示时，第1列对应第1列的代码，第二次显示时，第1列对应第2列的行码。以下是一个滚动显示"23"字符的程序，参考此程序试编写一个滚动显示"56"字符的程序。

说明：使字符左右或上下滚动的效果也可以通过逐次增加或减少DPTR的值来实现。

参考程序：

```
        ORG    0000H
        LJMP   START
START:  MOV    30H，#00H      ；初始时从表中第一个行码取起
MAIN:   MOV    R6，#7FH       ；循环次数，决定滚动快慢
GOON：  LCALL  DISP
        DJNZ   R6，GOON
        MOV    A，30H
        INC    A             ；第一列对应的表中的行码数加1
        MOV    30H，A
        CJNE   A，#08H，MAIN   ；第二个字符没显示完，继续滚动
```

```
        MOV    30H，#00H          ；重新从第一个字符开始
        LJMP   MAIN
DISP：  MOV    R2，30H            ；循环计数
        MOV    R0，#08H           ；每个取 8 个行码显示
        MOV    R3，#01H           ；00000001B 用于循环左移扫描
XIAN：  MOV    A，R2              ；计数器初值送给 A
        MOV    DPTR，#TAB         ；指向表地址
        MOVC   A，@ A + DPTR      ；查表
        MOV    P0，A              ；送字
        MOV    A，R3
        MOV    P2，A              ；扫描列
        ACALL  DELAY             ；调用延时程序，延时
        RL     A                 ；循环左移
        MOV    R3，A
        INC    R2
        DJNZ   R0，XIAN
        MOV    R0，#08H
        RET
DELAY：MOV    R7，#0FFH           ；延时程序
LOOP： DJNZ   R7，LOOP
        RET
TAB：  DB 0FFH，9CH，7AH，76H，6EH，6EH，9EH，0FFH      ；字符“2”的行码表
        DB 0FFH，0BDH，7EH，6EH，6EH，56H，0B9H，0FFH    ；字符“3”的行码
        END
```

点阵显示字符程序中需要给出显示的字符行码表，可以从互联网上下载一个字模生成软件 PCtoL-CD2002 完美版。在软件里输入要显示的字符，点击“生成字模”即可自动显示各行码表，如图 16 - 8 所示。

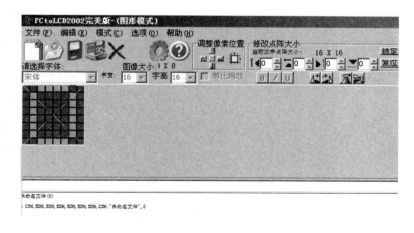

图 16 - 8　PCtoLCD2002 完美版软件界面

六、任务评价

将评价结果填入表 16 – 7。

表 16 –7　　　　　　　　　　　　　　　**点阵显示屏制作评价表**

班级：_____　　　　　　　　　　　　　指导教师：_____

小组：_____　　姓名：_____　　日　　期：_____

评价项目	评价标准	评价依据	评价方式			权重	得分小计
			学生自评 15%	小组互评 25%	教师评价 60%		
职业素养	1. 遵守规章制度劳动纪律 2. 人身安全与设备安全 3. 积极主动完成工作任务 4. 按时按质完成工作任务 5. 工作岗位"6S"处理	1. 劳动纪律 2. 工作态度 3. 团队协作精神				0.3	
专业能力	1. 熟悉点阵显示知识，了解其控制原理 2. 能熟练制作 PCB，元器件装配工艺达标 3. 熟练编写程序和仿真调试 4. 能使用单片机系统开发工具综合调试电路功能	1. 点阵显示控制原理的理解 2. 指令的使用 3. PCB 设计和电路安装工艺 4. 编程仿真				0.5	
创新能力	1. 程序设计、仿真调试提出自己独到见解或解决方案 2. 灵活使用查表指令设计程序 3. 能使用多块 8 × 8 点阵屏实现大面积显示	1. 功能改造或升级解决方案 2. 滚动字符显示程序设计 3. 图形显示程序设计				0.2	
综合评价	总分						
	教师点评						

任务 17　步进电机控制器制作

【工作情景】

　　PLC 实训室物料传输带准备进行改造，动力系统升级为步进电机作驱动，要加装一块步进电机驱动电路。电子加工中心接到这一工作任务后，计划采用一片 AT89S52 单片机和 ULN2003A 来组装驱动板，配合软件编程技术，实现步进电机的精确控制。

一、任务描述和要求

1. 任务描述

　　步进电机广泛应用在自动化工控系统中，它运转受驱动器控制，利用单片机最小系统和少量外围器件可组成一个功能简易、性能稳定可靠的步进电机控制器，电路如图 17 - 1 所示，控制器能控制步进电机正、反转和停止，步进控制器电路板如图 17 - 2 所示。

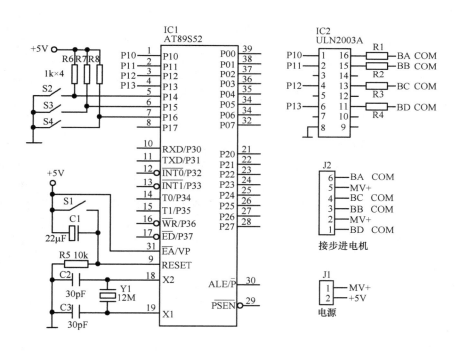

图 17 - 1　步进电机控制器电路图

2. 任务要求

　　（1）电路上电复位或手动 S1 复位，控制准确，工作可靠。

　　（2）S2：正转；S3：反转；S4：停止。

　　（3）通过程序可改变步进电机步距角。

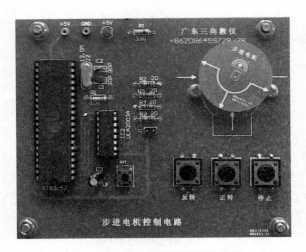

图 17 - 2　步进电机控制器电路板

二、任务目标

（1）会编写单片机脉冲产生程序和分析步进控制器工作原理。

（2）能熟练制作步进电机控制器 PCB，元器件安装工艺符合标准。

（3）熟悉步进电机控制程序设计、仿真和硬件调试。

（4）培养自主学习、团队协作、拓展创新能力。

三、任务准备

1. ULN2003A 集成驱动芯片

ULN2003 是一块高电压、高电流的达林顿晶体管阵列集成电路，由 7 对 NPN 达林顿管组成的，其高电压输出特性和阴极钳位二极管可驱动转换感性负载。单对达林顿管的集电极电流为 500mA，达林顿管并联可以承受更大的电流。此集成驱动电路主要应用于继电器驱动器、字符驱动器、灯驱动器、显示驱动器、线路驱动器和逻辑缓冲器等。引脚功能如图 17 - 3 所示，内部逻辑电路如图 17 - 4 所示。

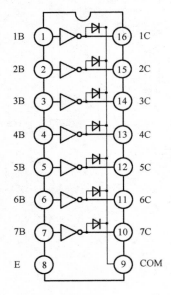

图 17 - 3　ULN2003 引脚功能

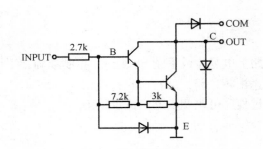

图 17 - 4　内部逻辑电路

ULN2003 内部每对达林顿管都有一个 2.7kΩ 串联电阻，可以直接连接 TTL 或 5V 的 CMOS 电路。主要特点：

（1）500mA 额定集电极电流（单个输出）。

（2）50V 高电压输出。

（3）输入兼容各种类型的逻辑器件。

（4）可应用于继电器驱动。

2. 单片机控制步进电机原理

步进电机是脉冲控制电机，它把脉冲信号转变成角位移，给一个脉冲信号，步进电机就转动一个角度，用单片机可控制步进电机转动，基本原理如下：

（1）控制换相顺序　通电换相过程称为脉冲分配。例如：三相步进电机的三拍工作方式，其各相通电顺序为 A →B →C，通电控制脉冲必须严格按照这一顺序分别控制 A、B、C 相的通断。

（2）控制步进电机的转向

步进电机旋转方向与内部绕组的通电顺序相关，例如：三相六拍通电顺序为：

正转：A →AB →B →BC →C →CA →A

反转：A →AC →C →CB →B →BA →A

改变通电顺序可以改变步进电机的转向。

（3）控制步进电机的速度　单片机给步进电机一个控制脉冲，它就转一步，再给一个脉冲，它会再转一步。两个脉冲的间隔越短，步进电机就转得越快。通过控制单片机输出的脉冲频率，就可以对步进电机进行调速。

3. 单片机脉冲信号产生

单片机的脉冲信号波形如图 17 - 5 所示，脉冲的幅值为 0 ~ 5V（TTL 电路），通电时间和断开时间可以使用延时程序来控制。

实现脉冲分配（即通电换相控制）的方法有两种：软件法和硬件法。

（1）通过软件实现脉冲分配　软件法是完全用软件方式，按照程序给定的通电换相顺序，通过单片机 I/O 口向驱动电路输出控制脉冲。以三相六拍为例，其通电换相正转为 A - AB - B - BC - C - CA - A，反转为 A - AC - C - CB - B - BA - A。P0.0、P0.1 和 P0.2 口分别输出 A、B、C 相的驱动脉冲信号，软件实现脉冲分配接口示意图如图 17 - 6 所示。

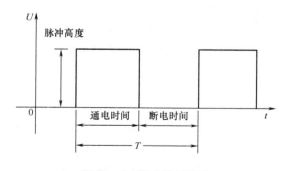

图 17 - 5　脉冲信号波形

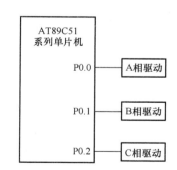

图 17 - 6　软件实现脉冲分配的接口示意图

三相六拍控制字如表 17 - 1 所示。

在程序中，只要依次将高、低电平送到 P0.0、P0.1、P0.2 口，步进电机就会转动一个步距角，每送一个控制字，就完成一拍，步进电机转过一个步距角。

软件法在步进电机运行过程中，需要不停地产生控制脉冲，占用了大量 CPU 时间，可能使单片机无法同时进行其他工作，这是软件法最大的缺点。

表 17 −1　　　　　　　　　　　　　　　三相六拍工作方式的控制字

通电状态	P0.2	P0.1	P0.0	控制字
A	0	0	1	01H
AB	0	1	1	03H
B	0	1	0	02H
BC	1	1	0	06H
C	1	0	0	04H
CA	1	0	1	05H

注：0 代表绕组断电，1 代表绕组通电。

（2）通过硬件实现脉冲分配　硬件法实现脉冲分配实际上是使用脉冲分配器件进行分配，实现通电换相控制。比如常见的 PMM8713，它的主要作用是把单片机输出的控制脉冲信号，经过逻辑组合转换成各相绕组通电、断电的时序逻辑信号，由单片机和 PMM8713 组成的步进驱动电路如图 17 −7 所示。

PMM8713 是属于单极性 CMOS 集成电路，用于控制三相或四相步进电机，根据需要可选择不同激励方式。其内部电路由时钟选通、激励方式控制、激励方式判断和可逆环形计数器等组成。PMM8713 可选择单时钟输入或双时钟输入，具有正反转控制、初始化复位、工作方式和输入脉冲状态监视等功能。所有输入端内部都设有斯密特整形电路，提高抗干扰能力，使用 4 ~ 18V 直流电源，输出电流为 20mA。选用单时钟输入方式，8713 的 3 脚为步进脉冲输入端，4 脚为转向控制端，两个引脚的输入信号均由单片机提供或控制，如对三相步进电机进行六拍方式进行控制时，5、6 脚接高电平，7 脚接地。因分配器输出电流小，无法直接驱动步进电机，输出信号经光电隔离，再通过场效应管功率驱动电路后去控制步进电机。

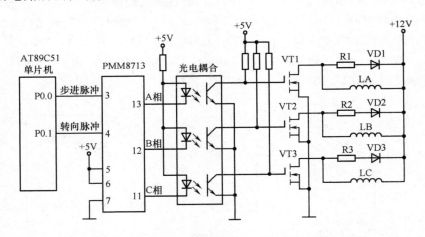

图 17 −7　单片机和 PMM8713 组成的步进电机驱动电路图

由于采用脉冲分配器，单片机只需提供步进脉冲，进行速度控制和转向控制，脉冲分配的工作交给 PMM8713 来完成，因此，单片机的负担减轻，程序亦变得简单。

更多学习资料请查阅
- 单片机教程网　　　　　　　http：//www.51hei.com/
- 51 单片机学习论坛　　　　　http：//www.51c51.com/bbs/

四、任务实施

1. 讨论决策、制定计划

小组成员集体讨论，得出实施决策，制定工作计划，合理安排工作进程。根据已学理论知识和操作技能，结合实习情景，填写工作计划（表 17 - 2）。

表 17 - 2　　　　　　　　　　　　　　**步进电机控制器制作工作计划**

工作时间	共_____小时	审核：_____	
计划实施步骤	1.		计划指南： 　计划制定需考虑合理性和可行性，可参考以下工序： →理论学习 →准备器材 →安装调试 →创新操作 →综合评价
	2.		
	3.		
	4.		
	5.		

2. 任务实施

（1）准备器材　为完成工作任务，组员需要填写借用仪器仪表清单（表 17 - 3）和电子元器件领取清单（表 17 - 4）。

表 17 - 3　　　　　　　　　　　　　　**借用仪器仪表清单**

生产单号：_____　　　借用组别：_____　　　　　　　　　　　年　　月　　日

序号	名称与规格	数量	借出时间	借用人	归还时间	归还人	管理员签名

表 17 - 4　　　　　　　　　　　　　　**电子元器件领取清单**

生产单号：_____　　　领料组别：_____　　　　　　　　　　　年　　月　　日

序号	名称与规格型号	申领数量	实发数量	是否归还	归还人签名	管理员签名

（2）硬件制作

①使用高精度激光打印机打印 PCB 图，采用热转印方法制作电路板。

②IC1 和 IC2 采用集成插装安装，插装时注意引脚顺序是否正确。

③时钟振荡元器件紧贴底板安装，剪去过长引脚。

（3）程序编写

以下是一个单双八拍方式驱动步进电机的程序，能控制步进电机转速和方向。参考该程序试编写一个完整的步进电机控制程序，可通过按键实现步进电机正、反转和停止。

参考程序

```
            ORG     0000H
            LJMP    MAIN
MAIN：      MOV     SP, #06H         ; 设置堆栈指针
            ACALL   DELAY
SMRUN：                              ; 电机控制方式为单双八拍
            MOV     P1, #08H         ; A
            ACALL   DELAY
            MOV     P1, #0CH         ; AB
            ACALL   DELAY
            MOV     P1, #04H         ; B
            ACALL   DELAY
            MOV     P1, #06H         ; BC
            ACALL   DELAY
            MOV     P1, #02H         ; C
            ACALL   DELAY
            MOV     P1, #03H         ; CD
            ACALL   DELAY
            MOV     P1, #01H         ; D
            ACALL   DELAY
            MOV     P1, #09H         ; DA
            ACALL   DELAY
            SJMP    SMRUN            ; 循环转动
DELAY：                             ; 延时程序
            MOV     R4, #10
DELAY1：
            MOV     R5, #250
            DJNZ    R5, $
            DJNZ    R4, DELAY1
            RET
            END
```

（4）仿真和烧写　单片机写入程序后，按引脚号正确插入步进电机控制电路板 IC1 插座。电路最后检查无误后，接上 5V 电源，按"正转"、"反转"或"停止"按键时，观察步进电机转动的效果。

（5）本任务使用两个按键实现正、反转功能，若要使用一个按键实现正、反转，每按一次按键就在正、反转之间切换，程序如何设计？

（6）控制程序中若需改变步进电机的速度，该怎样设计程序？

（7）总结　本次任务使自己学习到哪些知识，积累了哪些经验，记录下来填在表 17 - 5 中。

表 17 - 5　　　　　　　　　　　　　工 作 总 结

正确装调方法	
错误装调方法	
总结经验	

3. 工作岗位"6S"处理

工作任务全部完成后，关闭工作台总电源，拆下测量线和连接导线，归还借用工具仪器，组员对本工作岗位进行"整理、整顿、清扫、清洁、安全、素养"处理，维护和保养测量仪器仪表，确保其运行在最佳工作状态。

五、能力拓展

根据图 17 - 8 步进电机高、低转速系统流程图，试编写一个单片机控制步进电机作变速正反转的程序。通过功能按键控制步进电机正、反转，同时可在高速或低速中切换。S2 为正转按键，S3 为反转按键，S4 为停止键，运用所学的知识，查阅相关资料，赶紧动手试试。

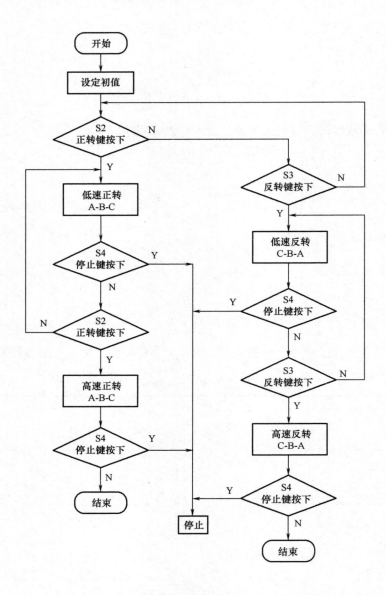

图 17 - 8 单片机控制步进电机高、低转速流程图

六、任务评价

将评价结果填入表 17 - 6。

表 17 - 6   **步进电机控制器制作评价表**

班级：_____ 　　　　　　　　　　　　　　　　　　　　指导教师：_____

小组：_____　姓名：_____　　　　　　　　　　　日　　期：_____

评价项目	评价标准	评价依据	评价方式			权重	得分小计
			学生自评 15%	小组互评 25%	教师评价 60%		
职业素养	1. 遵守规章制度劳动纪律 2. 人身安全与设备安全 3. 积极主动完成工作任务 4. 按时按质完成工作任务 5. 工作岗位"6S"处理	1. 劳动纪律 2. 工作态度 3. 团队协作精神				0.3	
专业能力	1. 熟悉步进电机运转原理和程序控制流程图 2. 能熟练制作电路 PCB，元器件装配工艺达标 3. 能熟练编写程序和仿真调试 4. 能使用单片机系统开发工具调试电路	1. 步进电机控制原理的理解 2. 指令的使用 3. PCB 设计和电路安装工艺 4. 程序编写仿真				0.5	
创新能力	1. 程序设计、仿真调试提出自己独到见解或解决方案 2. 硬件装配时提出独到的见解和方法 3. 能完成高低速步进控制器的制作和调试	1. 功能改造或升级解决方案 2. 装配工艺技巧 3. 高低速控制器的制作调试				0.2	
综合评价	总分						
	教师点评						

任务 18　电子时钟制作

【工作情景】

公共汽车运输公司委托电子加工中心制作一款电子时钟，采用六位高亮度数码管显示时、分、秒数值，具备时、分调整功能，时钟将安装在各线路的公共汽车上。时钟电路可采用传统数字集成电路或单片机系统构成，考虑到使用环境振动大，安装空间小，决定采用 MCS – 51 单片机动态扫描数码管的方式来组装电路。

一、任务描述和要求

1. 任务描述

电子时钟采用数字集成电路制作时，组成电路较复杂。利用单片机和少量外围元器件即可构成六位数字显示电子时钟，电路如图 18 – 1 所示，电路结构简洁，带时间调整功能，制作调试方便，电子时钟电路板如图 18 – 2 所示。

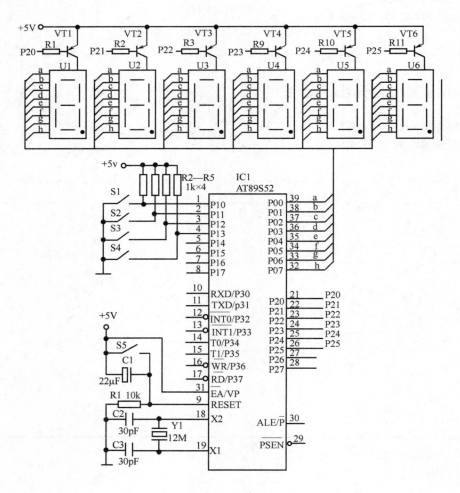

图 18 – 1　电子时钟电路图

图 18 - 2　电子时钟电路板

2. 任务要求

（1）时钟电路 PCB 设计合理，数码管排列整齐，走线简洁可靠。

（2）S1 和 S2 为小时加、减功能按钮；S3 和 S4 为分钟加、减功能按钮。

（3）电路能上电复位或手动复位，数码管显示亮度一致，能达到白天显示要求。

二、任务目标

（1）会分析 1s 定时电路原理和程序编写、仿真。

（2）能快速编写电子时钟程序，利用仪器进行仿真和烧写。

（3）能熟练安装调试电子时钟电路和排除电路故障。

（4）培养自主学习、团队协作、拓展创新能力。

三、任务准备

1. 定时器/计数器概述

MCS - 51 单片机中可提供 2 个 16 位的定时器/计数器：定时器/计数器 1 和定时器/计数器 0，最大的计数量为 65536。它们均可用作定时器或事件计数器，为单片机系统提供定时和计数功能。其实单片机中的定时器和计数器是同一个东西，只不过计数器是记录外界发生的事情，而定时器则是单片机提供一个非常稳定的计数源。

（1）定时器/计数器方式寄存器和控制寄存器

在单片机中有两个特殊功能寄存器与定时/计数有关，这就是方式寄存器 TMOD 和控制寄存器 TCON。一旦把控制字写入 TMOD 和 TCON，在下一条指令的第 1 个机器周期初（S1P1 期间）就发生作用。

TMOD 和 TCON 是名称，在写程序时就可以直接用这个名称来指定它们，也可以直接用地址 89H 和 88H 来指定它们。

TMOD 的位名称和功能如表 18 - 1 所示。

TMOD 被分成两部分，每部分 4 位，分别用于控制 T1 和 T0。由于控制 T1 和 T0 的位名称相同，为了不至于混淆，在使用中 TMOD 只能按字节操作，不能单独进行位操作。

TMOD 各位含义如下。

①M1 和 M0：方式选择位，定义如表 18 - 2 所示。

表 18 - 1 TMOD 的位名称和功能

TMOD 位	D7	D6	D5	D4	D3	D2	D1	D0
位名称	GATE	$C/\bar{T}$	M1	M0	GATE	$C/\bar{T}$	M1	M0
功能	门控位	定时/计数方式选择	工作方式选择		门控位	定时/计数方式选择	工作方式选择	
	高 4 位控制定时器/计数器 1				低 4 位控制定时器/计数器 0			

表 18 - 2 M1、M2 工作方式选择表

M1	M0	工作方式	说　明
0	0	方式 0	13 位计数器
0	1	方式 1	16 位计数器
1	0	方式 2	自动再装入 8 位计数器
1	1	方式 3	定时器 0：分成两个 8 位计数器 定时器 1：停止计数

②$C/\bar{T}$：功能选择位。当 $C/\bar{T} = 0$ 时，设置为定时器工作方式；当 $C/\bar{T} = 1$ 时，设置为计数器工作方式。

③GATE：门控位。当 GATE = 0 时，软件控制位 TR0 或 TR1 置 1 即可启动定时器；当 GATE = 1 时，软件控制位 TR0 或 TR1 须置 1，同时还须$\overline{\text{INT0}}$（P3.2）或$\overline{\text{INT1}}$（P3.3）为高电平方可启动定时器，即允许外中断$\overline{\text{INT0}}$、$\overline{\text{INT1}}$启动定时器。

TCON 也被分成两部分，高 4 位用于定时/计数器，低 4 位则用于中断。TF1、TF0 是溢出标志，当计数溢出后它们就由 0 变 1。TR1、TR0 是运行控制位，由软件置 "1" 或清零来启动或关闭定时器。

（2）定时/计数器的 4 种工作方式

①工作方式 0：定时/计数器的工作方式 0 称 13 位定时/计数方式。它由 TL 的低 5 位和 TH 的 8 位构成 13 位的计数器，TL 的高 3 位未用，电路结构如图 18 - 3 所示。

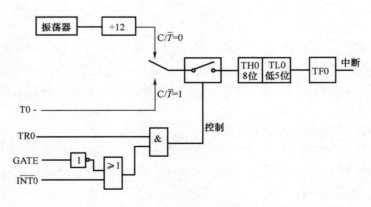

图 18 - 3 T0（T1）方式 0 时的逻辑电路结构图

通过图 18 - 3 可看出当选择定时或计数器方式后，定时/计数器脉冲还受到一个中间开关控制，若开关不闭合，计数脉冲无法通过。假如 GATE = 0 时非门输出为 1，进入或门后输出总是 1，和或门另一个输入端$\overline{\text{INT0}}$无关。在这种情况下，控制开关闭合或断开只取决于 TR0，只要 TR0 = 1，开关闭合，计数器脉冲畅通无阻，如果 TR0 = 0 则开关断开，计数脉冲无法通过，因此定时/计数是否工作，只取决于 TR0。

当 GATE = 1 时计数脉冲通路上的开关不仅要由 TR0 来控制，而且还要受到 $\overline{INT0}$ 的控制，只有当 TR0 = 1，且 $\overline{INT0}$ = 1 时，控制开关才闭合，计数脉冲才通过。

②工作方式 1：为 16 位的定时/计数方式，M1、M0 为 01 时，其他特性与工作方式 0 相同。

③工作方式 2：为 16 位加法计数器，TH0 和 TL0 具有不同功能，其中，TL0 是 8 位计数器，TH0 是重置初值的 8 位缓冲器。方式 2 具有初值自动装入功能，每当计数溢出，就会打开高、低 8 位之间的开关，预置数进入低 8 位。这由硬件自动完成，不需由人工干预。

④工作方式 3：定时器 T0 被分解成为两个独立的 8 计数器 TL0 和 TH0。

（3）定时/计数器的定时/计数范围

工作方式 0：13 位定时/计数方式，最多可以计到 2^{13}，为 8192 次。

工作方式 1：16 位定时/计数方式，最多可以计到 2^{16}，为 65536 次。

工作方式 2 和工作方式 3：为 8 位定时/计数方式，最多可以计到 2^8，为 256 次。

预置值计算：用最大计数量减去需要的计数的次数即可。

2. 定时/计数器初始化

由于定时/计数器的功能是由软件程序确定的，一般使用定时/计数器前都要对其进行初始化。初始化步骤如下。

（1）确定工作方式，对 TMOD 赋值。如"MOV　TMOD，#10H"，表明定时器 1 工作在方式 1，且工作在定时器方式。

（2）预置定时或计数的初值，直接将初值写入 TH0、TL0 或 TH1、TL1。它的初值因工作方式的不同而不同。设最大计数值为 M，则各种工作方式下的 M 值如下：

方式 0：$M = 2^{13} = 8192$

方式 1：$M = 2^{16} = 65536$

方式 2：$M = 2^8 = 256$

方式 3：定时器 0 分成 2 个 8 位计数器，所以 2 个定时器的 M 值均为 256。

因定时器/计数器工作的实质是做"加 1"，所以，当最大计数值 M 值已知时，初值 X 可计算如下

$$X = M - 计数值$$

若利用定时器 1 定时，采用方式 1，要求每 50ms 溢出一次，系统采用 12MHz 晶振。则 M = 65536，12MHz 晶振则计数周期 $T = 1\mu s$，计数值 = $50 \times 1000 = 50000$，计数初值为

$$X = 65536 - 50000 = 15536 = 3CB0H$$

将 3C、B0 分别预置给 TH1、TL1。

（3）根据需要开启定时/计数器中断，直接对 IE 寄存器赋值。如 MOV IE，#82H，表明允许定时器 T0 中断。

（4）启动定时/计数器工作，将 TR0 或 TR1 置"1"。

GATE = 0 时，直接由软件置位启动；当 GATE = 1 时，除软件置位外，还必须在外中断引脚处加上相应的电平值才能启动。

3. LED 显示数字程序

利用单片机的 P0 口作输出口，接一个数码管，通过编程实现数码管循环显示十进制数字 0 ~ 9。若连接多个数码管，通过编程可以实现多位十进制数字的显示。

（1）LED 静态显示 0 ~ 9

数码管采用共阳型，连接如图 18 - 4 所示，数码管显示采用查表的方法，0 ~ 9 的字型码存放在数据表格中，在 DPTR 内存放数据表格首地址，A 存放要显示的数据，利用 MOVC A，@ A + DPTR 这条指令查找字型码。参考程序如下：

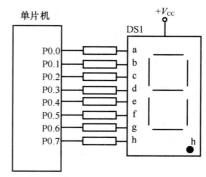

图 18 - 4　单片机与数码管连接图

NUM　　EQU 40H　　　　　　　　;定义数字变量

```
            ORG     0000H
            LJMP    START               ; 转移到初始化程序
            ORG     0030H
START:  MOV     NUM, #00H           ; 初始化变量初值
MAIN:   MOV     A, NUM              ; 数字送入 A
            MOV     DPTR, #TAB          ; 字型码首地址存放 DPTR
            MOVC    A, @ A + DPTR       ; 数字对应字型码送入 A
            MOV     P0, A               ; 字型码送入 P0 口显示
            LCALL   DELAY               ; 延时
            MOV     A, NUM              ; 数字送入 A
            INC     A                   ; 加 1
            CJNE    A, #0AH, AA         ; 不等于 10 转 AA
            MOV     A, #00H             ; 等于 10, 送初值 0
AA:     MOV     NUM, A              ; 保存数字
            LJMP    MAIN                ; 循环, 继续显示
DELAY:  MOV     R7, #1EH            ; 延时子程序
D3:     MOV     R6, #21H
D2:     MOV     R5, #0FAH
D1:     DJNZ    R5, D1
            DJNZ    R6, D2
            DJNZ    R7, D3
            RET
TAB:    DB0C0H, 0F9H, 0A4H, 0B0H, 99H, 92H, 82H, 0F8H, 80H, 90H; 共阳型字码表
            END
```

（2）LED 动态显示 0 ~ 59

要显示 0 ~ 59 两位数字, 采用动态显示, 两个数码管依次轮流显示, 而且以比较快的频率重复, 只要重复显示的频率不小于 50Hz, 由于人眼睛的视觉暂留特性, 主观感觉如同静态一样。将两个数码管的笔画段 a ~ h 同名端连接在一起, 公共端（阳极）受 P2.0、P2.1 控制, 连接如图 18 – 5 所示。单片机向字段输出口送出字型码时, 虽然所有数码管都接收相同的字型码, 但只有被选中的位才显示。

程序包括延时子程序、1s 定时子程序和显示子程序。单片机延时子程序不是用来执行具体功能, 而是占用一定时间。延时子程序用循环结构来组成, 循环结构中的语句被多次执行, 如图 18 – 6 所示, 每执行一次需占用若干机器周期, 延时时间等于程序指令执行的总周期数与周期的时间乘积。

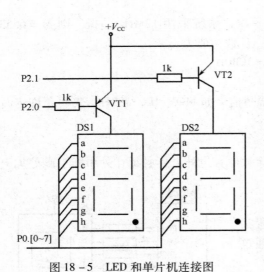

图 18 – 5 LED 和单片机连接图

参考程序如下：

```
            SEC     EQU     42H
            SEC_ 1  EQU     40H
            SEC_ 2  EQU     41H
```

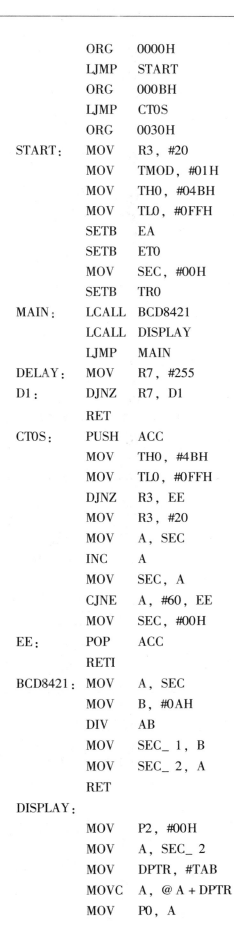

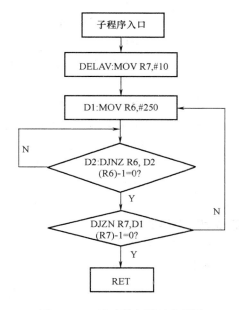

图 18-6　延时程序循环流程图

```
        ORG     0000H
        LJMP    START
        ORG     000BH
        LJMP    CT0S
        ORG     0030H
START：  MOV     R3, #20
        MOV     TMOD, #01H
        MOV     TH0, #04BH
        MOV     TL0, #0FFH
        SETB    EA
        SETB    ET0
        MOV     SEC, #00H
        SETB    TR0
MAIN：   LCALL   BCD8421
        LCALL   DISPLAY
        LJMP    MAIN
DELAY：  MOV     R7, #255
D1：     DJNZ    R7, D1
        RET
CT0S：   PUSH    ACC
        MOV     TH0, #4BH
        MOV     TL0, #0FFH
        DJNZ    R3, EE
        MOV     R3, #20
        MOV     A, SEC
        INC     A
        MOV     SEC, A
        CJNE    A, #60, EE
        MOV     SEC, #00H
EE：     POP     ACC
        RETI
BCD8421：MOV     A, SEC
        MOV     B, #0AH
        DIV     AB
        MOV     SEC_ 1, B
        MOV     SEC_ 2, A
        RET
DISPLAY：
        MOV     P2, #00H
        MOV     A, SEC_ 2
        MOV     DPTR, #TAB
        MOVC    A, @ A + DPTR
        MOV     P0, A
```

```
            MOV     P2，#02H
            LCALL   DELAY
            MOV     A，SEC_ 1
            MOVC    A，@ A + DPTR
            MOV     P0，A
            MOV     P2，#01H
            LCALL   DELAY
            RET
TAB：       DB      0C0H，0F9H，0A4H，0B0H，99H，92H，82H，0F8H，80H，90H
            END
```

更多学习资料请查阅

- 单片机教程网　　　http：//www. 51hei. com/
- 51 单片机学习论坛　http：//www. 51c51. com/bbs/

四、任务实施

1. 讨论决策、制定计划

小组成员集体讨论，得出实施决策，制定工作计划，合理安排工作进程。根据已学理论知识和操作技能，结合实习情景，填写工作计划（表 18 – 3）。

表 18 – 3　　　　　　　　　　　　　　电子时钟制作工作计划

工作时间	共_____小时		审核：_____	计划指南：
计划实施步骤	1.			计划制定需考虑合理性和可行性，可参考以下工序：
	2.			→学习理论
	3.			→准备器材
	4.			→安装调试
	5.			→创新操作 →综合评价

2. 任务实施

（1）准备器材

为完成工作任务，组员需要填写借用仪器仪表清单（表 18 – 4）和电子元器件领取清单（表 18 – 5）。

表 18 – 4　　　　　　　　　　　　　　借用仪器仪表清单

任务单号：_____　　　借用组别：_____　　　　　　　　　　年　月　日

序号	名称与规格	数量	借出时间	借用人	归还时间	归还人	管理员签名

表 18 –5   **电子元器件领取清单**

任务单号：_____　　　领料组别：_____　　　　　　　　年　月　日

序号	名称与规格型号	申领数量	实发数量	是否归还	归还人签名	管理员签名

（2）硬件制作

①使用高精度激光打印机打印 PCB 图，采用热转印方法制作电路板。

②6 个数码管排列成一行整齐安装，高度一致。

③时间调整按键安装在方便操作的位置。

④时钟振荡元器件紧贴底板安装，剪去过长引脚。

（3）程序编写

根据系统实现的功能，软件要完成的工作是：按键扫描，按键处理，延时 1s 计时，以十进制形式显示时间等。

初始化程序及主程序：初始化程序主要完成定义变量内存分配，初始化缓冲区，初始化 T0 定时器，初始化中断，开中断，启动定时器；主程序循环执行调按键处理子程序、调 BCD 码转换子程序、调显示子程序。主程序流程图如图 18 –7 所示。

按键扫描子程序：根据硬件设计 4 个按键的作用是调整时间，分钟变量加 1min 或减 1min；小时变量加 1h 或减 1h。扫描过程：逐一检查按键是否按下，如果没有按下，则继续检查下一按键，如果按键按下，延时去抖后执行按键相应功能指令，子程序流程图如图 18 –8 所示。

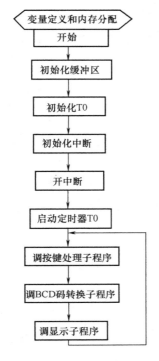

图 18 –7 主程序流程图

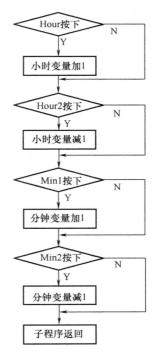

图 18 –8 按键扫描子程序流程图

定时中断程序：利用定时/计数器 T0 进行 50ms 定时，R3 作计数 20 次，完成 1s 计时并加 1，判断是否到 60s，如到 60s，分钟加 1，判断是否到 60min，如到 60min，小时加 1，小时到 24 时置"0"。流程图如图 18－9 所示。显示时间程序采用动态扫描方式，P0 口输出段码，P2 口输出位码，依次显示小时十位、小时个位、分钟十位、分钟个位、秒十位和秒个位。

参考程序如下：

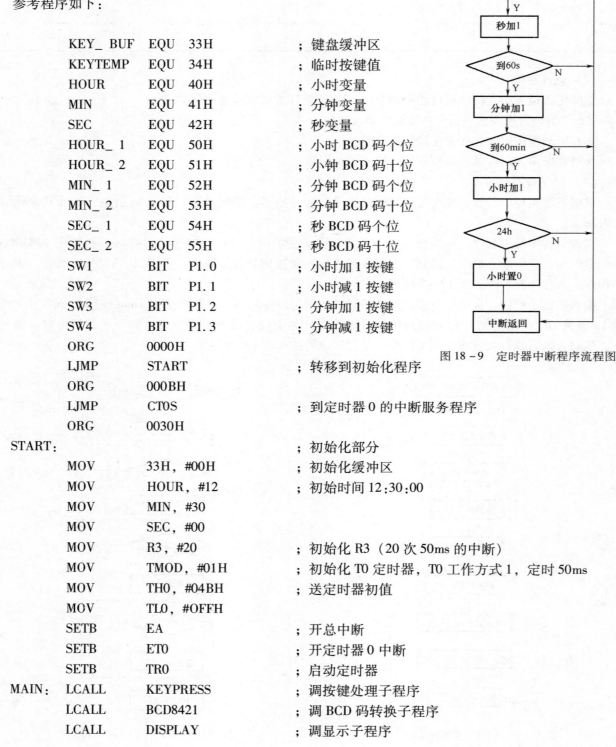

图 18－9　定时器中断程序流程图

```
        KEY_ BUF    EQU   33H          ; 键盘缓冲区
        KEYTEMP     EQU   34H          ; 临时按键值
        HOUR        EQU   40H          ; 小时变量
        MIN         EQU   41H          ; 分钟变量
        SEC         EQU   42H          ; 秒变量
        HOUR_ 1     EQU   50H          ; 小时 BCD 码个位
        HOUR_ 2     EQU   51H          ; 小钟 BCD 码十位
        MIN_ 1      EQU   52H          ; 分钟 BCD 码个位
        MIN_ 2      EQU   53H          ; 分钟 BCD 码十位
        SEC_ 1      EQU   54H          ; 秒 BCD 码个位
        SEC_ 2      EQU   55H          ; 秒 BCD 码十位
        SW1         BIT   P1. 0        ; 小时加 1 按键
        SW2         BIT   P1. 1        ; 小时减 1 按键
        SW3         BIT   P1. 2        ; 分钟加 1 按键
        SW4         BIT   P1. 3        ; 分钟减 1 按键
        ORG         0000H
        LJMP        START              ; 转移到初始化程序
        ORG         000BH
        LJMP        CT0S               ; 到定时器 0 的中断服务程序
        ORG         0030H
START:                                 ; 初始化部分
        MOV         33H, #00H          ; 初始化缓冲区
        MOV         HOUR, #12          ; 初始时间 12:30:00
        MOV         MIN, #30
        MOV         SEC, #00
        MOV         R3, #20            ; 初始化 R3（20 次 50ms 的中断）
        MOV         TMOD, #01H         ; 初始化 T0 定时器，T0 工作方式 1，定时 50ms
        MOV         TH0, #04BH         ; 送定时器初值
        MOV         TL0, #0FFH
        SETB        EA                 ; 开总中断
        SETB        ET0                ; 开定时器 0 中断
        SETB        TR0                ; 启动定时器
MAIN:   LCALL       KEYPRESS           ; 调按键处理子程序
        LCALL       BCD8421            ; 调 BCD 码转换子程序
        LCALL       DISPLAY            ; 调显示子程序
```

```
            LJMP        MAIN
DELAY：MOV        R7，#255            ；延时子程序
D2：        DJNZ        R7，D2
            RET
KEYPRESS：                            ；按键处理子程序，P1 口为按键的接口
            SETB        SW1            ；设置为输入
            JB          SW1，KEY1       ；按键没有按下，查询下一按键
            LCALL       DELAY          ；若按下，延时去抖
            JB          SW1，KEY1
            MOV         A，HOUR         ；小时变量送入 A
            INC         A              ；小时数加 1
            MOV         HOUR，A         ；保存小时数
            CJNE        A，#24，KEY0     ；如果不等于 24，等待按键释放
            MOV         HOUR，#00H      ；如果等于 24，则使小时数等于 0
KEY0：   LCALL       DISPLAY        ；调显示起延时去抖作用，保证扫描显示不停
            JNB         SW1，KEY0       ；没有释放，继续等待
            LCALL       DISPLAY
            JNB         SW1，KEY0
KEY1：   SETB        SW2
            JB          SW2，KEY2
            LCALL       DELAY
            JB          SW2，KEY2
            MOV         A，HOUR
            DEC         A              ；小时变量减 1
            MOV         HOUR，A
            CJNE        A，#255，KEY10   ；0 减 1 等于 255
            MOV         HOUR，#23
KEY10：  LCALL       DISPLAY
            JNB         SW2，KEY10
            LCALL       DISPLAY
            JNB         SW2，KEY10
KEY2：   SETB        SW3
            JB          SW3，KEY3
            LCALL       DELAY
            JB          SW3，KEY3
            MOV         A，MIN
            INC         A              ；分钟变量加 1
            MOV         MIN，A
            CJNE        A，#60，KEY20
            MOV         MIN，#00H
KEY20：  LCALL       DISPLAY
            JNB         SW3，KEY20
            LCALL       DISPLAY
```

```
        JNB     SW3，KEY20
KEY3：  SETB    SW4
        JB      SW4，KRET
        LCALL   DELAY
        JB      SW4，KRET
        MOV     A，MIN
        DEC     A               ;分钟变量减1
        MOV     MIN，A
        CJNE    A，#255，KEY30   ;0减1等于255
        MOV     MIN，#59
KEY30： LCALL   DISPLAY
        JNB     SW4，KEY30
        LCALL   DISPLAY
        JNB     SW4，KEY30
KRET：  RET
CT0S：
        PUSH    ACC             ;保护现场
        MOV     TH0，#04BH       ;重新送定时器处值
        MOV     TL0，#0FFH
        DJNZ    R3，TIMEEND      ;中断次数不足20次直接返回
        MOV     R3，#20          ;中断次数满20次为1s重新送计数初值
        MOV     A，SEC           ;秒增加1
        INC     A
        MOV     SEC，A
        CJNE    A，#60，TIMEEND
        MOV     SEC，#00H
        MOV     A，MIN           ;秒满60，min加1
        INC     A
        MOV     MIN，A
        CJNE    A，#60，TIMEEND
        MOV     MIN，#00H
        MOV     A，HOUR          ;分钟满60，小时加1
        INC     A
        MOV     HOUR，A
        CJNE    A，#24，TIMEEND
        MOV     HOUR，#00H
TIMEEND：
        POP     ACC             ;恢复现场
        RETI
BCD8421：
        MOV     A，HOUR          ;BCD码转换子程序，变量不大于60，没有百位
        MOV     B，#0AH
        DIV     AB              ;除以10，商为十位，余数为个位
```

```
          MOV       HOUR_ 2, A
          MOV       HOUR_ 1, B
          MOV       A, MIN
          MOV       B, #0AH
          DIV       AB
          MOV       MIN_ 2, A
          MOV       MIN_ 1, B
          MOV       A, SEC
          MOV       B, #0AH
          DIV       AB
          MOV       SEC_ 2, A
          MOV       SEC_ 1, B
          RET
DISPLAY:                              ; 显示子程序, P0 口输出段码, P2 口输出位码
          MOV       P2, #00H          ; 显示小时的部分
          MOV       DPTR, #CHAR
          MOV       A, HOUR_ 2
          MOVC      A, @ A + DPTR
          MOV       P0, A
          MOV       P2, #02H
          LCALL     DELAY
          MOV       A, HOUR_ 1
          MOVC      A, @ A + DPTR
          MOV       P0, A
          MOV       P2, #01H
          LCALL     DELAY
          MOV       A, MIN_ 2
          MOVC      A, @ A + DPTR
          MOV       P0, A
          MOV       P2, #08H
          LCALL     DELAY
          MOV       A, MIN_ 1
          MOVC      A, @ A + DPTR
          MOV       P0, A
          MOV       P2, #04H
          LCALL     DELAY
          MOV       A, SEC_ 2
          MOVC      A, @ A + DPTR
          MOV       P0, A
          MOV       P2, #20H
          LCALL     DELAY
          MOV       A, SEC_ 1
          MOVC      A, @ A + DPTR
```

```
        MOV       P0，A
        MOV       P2，#10H
        LCALL     DELAY
        RET
CHAR：DB0C0H，0F9H，0A4H，0B0H，99H，92H，82H，0F8H，80H，90H  ；共阳型字码表
        END
```

（4）仿真和烧写

参考以上程序，编写时钟程序，用 WAVE6000 软件进行仿真调试，确认所有功能都正常后，将程序写入单片机后，按引脚号正确插入时钟电路板的 IC1 插座。电路检查无误后，接上 5V 电源，按 S1、S2、S3、S4 轻触式按钮，调整时间，观察时钟运行结果，检查时钟走时是否准确。

（5）若在时钟中增加两个按键，使其具备秒加 1、减 1 功能，硬件和程序该怎样更改？

（6）若电子时钟的数码管亮度不够，有什么解决办法？

（7）总结

本次任务使自己学习到哪些知识，积累了哪些经验，记录下来填在表 18 - 6 中。

表 18 - 6　　　　　　　　　　　　　　　　工 作 总 结

正确装调方法	
错误装调方法	
总结经验	

3. 工作岗位"6S"处理

工作任务全部完成后，关闭工作台总电源，拆下测量线和连接导线，归还借用工具仪器，组员对本工作岗位进行"整理、整顿、清扫、清洁、安全、素养"处理，维护和保养测量仪器仪表，确保其运行在最佳工作状态。

五、能力拓展

单片机和数码管配合可以组成很多计数显示电路，比如八进制计数显示、十六进制计数显示、定时器或其他一些计数显示器等。试利用电子时钟的硬件电路，重新编写一段定时器程序。定时器最小显示单位为 0.01 s，最长计时 99 min，4 个按键分别实现启动、暂停、停止和清零功能。查阅相关资料，收集和参考单片机时钟显示程序，赶紧决策出计划并实施吧。

六、任务评价

将评价结果填入表 18 - 7。

表 18 - 7　　　　　　　　　　　　电子时钟制作评价表

班级：_____　　　　　　　　　　　　　　　　　　　指导教师：_____

小组：_____　　姓名：_____　　　　　　　　日　　期：_____

评价项目	评价标准	评价依据	评价方式			权重	得分小计
			学生自评 15%	小组互评 25%	教师评价 60%		
职业素养	1. 遵守规章制度劳动纪律 2. 人身安全与设备安全 3. 积极主动完成工作任务 4. 按时按质完成工作任务 5. 工作岗位 6S 处理	1. 劳动纪律 2. 工作态度 3. 团队协作精神				0.3	
专业能力	1. 熟悉定时/计数器的使用 2. 能熟练制作电子时钟 PCB，元器件装配工艺达标 3. 能熟练完成程序编写、仿真和调试 4. 能使用单片机系统开发工具综合调试电路功能	1. 指令的使用 2. PCB 设计和硬件装配工艺 3. 程序编写仿真 4. 电路调试过程				0.5	
创新能力	1. 在程序设计、仿真调试提出自己独到见解或解决方案 2. 会熟练使用定时器/计数器 3. 能完成定时器的程序设计和硬件制作	1. 功能改造或升级解决方案 2. 装配工艺技巧 3. 定时器装调				0.2	
	总分						
综合评价	教师点评						

任务 19　调光台灯制作

【工作情景】

电子加工中心接到一个调光台灯装调工作任务，要制作一个采用单结晶体管和晶闸管组装的调光电路。调光电路可以控制功率小于45W的负载灯泡，调节亮度旋钮能够平滑控制灯泡的亮暗，亮度调到最暗时灯泡熄灭，性能稳定可靠。

一、任务描述和要求

1. 任务描述

单结晶体管和单向晶闸管常应用在调光、调速等电路中，图19－1是一个小功率调光台灯电路，电路结构简单，性能稳定，调节RP1阻值大小可控制灯泡的亮暗，调光台灯电路板如图19－2所示。

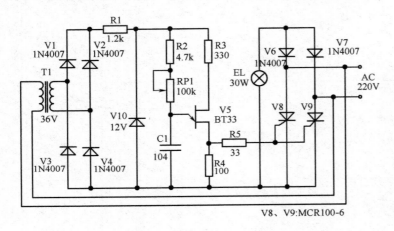

图 19－1　调光台灯电路图

图 19－2　调光台灯电路板

2. 任务要求

（1）电路能控制功率小于45W灯泡亮暗，RP1阻值最大时灯泡熄灭，阻值最小时灯泡最亮。

（2）调光过程平滑，无级调节，无突然变亮或变暗现象。

（3）单面PCB设计，元器件布局合理、电路板面积小于10cm×10cm。

二、任务目标

（1）熟悉单结晶体管原理、判别和使用，会根据电路参数灵活选择单结晶体管型号。

（2）熟悉晶闸管原理、判别和使用，了解其主要参数。

（3）能熟练使用示波器测量电路关键点的信号波形。

（4）培养自主学习、团队协作、改造创新能力。

三、任务准备

1. 单结晶体管

单结晶体管又称双基极二极管，原理图符号如图19－3（a）所示，内部结构如图19－3（b），等效

196

电路如图 19-3（c）。在一个低掺杂 N 型硅棒上利用扩散工艺形成一个高掺杂 P 区，P 区与 N 区接触面形成一个 PN 结，P 型半导体引出电极为发射极 e，N 型半导体引出两个电极分别为第一基极 b1 和第二基极 b2。b1 和 b2 之间 N 型区域可等效为一个纯电阻，称为基区电阻 R_{bb}，该阻值随着发射极电流的变化而改变。单结晶体管的一个重要特性：负阻特性。利用这个特性可组成张弛振荡电路、多谐振荡电路、定时器等多种脉冲单元电路，单结晶体管实物如图 19-4 所示。

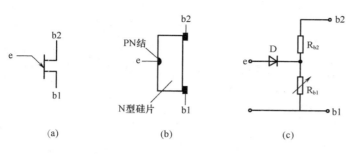

图 19-3　单结晶体管

图 19-4　单结晶体管实物

（1）单结晶体管的特性

单结晶体管特性测试电路如图 19-5（a）所示，在两个基极之间加电压 U_{bb}，然后在发射极 e 和第一基极 b1 之间加上电压 U_e，U_e 使用电位器 Rp 进行调节。组成等效电路如图 19-5（b），实际由一个 PN 结和二个电阻 R_{b1}、R_{b2} 组成。

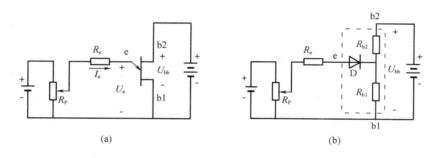

图 19-5　单结晶体管特性测试电路

两基极 b1 与 b2 之间的电阻称为基极电阻：$R_{bb} = R_{b1} + R_{b2}$

若在基极 b2、b1 间加上正电压 U_{bb}，则 U_{b1} 电压为：

$$U_{b1} = \frac{U_{bb}}{R_{b1} + R_{b2}} \cdot R_{b1} = \frac{R_{b1}}{R_{bb}} \cdot U_{bb} = \eta U_{bb} \tag{19-1}$$

公式中 η 称为分压比，其值一般在 0.3～0.85。当 $U_e = U_{bb} + U_D$ 时，单结晶体管内 PN 结导通，发射极电流 I_e 突然增大。把这个突变点称为峰点 P。对应电压 U_e 和电流 I_e 分别称为峰点电压 U_P 和峰点电流 I_P。峰点电压 $U_P = U_{bb} + U_D$，U_D 为单结晶体管中 PN 结正向压降，一般取 $U_D = 0.7V$。

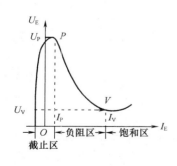

图 19-6　单结晶体管伏安特性

单结晶体管伏安特性曲线如图 19-6 所示，PN 结导通后，从发射区（P 区）向基区（N 区）发射大量空穴型载流子，I_e 迅速增长，e 和 b1 间成为低阻导通状态，R_{b1} 迅速减小，而 e 和 b1 间电压 U_E 随之下降。这一段特性曲线的动态电阻为负值，因此称为负阻区。b2 电位高于 e 电位，空穴型载流子不会向 b2 运动，电阻 R_{b2} 基本不变。

当发射极电流 I_e 增大到某一数值时，电压 U_e 下降到最低点。特性曲线上这一点称为谷点 V。与此点相对应的是谷点电压 U_V 和谷点电流 I_V。继续调节 R_P 使发射极电流增大时，发射极电压略有上升，但变化不大。谷点右边这部分特性称为饱和区。

从单结晶体管的伏安特性可得出：

①当发射极电压等于峰点电压 U_P 时，单结晶体管导通。导通后，当发射极电压小于谷点电压 U_V 时，单结晶体管恢复截止。

②单结晶体管峰点电压 U_P 与外加固定电压 U_{bb} 及其分压比有关。分压比由管子结构决定，通常可看作常数。

③不同单结晶体管谷点电压 U_V 和谷点电流 I_V 不同，谷点电压约在 $2\sim5V$。在触发电路中，常选用 U_V 值低一些和 I_V 值大一些的单结管，以增大输出脉冲幅度和移相范围。

（2）几种常用单结晶体管主要参数如表 19 – 1 所示。

表 19 – 1　　　　　　　　　　　　　　　常用单结晶体管参数

型　号	分压比 η	峰点电流 I_p / μA	调制电流 I_{B2} / mA	耗散功率 P_t / mA	谷点电流 I_V / mA	谷点电压 U_V / V
BT31A	0.3~0.55		5~30	100		
BT31B						
BT31C	0.45~0.75					
BT31D						
BT31E	0.65~0.9					
BT31F						
BT32A	0.3~0.55	≤2	8~35	250	≥1.5	≤3.5
BT32B						
BT32C	0.45~0.75					
BT32D						
BT32E	0.65~0.9					
BT32F						
BT33A	0.3~0.55		8~40	400		
BT33B						
BT33C	0.45~0.75					
BT33D						
BT33E	0.65~0.9					
BT33F						

（3）单结晶体管检测

判断单结晶体管发射极 e 方法：把万用表置于 R×100 挡或 R×1k 挡，红、黑表笔接单结晶体管任意两管脚，若正、反向两次测得阻值都一样，大约在 $2\sim10k\Omega$，那么，这两引脚就是 b1、b2 极，另一个管脚为 e 极。

区别 b1 和 b2 的方法：把万用表置于 R×100 挡或 R×1k 挡，用黑表笔接发射极，红表笔分别接另外两引脚，测量 e 对 b1 的正向电阻和 e 对 b2 的正向电阻。两次测量中，阻值大的一次，红表笔接的就是 b1 极。

使用电阻法测量判断 b1 和 b2 极性时，并非每次都准确，因有个别管子的 e 和 b1 间正向阻值较小。

在实际使用时，如果 b1 和 b2 端判断错误，管子不一定损坏，但会影响输出脉冲的幅度（单结晶体管多作脉冲发生器使用），当发现输出脉冲幅度偏小时，可把 b1 和 b2 对调使用。检测中任意两脚正、反向阻值为 0 或无穷大，都表示该管已损坏。

（4）单结晶体管应用电路

利用单结晶体管可以组成张弛振荡电路，如图 19 – 7（a）所示，定时电容并接在 e 极。工作原理：刚通电时，电容 C 上的电压不能突变，U_C 为零。接通电后，电源经 R 向电容器充电，其端电压按指数曲线上升。U_C 电压加在发射极 e 和第一基极 b1 之间。当 U_C 等于单结晶体管的峰点电压 U_P 时，单结晶体管导通，电阻 R_{b1} 急剧减小（约 20Ω），电容器向 R_1 放电。由于 R_1 阻值较小，放电很快，放电电流在 R_1 上形成一个脉冲电压 U_g，如图 19 – 7（b）所示。由于定时电阻 R 阻值较大，当电容电压下降到单结晶体管谷点电压时，电源经 R 供给的电流小于单结晶体管的谷点电流，于是单结晶体管截止。直到 U_C 等于峰点电压 U_P 时，单结晶体管再次导通，重复上述过程，在电阻 R_1 上就得到连续的尖脉冲电压 U_g。

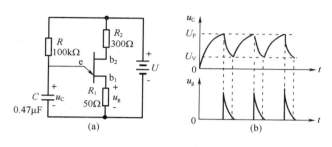

图 19 – 7 张弛振荡电路

2. 单向晶闸管

单向晶闸管（又称可控硅）是一种具有三个 PN 结四层结构的大功率半导体器件，具有体积小、结构相对简单、功能强等特点，是常用的电力电子器件。它有三个电极：阳极 A、阴极 K 和控制极 G，电路符号如图 19 – 8（a）所示，结构如图 19 – 8（b）所示。它具有硅整流器件的特性，能在高电压、大电流条件下工作，其工作过程可以控制，被广泛应用于可控整流、交流调压、无触点电子开关、逆变及变频等电子电路中。

单向晶闸管的阳极与阴极之间具有单向导电性，内部可等效为一个带强烈正反馈的 NPN 和 PNP 晶体管组成的复合管，等效电路如图 19 – 8（c）所示。

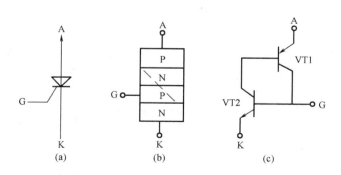

图 19 – 8 单向晶闸管

在单向晶闸管阳极 A 与阴极 K 之间加正向电压，同时在 G 极加上触发电压，晶闸管触发导通，导通后 G 极失去控制作用，管子依靠内部正反馈维持导通状态，此时 A 与 K 之间压降约在 0.6～1.2V，阳极电流 I_A 可达几十安以上。要使晶闸管从导通状态变成关断状态，有两种方法：①在阳极与阴极之间加反向电压，这种关断称为反向关断；②让阳极电流 I_A 减小到小于一定数值 I_H（维持电流），导致晶闸管不能维持正反馈过程而关断，这种关断称为正向关断。

（1）晶闸管伏安特性曲线分析

伏安特性曲线如图19-9所示，分为正向特性和反向特性两部分。当 $u>0$ 时对应曲线为正向特性，它分为关断状态 OA 段和导通状态 BC 段两部分。

OA 段只有很小的正向漏电流，当电压进一步增加，晶闸管突然导通，进入 BC 段（电流较大当管压降很小），如果不注意使用极易造成晶闸管击穿损坏。当 $u<0$ 时对应曲线为反向特性，反向电压在一定范围内存在很小的反向漏电流 I_R，当超过一定值时，反向电流突然增大，导致晶闸管反向击穿，这一电压称为反向转折电压 U_{BR}，其反向特性与二极管非常相似。

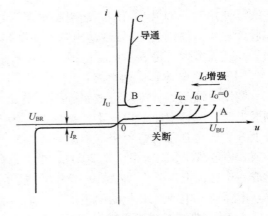

图19-9 晶闸管伏安特性曲线

（2）晶闸管主要参数

①额定正向平均电流 I_F：在标准条件下，允许连续通过晶闸管的最大正向电流平均值。

②维持电流 I_H：控制极开路时能维持导通的最小阳极电流。

③触发电压 U_G 和触发电流 I_G：在标准参数环境下，使晶闸管从关断到完全导通所需的最小控制直流电压和电流。

④正向转折电压 U_{BO}：在额定结温和控制极开路下，使晶闸管从关断转为导通的正弦波正向电压峰值。

（3）晶闸管检测

①把万用表置于 R×1k 挡，测量阳极与阴极之间、阳极与控制极之间的正、反向电阻，正常时阻值较大（几百千欧以上）。

②把万用表置于 R×1 挡或 R×10 挡，用红、黑两表笔分别测任意两引脚间正、反向电阻，当检测到阻值为几十欧的一次，此时黑表笔接的引脚为控制极 G，红表笔接的引脚为阴极 K，另一引脚为阳极 A。

③把万用表置于 R×1 挡或 R×10 挡，黑表笔接 A 极，红表笔接 K 极，这时阻值无穷大。在黑表笔保持与 A 极接触的同时，让黑表笔移动与 G 极相接触，这时测量阻值明显变小，说明晶闸管触发导通，保持黑表笔与 A 极相接时断开其与 G 极的接触，如果晶闸管依然保持导通，说明晶闸管能保持触发。

注意：这种判断晶闸管能否触发的方法只对小功率晶闸管有效，当判断大功率晶闸管时，由于其需要较大的触发电流，万用表无法提供如此大的测试电流，可能无法判断。

（4）使用注意事项

①选择晶闸管额定电流参数时，还要注意正常工作导通角的大小、散热条件等因素。

②电流为 5A 以上的晶闸管要装散热器，保证达到所规定的冷却条件。

③不能用兆欧表检查晶闸管绝缘情况，否则极易高压击穿损坏。

④晶闸管过载能力较差，主电路晶闸管须安装过压和过流保护装置。

更多学习资料请查阅

● 电子爱好者制作论坛　　http：//www. etuni. com/index. asp？boardid＝4
● 《晶闸管应用电路精选》　张庆双　机械工业出版社 2010. 01

四、任务实施

1. 讨论决策、制定计划

小组成员集体讨论，得出实施决策，制定工作计划，合理安排工作进程。根据所学理论知识和操作技能，结合实习情景，填写工作计划（表 19 - 2）。

表 19 - 2　　　　　　　　　　　　调光台灯制作工作计划

工作时间	共_____小时	审核：_____	
计划实施步骤	1.		计划指南： 　计划制定需考虑合理性和可行性，可参考以下工序： →理论学习 →准备器材 →安装调试 →创新操作 →综合评价
	2.		
	3.		
	4.		
	5.		

2. 任务实施

（1）准备器材

为完成工作任务，组员需要填写仓库借用仪器仪表清单（表 19 - 3）和电子元器件领取清单（表 19 - 4）。

表 19 - 3　　　　　　　　　　　　借用仪器仪表清单

任务单号：_____　　借用组别：_____　　　　　　　　　年　月　日

序号	名称与规格	数量	借出时间	借用人	归还时间	归还人	管理员签名

表 19 - 4　　　　　　　　　　　　电子元器件领取清单

任务单号：_____　　领料组别：_____　　　　　　　　　年　月　日

序号	名称与规格型号	申领数量	实发数量	是否归还	归还人签名	管理员签名

（2）工作原理分析

调光台灯电路主要由整流稳压、单结晶体管触发、可控整流电路组成。为了更好理解电路工作过程，请完成下面填空。

①整流稳压电路由_____组成，为了使触发电路与可控整流电路同步，变压器 T1 和主电源同相。R1、V10 组成_____稳压电路，为单结晶体管触发电路提供稳定的脉动直流电源。

②单结晶体管触发电路实际是张弛振荡电路，由_____组成，调节 RP1 的阻值可改变电容器 C1 充、放电快慢，当电容 C1 两端电压达到单结晶体管_____电压时，单结晶体管导通，在电阻 R4 上形成_____，通过 R5 耦合送至晶闸管 G 极。在交流电压的_____个周期内，单结晶体管都输出一组脉冲去触发晶闸管，但只有_____脉冲才有效，能使得晶闸管导通，灯泡点亮。

改变 RP1 阻值时，实际改变了_____，从而改变晶闸管 V8、V9 的导通角大小，改变了可控整流电路的直流平均输出电压，达到调光目的。当 RP1 阻值变大时，电容 C1 充、放电_____（快或者慢），V8、V9 导通角变_____（大或者小）。

③可控整流电路主要由_____组成，实际为整流电路。流过晶闸管的电流实际为流过_____的电流，受到晶闸管电流容量的影响，负载不能安装大功率的灯泡。

④在电路中若并联一个 100μF 电解电容在 V10 两端，电路会发生怎样现象？

（3）电路制作装配
①使用 Protel 99SE 设计电路 PCB，采用热转印方法制作电路板。
②元器件安装整齐，焊接标准，接线正确。
③RP1 安装在电路板方便调节位置，灯泡和变压器采用接线端子连接。

（4）测量调试
电路安装完毕经检查无误后即可通电调试，按要求调试并记录波形在表 19 – 5 中。

表 19 – 5 　　　　　　　　　　　　　　　调光台灯调试记录表

测试要求	测试波形
RP1 阻值调到最大时，U_{C1}、U_{R4}、U_{EL} 的波形	灯泡两端电压／V
RP1 阻值调到最小时，U_{C1}、U_{R4}、U_{EL} 的波形	灯泡两端电压／V

续表

测试要求	测试波形
灯泡的端电压为 110V 时，U_{C1}、U_{R4}、U_{EL} 的波形	

（5）若调试时发生以下故障，结合工作原理分析故障产生的原因和排除方法。

①通电灯泡即亮，调节 RP1 无任何变化。

②进行调光时，调节 RP1 阻值最大时灯泡还是微亮，无法熄灭。

③调节 RP1 阻值最小时，灯泡亮度不够，其端电压为几十伏。

（6）在调试时，为什么要接入隔离变压器？若没有隔离变压器，电路能正常工作吗？对电路正常使用有什么影响？

（7）总结　本次任务使自己学习到哪些知识，积累了哪些经验，记录下来填写在表 19-6 中。

表 19 – 6 　　　　　　　　　　　工 作 总 结

正确装调方法	
错误装调方法	
总结经验	

3. 工作岗位"6S"处理

工作任务全部完成后，关闭工作台总电源，拆下测量线和连接导线，归还借用工具仪器，组员对本工作岗位进行"整理、整顿、清扫、清洁、安全、素养"处理，维护和保养测量仪器仪表，确保其运行在最佳工作状态。

五、能力拓展

本任务中负载是一个小功率灯泡（30W），若要对大功率负载进行控制，需要更换大功率晶闸管，但触发脉冲幅度可能达不到晶闸管触发要求，这就需要增加一个脉冲放大电路，电路连接如图 19 – 10 所示。利用所学过的知识，运用三极管设计一个脉冲放大电路，要求能不失真、高效率地放大触发脉冲。想一想，做一做，赶紧决策计划并实施吧！

注意：电路调试时须接入隔离变压器。

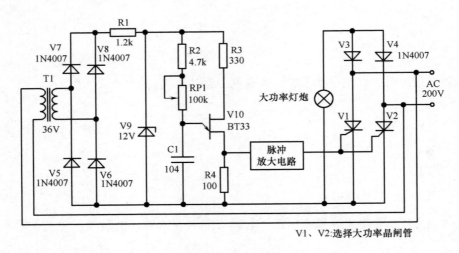

V1、V2:选择大功率晶闸管

图 19 – 10　控制大功率负载电路

六、任务评价

将评价结果填入表 19 – 7。

表 19 – 7　　　　　　　　　　　　　　　　　调光台灯制作评价表

班级：_____

小组：_____　　姓名：_____

指导教师：_____

日　　期：_____

评价项目	评价标准	评价依据	评价方式			权重	得分小计
			学生自评 15%	小组互评 25%	教师评价 60%		
职业素养	1. 遵守规章制度劳动纪律 2. 人身安全与设备安全 3. 积极主动完成工作任务 4. 完成任务的时间 5. 工作岗位 6S 处理	1. 劳动纪律 2. 工作态度 3. 团队协作精神				0.3	
专业能力	1. 熟悉单结晶体管和晶闸管的原理、检测和使用 2. 熟练制作 PCB 和元器件装配达标 3. 会正确使用示波器检测电路波形和排除故障 4. 调试测量的波形、数据准确度高	1. 工作原理分析 2. PCB 设计 3. 安装工艺 4. 调试方法和技巧				0.5	
创新能力	1. 电路调试提出自己独到见解或解决方案 2. 能用单结晶体管、晶闸管设计或组装功能电路 3. 能完成大功率调光灯的制作和调试	1. 分析和调试方案 2. 调光电路功能扩展 3. 大功率调光灯制作				0.2	

综合评价	总分	
	教师点评	

任务 20　小型直流调速器制作

【工作情景】

电子加工中心准备把电子工作室的小型台钻进行改造，台钻电机原来是一个 100W 的交流电机，没有变速机构，考虑到不同的电路板对钻头转速有不同需要，现将交流电机改为直流调速电机，加装一个小型测速电机，采用闭环调速电路，通过调速控制能方便调整台钻的转速。

一、任务描述和要求

1. 任务描述

直流调速系统在工业生产中具有重要作用，它大概可分为两种，开环调速系统和闭环调速系统。图 20-1 是一个闭环直流电机调速电路图，测速发电机的反馈电压和给定电压形成闭环调速系统，系统控制精度高，性能稳定，能驱动小功率直流电机实现无级调速，小型直流调速器电路板如图 20-2 所示。

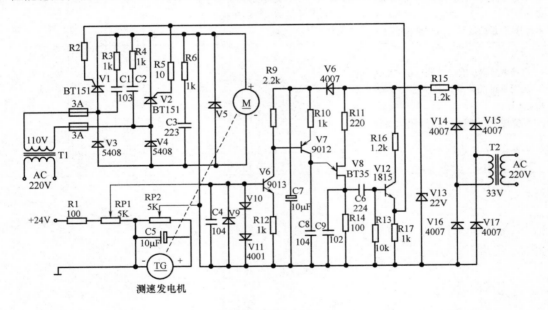

图 20-1　小型直流电机调速器电路图

图 20-2　小型直流电机调速器电路板

2. 任务要求

（1）RP1、RP2 配合调节能实现电机无级变速，调速过程平滑，系统稳定。

（2）触发移相角度大，可以让电机在静止至全速运行范围内工作。

（3）运用 Protel99SE 设计 PCB，布局合理，元器件安装符合规范，调试方便。

二、任务目标

（1）熟悉闭环调速工作原理和关键点波形分析。

（2）会使用 Protel 99SE 设计小型直流调速器 PCB。

（3）能使用示波器进行电路调试和排除故障。

（4）培养自主学习、团队协作、改造创新能力。

三、任务准备

调速系统在现代工业生产中具有举足轻重的作用，早期采用的机械式调速已逐渐退出历史舞台，换成技术更先进、性能更稳定的电气式调速。它应用现代微处理技术，使用更大功率的电力电子器件，软、硬件相结合，可控制大功率电动机实现无级调速，提高工业生产的效率及保证生产的质量，容易组成各种自动调速系统。

调速系统分直流调速系统和交流调速系统，因为直流电动机具有良好的启动、制动性能，能在大范围内平滑调速，使得直流调速系统在一般生产中广泛使用。随着大功率高速的电力电子器件问世和微处理数字控制技术的发展，交流调速系统在近年来亦逐渐成熟，越来越多应用在自动化工业生产中，利用现代计算机微控技术可组构自动工控调速系统。

1. 开环调速系统

晶闸管开环调速系统框图如图 20-3 所示，它没有反馈回路，若要改变电动机的转速 n 只要改变给定电压 U_g 的大小，控制晶闸管触发电路的控制角和整流器的输出电压 U_a，使得电动机转速发生变化。它的特点是电动机转速 n 只是由给定电压 U_g 控制，不能产生任何反馈影响的调速系统为开环调速系统。

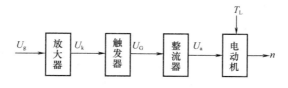

图 20-3　开环调速系统框图

开环调速系统电路组成结构简单，只需输入一个给定电压 U_g 即可确定电动机转速，但电动机因转矩的变化致使转速变化不能反映到输入端，造成转速控制精度不高，容易受到干扰。这种系统常常应用在一些要求不高、电动机转矩变化不大的场合。

2. 闭环调速系统

工业生产中，一些场合需要电动机转速保存稳定，不受负载变化而变化，如果用开环调速系统就无法实现。闭环调速系统具有反馈网络，能把电动机转速的变化量部分或全部反馈回输入端，根据输出的变化实时修正输入量，使得输入量对控制过程产生直接的影响，提高了系统精度，保持电动机转速不受转矩或外部因素影响而变化。

在实际应用中系统通常使用测速发电机 TG 作为转速检测元件，它和负载电动机同轴，电枢电压与转速成正比，将测速发电机电枢电压 U_f 反馈到系统的输入端，与给定电压 U_g 进行比较，得出比较差值 $\Delta U = U_g - U_f$ 经过放大来控制触发电路，从而达到控制电动机转速的目的。这种系统也称为转速负反馈闭环调速系统，组成框图如图20-4所示。

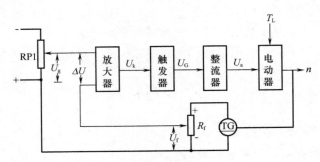

图20-4 闭环调速系统框图

闭环调速系统的输出具有较强的抗干扰能力，控制精度高。因系统能实时根据输出量变化来修正输入量，所以可以将输出量的变化限制在很小的范围内。由于使用反馈网络，电路比开环调速系统要复杂，成本较高。输入控制部分有放大电路，其电路稳定性将会影响调速系统的稳定性，在进行系统设计、调试或运行时可能会出现超调现象，这些都是闭环调速系统在使用过程中需要注意的问题。

3. 单闭环转速负反馈有静差调速系统

闭环调速系统可分为单闭环系统和多闭环系统，在单闭环调速系统中又分有静差调速系统和无静差调速系统，图20-5是一个单闭环转速负反馈有静差调速系统原理图。系统控制对象是直流电动机 M，被控量是电动机的转速 n，由运放构成的比例调节器是电压放大和比较部分，电位器 RP1 是给定元件，测速发电机 TG 与电位器 RP3 是转速检测元件。晶闸管触发电路和晶闸管整流电路作为功率放大和执行部分，整个调速系统的组成框图如图20-6所示，其特点有：①把给定电压与转速反馈电压合成控制信号，组成闭环控制；②直流测速发电机和直流电机同轴联结；③比较放大电路使用运算集成电路。

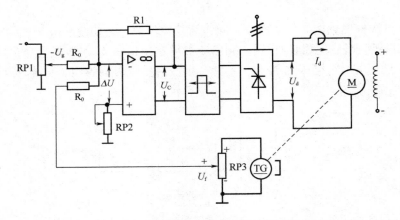

图20-5 单闭环转速负反馈有静差调速系统原理图

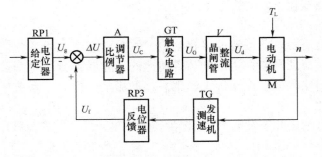

图20-6 单闭环转速负反馈有静差调速系统框图

该调速系统有自动调速作用，能随着负载的变化而相应地改变整流电压，以负载增大为例，转速负反馈有静差调速系统的自动调节过程如下：

$$T_L{\uparrow}\rightarrow n{\downarrow}\rightarrow U_f{\downarrow}\rightarrow \Delta U{\uparrow}\rightarrow U_c{\uparrow}\rightarrow U_d{\uparrow}\rightarrow I_d{\uparrow}\rightarrow n{\uparrow}$$

由于这种调速系统是以存在偏差为前提的，反馈环节只是检测偏差，减小偏差，而不能消除偏差，因此它是有静差调速系统。

4. 调速系统的主要性能指标

调速系统的性能指标高低关系到其应用场合和产品的质量，它分静态指标和动态指标。静态指标反映系统稳定运行时的性能，有调速范围、静差率、调速平滑性等。动态指标反映系统在动态响应过程中未进入稳定时的指标，有稳定性、上升时间、抗干扰性等。不同的生产机械对系统的指标要求不同，需根据实际生产需求来选择，能满足要求的即为最佳选择方案，同时由于调速系统各指标中间又往往相互制约，在选择时还需要考虑系统的经济性。

（1）调速范围

用 D 来表示，表示电动机工作在额定负载时最高转速 n_{max} 与最低转速 n_{min} 之比，不同工作机械要求的调速范围不同，不同类型电动机在不同调速方式下所能达到的调速范围也不同。金属切削机床的主拖动和进给拖动系统一般都要求有一定的调速范围。如某重型铣床的进给拖动系统要求最低速度为 $2\,mm/min$，最高速度为 $600\,mm/min$，则要求进给拖动系统的调速范围为 $D=600/2=300$，一般机床主拖动和进给拖动系统的调速范围如表 20-1 所示。

表 20-1　　　　　　　　　　一般机床主拖动和进给拖动系统的调速范围

机床类别	D（主运动）	D（进给拖动）	机床类别	D（主运动）	D（进给拖动）
一般车床	20～50	50～200	中型卧式镗床	25～60	30～150
中、重型车床	40～100	50～150	中小型龙门刨床	4～10	10～50
立式车床	40～60	40～100	大型龙门刨床	10～30	10～50
摇臂钻床	20～100	5～40	数控车床	100 以上	1000 以上
铣　　床	20～60	20～100			

（2）静差率

静差率用 s 表示，是指电动机在某一转速下运行时，额定负载时的转速降落与理想空载转速之比，即

$$s=\frac{n_o-n_e}{n_o}=\frac{\Delta n_e}{n_o}$$

式中　n_o——理想空载转速；

n_e——额定负载时转速；

Δn_e——额定负载时的转速降落。

静差率表示调速系统在负载变化时产生的转速降落大小程度，静差率与机械特性的硬度密切相关，特性越硬，静差率越小。

静差率和机械特性硬度又有区别，如图 20-7 所示，两条硬度相同的机械特性曲线，在额定负载下的转速降落相同，但因两个空载转速不同，静差率却不同，即因 $\Delta n_{e1}=\Delta n_{e2}$，$n_{o1}>n_{o2}$，有 $s_1>s_2$。由此可得结论：调速系统只要在调速范围的最低工作转速时满足静差率要求，则其在整个调速范围内都会满足静差率要求。静差率 s 和调速范围 D 这两项指标是相互制约的，负载要求 s 小、D 亦小；负载要求 s 大、D 亦大，对 s 与 D 必须同时提出要求才有意义。

为使机床在加工过程中负载变化时电动机转速不致有很大变化，机床对静差率有一定要求。如一般车床主拖动系统，要求静差率为 $s=0.2\sim$ 0.3；龙门刨床工作台拖动系统 $s=0.1$；精加工机床 $s=0.02\sim0.1$。静差率

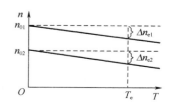

图 20-7　不同转速的静差率

s 不仅影响产品的表面质量，而且还影响生产效率。

（3）调速平滑度

调速的平滑性用两个相近转速之比来表示，即从某一个转速可能调节到的最邻近的转速来评价，即

$$\varphi = \frac{n_i}{n_{i-1}}$$

这个比值越接近 1，调速的平滑性越好。在有级调速系统中，调速范围一定时，调速的平滑性越好，可调转速的级数就越多。很显然，无级调速系统的平滑度 $\varphi = 1$。

（4）稳定性

稳定性是衡量调速系统动态的重要指标。在外界干扰等因素的作用下，闭环调速系统中可能会出现不稳定现象，造成转速产生一定的偏差，经过一定时间后，转速 n 的偏差能够减小到某一规定值，该系统为稳定系统，如果不能满足规定值的要求该系统就进入不稳定状态，导致工作不正常，严重还会损坏设备。

当系统中动态放大倍数过大时，由于负载转矩突然增大，电动机的转速 n 将下降，通过测速发电机的反馈电压 U_f 下降，偏差电压 $\Delta U = U_g - U_f$ 将增大。电动机电枢 U_a 上升，转速上升到超过原来的转速值，反馈电压 U_f 也增加到超过原来的反馈电压，使偏差电压 ΔU 急剧减少，由于放大倍数较大，使得电枢电压又下降，电动机转速再次下降，降的比原来转速还低。如此连锁反应，导致 U_a 及电动机转速又一次上升，出现周而复始的振荡，系统处于不稳定状态。

稳定性问题在开环系统中是不存在的，在闭环调速系统中，由于系统采用了反馈才出现不稳定性问题，解决的办法是增加校正装置（稳定环节）或直接减小系统的放大倍数和增加系统的阻尼。

更多学习资料请查阅

- 电子爱好者制作论坛　　　http：//www. etuni. com/index. asp？boardid ＝4
- 《晶闸管应用电路精选》　张庆双　机械工业出版社 2010. 01

四、任务实施

1. 讨论决策、制定计划

小组成员集体讨论，得出实施决策，制定工作计划，合理安排工作进程。根据所学理论知识和操作技能，结合实习情景，填写工作计划（表 20 - 2）。

表 20 - 2　　　　　　　　　　　　　小型直流调速器制作工作计划

工作时间	共_____小时	审核：_____	
计划实施步骤	1.		计划指南： 　计划制定需考虑合理性和可行性，可参考以下工序： →理论学习 →准备器材 →安装调试 →创新操作 →综合评价
	2.		
	3.		
	4.		
	5.		

2. 任务实施

（1）准备器材

为完成工作任务，组员需要填写借用仪器仪表清单（表20-3）和电子元器件领取清单（表20-4）。

表 20-3　　借用仪器仪表清单

任务单号：＿＿＿＿＿＿＿＿＿　　借用组别：＿＿＿＿＿＿＿＿＿　　　　　　　　　　年　　月　　日

序号	名称与规格	数量	借出时间	借用人	归还时间	归还人	管理员签名

表 20-4　　电子元器件领取清单

任务单号：＿＿＿＿＿＿＿＿＿　　领料组别：＿＿＿＿＿＿＿＿＿　　　　　　　　　　年　　月　　日

序号	名称与规格型号	申领数量	实发数量	是否归还	归还人签名	管理员签名

（2）工作原理分析

调速系统由给定电压、转速负反馈、放大电路、触发产生电路及主电路组成，T1、T2接同相位电源，给定电压由直流稳压电源提供稳定的12V电压。

①给定电压：为稳定的12V直流电压，通过R1分压，在RP1中心抽头与电源地之间形成可调的给定电压。

②转速负反馈：由于测速发电机TG与直流电动机M同轴相连，其两端输出电压经过C5滤波，在RP2两端形成反馈电压，此电压与电动机转速成正比关系，它和给定电压反极性串联，从两个电位器中心抽头取出转速控制信号。

③放大电路：主要由V6、V7及外围元件组成，作用是控制定时电容C8的充、放电快慢。放大电路输入端由V9、V10、V11组成限幅电路，限制输入电压在-0.7~+1.4V之间。同时接有一延时电容C4，能防止放大电路在电动机未启动时产生瞬间电压输入，起到延时保护作用。

④触发产生电路：由单结晶体管V8、V12及外围元器件组成，在R14两端产生的脉冲经过C6耦合送至V12进行放大，使触发脉冲有足够的幅度驱动晶闸管。

⑤主电路：主要由单相半控整流电路和直流电动机组成，C1和R3、C2和R4、C3和R6构成阻容吸收网络，能保护晶闸管避免高压击穿，同时在电动机两端并联有续流二极管V5。

思考一下：

⑥调速系统中T1、T2两个变压器需要接同一相位电源，为什么？

⑦当调速系统受到外界干扰，假如电动机转速下降，结合各关键点电压的变化，写出稳速流程。

⑧手动调节 RP2 中心抽头左移，电动机速度会发生怎样变化？

（3）制作 PCB 和元器件装配

①Protel 99SE 设计调速器 PCB，采用热转印法制作电路板。

②元器件安装整齐，焊接标准，接线正确。

③RP1、RP2 安装于方便调节位置，电动机和测速发电机线路采用接线端子连接。

④续流二极管 V5 安装时须注意散热要求。

（4）测量调试

电路安装完毕，经检查无误后通电调试。把两个变压器接入同一相电源，调节直流稳压电源输出12V，按表 20 - 5 的要求测量调试，并把数据填入表中。

表 20 - 5   小型直流调速器调试记录表

测试要求	测试波形
调节 RP1 或 RP2，使得电动机 M 端电压为 100V 时，画出 U_{V13}、U_{C8}、U_{R14}、U_{R17} 的波形	
当 $U_{V6b} = 0.7V$ 时，画出 U_{V7b}、U_{C8}、U_{R14}、U_{R17} 的波形	

（5）在调试时，调节 RP2 电动机转速无任何变化。请分析故障产生的原因和写出排除故障方法。

（6）调试调速系统时，为什么示波器供电和变压器 T1、T2 须接同一相电源？

（7）写出 V6 和 C7 在电路中的作用，如果没有它们，电路会发生怎样的后果？

（8）总结

本次任务使自己学习到哪些知识，积累了哪些经验，记录下来填写在表 20 - 6 上。

表 20 - 6　　　　　　　　　　　　　工 作 总 结

正确装调方法	
错误装调方法	
总结经验	

3. 工作岗位"6S"处理

工作任务全部完成后，关闭工作台总电源，拆下测量线和连接导线，归还借用工具仪器，组员对本工作岗位进行"整理、整顿、清扫、清洁、安全、素养"处理，维护和保养测量仪器仪表，确保其运行在最佳工作状态。

五、能力拓展

闭环调速系统的组成框图如图 20 - 8 所示，本次任务制作的直流调速器因采用分立元器件导致在实际使用中极易受到干扰，导致系统不稳定，控制电动机转速精度不高。在工业产品中调速器的放大部分通常使用集成运放来构成，它具有较强的抗干扰能力。根据所学的知识，使用常见集成运放（如 LM324、NE5532 等）设计安装一个放大器电路。查找相关资料，制定工作计划，赶紧动手试试吧！

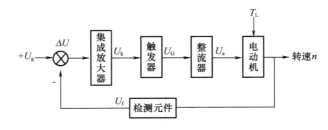

图 20 - 8　闭环调速系统框图

六、任务评价

将评价结果填入表20−7。

表20−7　　　　　　　　　　　　小型直流调速器制作评价表

班级：＿＿＿＿＿＿＿＿　　　　　　　　　　　　　　　　　　　　指导教师：＿＿＿＿＿＿＿

小组：＿＿＿＿＿　姓名：＿＿＿＿＿＿　　　　　　　　　　　　　日　期：＿＿＿＿＿＿＿

评价项目	评价标准	评价依据	评价方式			权重	得分小计
			学生自评 15%	小组互评 25%	教师评价 60%		
职业素养	1. 遵守规章制度劳动纪律 2. 人身安全与设备安全 3. 积极主动完成工作任务 4. 完成任务的时间 5. 工作岗位"6S"处理	1. 劳动纪律 2. 工作态度 3. 团队协作精神				0.3	
专业能力	1. 熟悉闭环调速系统原理、波形分析 2. 能熟练制作调速器PCB和装配元器件 3. 会使用示波器调试直流调速器	1. 工作原理分析 2. PCB设计 3. 安装工艺 4. 调试方法和时间				0.5	
创新能力	1. 电路调试提出自己独到见解或解决方案 2. 能解决调速系统中出现的不稳定故障 3. 能使用集成运放改造直流调速系统	1. 分析和调试方案 2. 排除故障的方法和技巧 3. 调速系统改造或升级				0.2	
综合评价	总分						
	教师点评						

任务 21　双闭环直流调速系统调试

【工作情景】

教师：直流调速系统在工业中应用广泛，双闭环直流调速系统属于工作室一个模拟加工平台，由于刚购入该设备，还没来得及安装，请同学们认真查阅其操作说明，搜集闭环直流调速的相关资料，发挥小组团队协作精神，完成模拟加工平台安装与调试。

学生：小组长组织组员集中讨论，得出解决方案并制定工作实施计划。计划使用 2 天时间完成工作任务，确保双闭环直流调速系统能正常加工运行。

一、任务描述和要求

1. 任务描述

双闭环直流调速系统主要由模拟加工平台、控制盒和连接线材组成，系统为三相全控桥式整流电路，采用可编程逻辑器件 PLD 组成触发器，集多种保护功能，性能先进，稳定可靠，双闭环直流调速系统模型如图 21-1 所示。该系统的特点：

（1）模拟加工平台，接线简单，使用方便。

（2）相序自适应，工作状态由指示灯、数码管显示，调试直观、方便。

（3）采用同步锁相技术，抗干扰能力强。

（4）控制电路结构和电路参数优化设计，有效防止系统振荡，稳定性高。

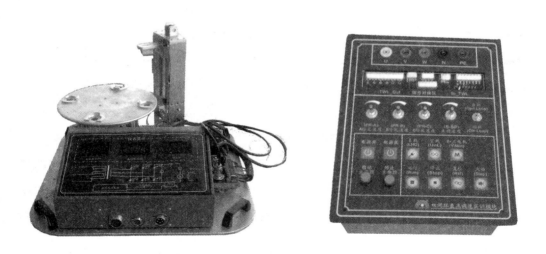

图 21-1　双闭环直流调速系统模型

2. 任务要求

（1）完成双闭环直流调速系统模拟加工模型安装。

（2）正确连接系统，使加工平台能实现快速起动。

（3）使用测量仪器调试系统，记录工作波形、数据和排除调速系统故障。

二、任务目标

（1）掌握双闭环直流调速系统连接，会分析信号工作流程。
（2）熟悉触发信号产生、移相和控制原理，会正确使用仪器测量、调试加工系统。
（3）根据桥式全控整流电路工作原理，能熟练排除双闭环直流调速电路常见故障。
（4）培养自主学习、团队协作、改造创新能力。

三、任务准备

1. 三相半波可控整流电路

三相整流电路常用在负载容量大、要求直流电压脉动较小的场合。常见三相可控整流电路形式有三相半波、三相桥式等，其中三相半波可控整流电路是最基本组成形式，其他电路可看作三相半波可控整流电路的串联或并联。

三相半波可控整流电路如图 21 - 2（a）所示，采用共阴极接法，它和三相半波不可控整流电路不同，实际换流点不一定在自然换流点，而决定于触发脉冲的相位即控制角 α，控制角 α 是以对应的自然换流点为始点算起，由于自然换流点距相电压波形原点的相位角为 30°，所以触发脉冲距对应的相电压波形原点的相位角为 30° + α。

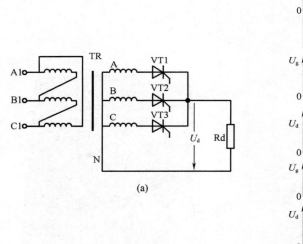

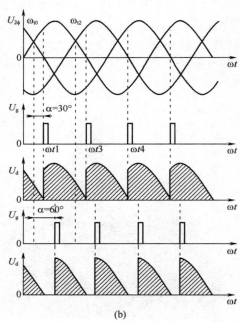

图 21 - 2　电阻性负载的三相半波可控整流电路及波形

（1）电阻性负载

当 $\alpha = 0°$ 时（实际 $\omega t = 30°$），触发脉冲在自然换流点加入，电路整流分析与二极管整流相同。电路对触发脉冲要求 u_{g1}、u_{g2}、u_{g3} 三个各自相隔 120°，按照 A – B – C – A – ⋯ 的相序分别加到 VT1、VT2、VT3 使其触发导通。

当 $\alpha \leqslant 30°$ 时（实际 $\omega t \leqslant 60°$），输出电压 u_d 波形如图 21 - 2（b）所示（图中 $\alpha = 30°$）。触发脉冲 u_{g1} 在自然换流点 ωt_0 后延迟 α 角，在 ωt_1 时触发 VT1，这时 A 相电压最高。当 VT1 导通后，VT2、VT3 承受反向电压，即使有触发脉冲到来也不能导通。VT1 导通到 VT2 的自然换流点 ωt_2 时保持导通，因为触发脉冲

u_{g1}、u_{g2}、u_{g3} 间隔 120°，此时触发脉冲 u_{g2} 未出现，VT2 无法导通。直到 ωt_3 时刻，触发脉冲 u_{g2} 到来，触发 VT2 导通后，才迫使 VT1 关断，负载的电压波形由 u_A 转换为 u_B。上述分析可知，在 $\alpha \leqslant 30°$ 时，每个晶闸管始终轮流导通 120°。

当 30° < α ≤ 150° 时，VT1 被 u_{g1} 触发导通，但当 VT1 导通到 $\omega t = 180°$（实际 $\alpha = 150°$）时，A 相电压正半周结束 $u_A = 0$，VT1 因阳极电压为零不再满足导通条件而关断，此时 u_{g2} 尚未到来，出现三个晶闸管均不导通情况，输出电压变为一条直线 $U_d = 0$，负载上没有电流流过。这种情况下，电流波形出现了断续，每个晶闸管导通的电角度小于 120°，由此可知，三相半波可控整流电路在负载为电阻时，α 的移相范围为 0° ~ 150°，当 α > 150° 时，晶闸管总是不能被触发导通，输出电压始终为零。

要说明的是，当触发脉冲提早出现在自然换流点之前且宽度很窄时，会出现触发脉冲到来时晶闸管还未受正压，当晶闸管开始受正压时脉冲已消失致使不能导通的情况，使得输出电压变成断续、各相间隔轮流导通的缺相波形，这是不允许的。在实际触发控制电路中，脉冲左移时对最小控制角 α_{min} 必须有相应的限制措施。

（2）大电感负载

大电感负载的三相半波可控整流电路及其波形如图 21 - 3 所示。当 $\alpha \leqslant 30°$ 时，U_d 波形与电阻性负载相同。当 α > 30° 时（图中 $\alpha = 60°$），VT1 导通到 ωt_1 时，其阳极电压 u_A 已过零变成负压。由于电流减小，在电抗器 L_d 上产生感应电动势的作用，使 VT1 仍处于正向电压而保持导通。直到 ωt_2 时刻，u_{g2} 触发 VT2 导通，VT1 才承受反压被关断，使得 U_d 波形出现部分负压。因此尽管 α > 30°，仍然使各相晶闸管导通 120°，从而保证了电流连续，串联大电感后，虽然 U_d 波形脉动很大，甚至出现负值，但 i_d 的波形脉动却很小，当 L_d 足够大时，i_d 的波形基本是一条直线，在 R_d 上得到是完全的直流电压。

以上分析可知，当 $\alpha = 90°$ 时，$U_d = 0$，此时电压波形正负面积相等，在大电感负载时，触发脉冲的移相范围为 0° ~ 90°。假如 α > 90° 时，由于电感释放出的能量不可能大于所吸收的能量，即电压波形中负面积不可能大于正面积，所以输出电压 U_d 还是为零。

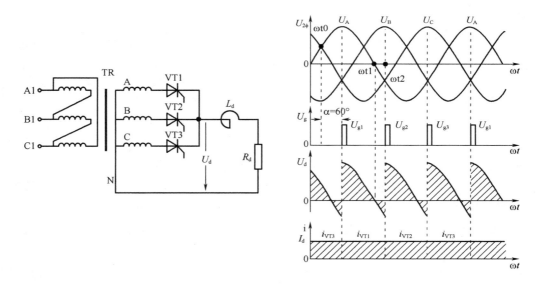

图 21 - 3　大电感负载的三相半波可控整流电路及波形

2. 三相桥式全控整流电路

三相桥式全控整流电路是应用最为广泛的工业三相整流电路，实质是一组共阴极接法与一组共阳极接法的三相半波可控整流电路的串联，当共阴极接法三相半波整流和共阳极接法三相半波整流的负载相同且控制角 α 也相同时，此时负载电流 I_d 在数值上相同，但极性相反，中性线的电流平均值为零，所以断开中性线不影响电路工作。把两个负载合并为一，经过简化后的三相桥式全控整流电路如图 21 - 4 所示。

当电路正常整流工作时，共阴极接法和共阳极接法整流电路中各有一个晶闸管在工作。从图 21 - 4 可以看出，U_{AB}时刻为 VT6 和 VT1 导通，U_{AC}时刻为 VT1 和 VT2 导通，U_{BC}时刻为 VT2 和 VT3 导通，U_{BA}时刻为 VT3 和 VT4 导通，U_{CA}时刻为 VT4 和 VT5 导通，U_{CB}时刻为 VT5 和 VT6 导通，如此循环。从中可知，每次都有两个晶闸管同时导通，每隔60°换相一次，每个晶闸管轮流导通120°，同一组（共阴极或共阳极）中相邻两个晶闸管相隔120°被触发导通，同一组中所接的两个晶闸管相隔180°被触发导通。

根据晶闸管导通顺序和规律可知，负载上的输出电压是由不同相位的线电压所组成，U_d在一个周期（360°）中有6个相同的波头 U_{AB}、U_{AC}、U_{BC}、U_{BA}、U_{CA}、U_{CB}。图21-4 所示为三相桥式全控整流电路在 $\alpha=0°$、带大电感负载时的电压波形，因 $\alpha=0°$ 处就在自然换流点，所以三相桥式全控整流电路输出电压是三相线电压波形上正半部分的包络线，其平均值为 $U_d = 2.34 U_{2\Phi}$。

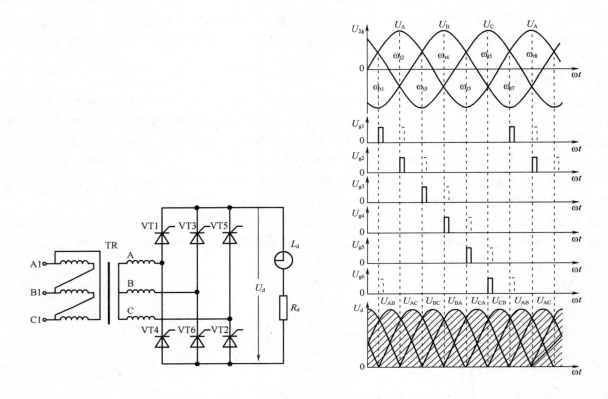

图21-4 三相桥式全控整流电路及波形

当控制角 $\alpha > 0°$ 时，输出电压波形方式变化，图21-5 是 $\alpha = 30°$、$\alpha = 60°$、$\alpha = 90°$ 时的波形。从图中可知，当 $\alpha \leqslant 60°$ 时，U_d 波形为正值。当 $60° < \alpha < 90°$ 时，由于 L_d 自感电动势的作用，U_d 波形瞬时出现负值，但正面积大于负面积，平均电压 U_d 仍为正值。当 $\alpha = 90°$ 时，正负面积相等，$U_d = 0$，故移相范围为 $0° \sim 90°$。当 $\alpha > 90°$ 时，U_d 波形断续，由于 U_d 几乎等于零，i_d 太小，晶闸管无法导通，U_d 将是一些不规则的杂乱波形。$0° < \alpha < 90°$ 时输出电压平均值为 $U_d = 2.34\ U_{2\Phi}\cos\alpha$。

为了保证整流装置能启动工作，或在电流断续后能再次导通，必须对两组中应导通的一对晶闸管同时加触发脉冲。可采取两种方法：一种是宽脉冲触发，使每一个触发脉冲的宽度大于60°（但是必须小于120°），这样在换相时，保证相隔60°的后一个脉冲出现时，前一个脉冲还没有消失，使电路在任何换相点均有相邻两个晶闸管被触发；另一种是在触发某一编号晶闸管时，触发电路再同时给前一个编号晶闸管补发一个脉冲（称辅助脉冲），如图21-4 所示的虚线脉冲。例如触发 VT1 时，同时给 VT6 补发辅助脉冲；触发 VT2 时，同时给 VT1 补发辅助脉冲。这样能保证每个换流点同时有两个脉冲触发相邻的晶闸管，作用和宽脉冲一样，这种方式称为双窄脉冲触发。此脉冲触发电路比较复杂，但可减小触发电路功率和触发变压器的体积，目前应用广泛。

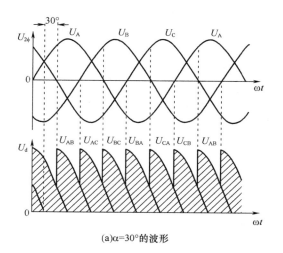

(a)α=30°的波形

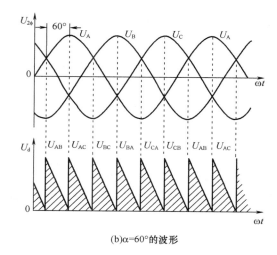

(b)α=60°的波形

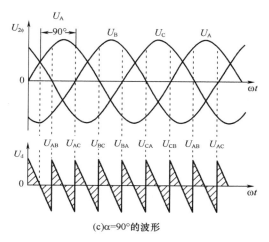

(c)α=90°的波形

图 21－5   三相桥式全控整流波形

3. KC 系列集成触发器

三相桥式全控整流电路对触发脉冲的要求高，若触发脉冲在宽度、位置和幅度等方面达不到要求，往往造成触发失常甚至损坏晶闸管。采用分立元件组成的触发电路已面临淘汰，而使用集成电路组成的触发器应用越来越广泛，常用集成触发器有 KC 系列集成电路，由其组成的触发电路结构简洁、工作可靠、性能优良。表 21－1 为 KC 系列集成电路的参数。

表 21－1　　　　　　　　　　　　　　　　　KC 系列集成电路参数

参数 ＼ 型号	KC04	KC05	KC06	KC11	KC785	KC41	KC42
电源	±15V	+15V	+15V	±15V	±15V	+15V	+15V
电流	正向≤15mA 反向≤8mA	≤12mA	≤12mA	≤15mA	≤10mA	≤20mA	≤20mA
同步电压	30V	≥10V	≥10V	10V			
允许电流	6mA	6mA	6mA	6mA	200μA	≤8mA	≤2mA
移相范围	≥170°	≥170°	≥170°	≥170°	≥170°		
锯齿波幅度	≥10V	7～8.5V	7～8.5V	≥10V	13V	≥13V	≥13V

续表

参数\型号	KC04	KC05	KC06	KC11	KC785	KC41	KC42
输出脉宽	400μs～2ms	100μs～2ms	100μs～2ms	100μs～3.3ms	30μs～3ms		
输出脉冲幅度	≥13V	≥13V	≥13V	≥13V	≥10V	≥13V	≥13V
输出电流	100mA	200mA	200mA	15mA	55mA	20mA	≤12mA

（1）KC04 移相触发电路

KC04 主要用于单相或三相全控桥式整流电路，其脉冲输出幅度达 13V 以上，输出电流达 100mA。该集成电路内部由锯齿波形成、垂直移相控制、脉冲形成及整形放大输出等电路组成，各引脚功能如表21-2 所示,组成触发电路及波形如图21-6 所示。

表 21-2 **KC04 引脚功能**

引脚	功能、作用	引脚	功能、作用
1	正脉冲输出	9	锯齿波输入端
2	NC	10	NC
3	外接锯齿波形成电容	11	外接脉宽 RC 元件
4	外接锯齿波形成电容	12	外接脉宽 RC 元件
5	负电源	13	脉冲列调制
6	NC	14	脉冲封锁控制端
7	接地	15	负脉冲输出
8	同步电压输入	16	正电源

正常供电时，在电源的一周期内，IC1 的 1 脚和 15 脚分别输出相位差为 180°的两个窄脉冲，可作为三相全控桥式整流主电路同一相上下两个晶闸管的主触发脉冲。8 脚接同步电压，该电压从同步变压器次级取得，经 R3 和 C2 组成滤波移相处理后输入，以减小电网电压畸变和换流缺口的干扰，通过 RP2 微调电位器调整，确保各相输出脉冲间隔均匀。3 脚和 4 脚之间外接 C1 形成锯齿波，通过调整 RP1 使三相全控桥的三片 KC04 的锯齿波斜率一致。锯齿波通过电阻 R4，与直流偏移电压 U_b 和直流移相控制电压 U_c 进行叠加，一起送入 9 脚。11 脚和 12 脚上接 R7、C4 决定输出脉冲的宽度，13 脚和 14 脚提供脉冲列调制和脉冲封锁控制，本电路未采用该功能。

（2）KC41 六路双窄脉冲形成电路

KC41 与 KC04 配合可组成三相全控桥式整流所要求的具有双窄脉冲输出的触发电路，其组成电路及各脚波形如图21-7 所示。

三片 KC04 的 1 脚和 15 脚输出的 6 个主脉冲分别输入 KC41 的 1～6 脚，经内部集成的二极管形成双脉冲，然后由内部 6 个三极管放大，分别从 10～15 脚输出，再分别接到 VT1～VT6 基极作功率放大，可得到约 800mA 的触发脉冲电流，能触发大功率晶闸管。KC41 不仅具有双窄脉冲形成功能，还具有电子开关控制封锁功能。当 7 脚接地或接低电平时，各路正常输出脉冲；当 7 脚接高电平或悬空时，各路输入封锁，无脉冲输出。

4. PI 调节器

自动控制系统中常用运算放大器组成输入与输出有不同关系的电路来调节系统状态，这些具有不同运算规律的放大器称为调节器或控制器。调节器有比例（P）调节器、积分（I）调节器和比例积分（PI）调节器、比例微分（PD）调节器等。

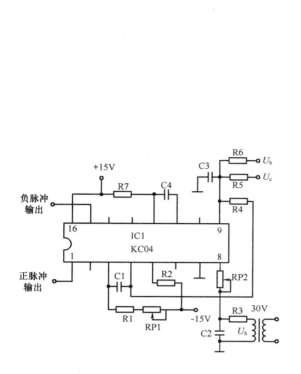

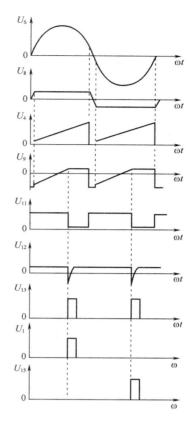

图 21 - 6　KCO4 移相触发电路及波形

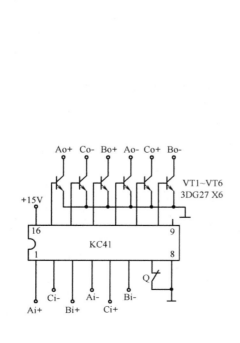

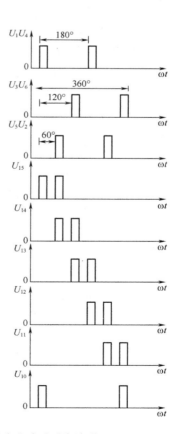

图 21 - 7　KC41 六路双窄脉冲形成电路及引脚波形

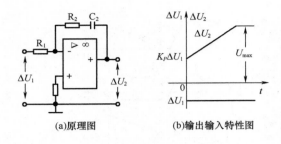

（a)原理图　　　　（b)输出输入特性图

图 21－8　比例积分调节器原理和特性

比例调节器的输入信号是被调量与给定量的偏差，由于比例调节器的输出响应无滞后，因此采用比例调节器控制的系统具备良好的动态响应特性和抗干扰能力，其缺点是有静调节存在，即无论放大倍数多大也不能使被调量完全不变。

积分调节器的输出信号与输入信号的积分成正比，具有积累、保持作用，因此可实现无差调节，其缺点是输出相对输入存在时间滞后，动态响应慢。

比例积分调节器是同时具有比例和积分运算两种作用的放大器，因而有良好的动态响应特性和无差调节能力。其电路原理图和特性如图 21－8 所示。

输出电压 ΔU_2 与 ΔU_1 的关系为：

$$\Delta U_2 = -\left(K_P \Delta U_1 + \frac{1}{\tau_\gamma}\int \Delta U_1 \mathrm{d}t\right) \tag{21-1}$$

$$K_P = \frac{R_2}{R_1} \tag{21-2}$$

$$\tau_\gamma = R_1 C_2 \tag{21-3}$$

K_P 是 PI 调节器的比例系数，τ_γ 是 PI 调节器的积分时间常数。由公式可知，调节器输入电压 ΔU_1 为一定值时，输出电压 ΔU_2 由一跃变量和随时间线性增长的两部分组成，变化规律如图 21－2（b）所示。

当加上 ΔU_1 的瞬间，C2 两端电压不能突变，$\Delta U_2 = 0$，C2 相当于短路，调节器只起比例调节的作用，输出电压有一跃变，$\Delta U_2 = -K_P \Delta U_1$。与此同时 C2 充电开始积分运算，使输出电压 ΔU_2 在比例输出的基础上，叠加按积分 $\frac{1}{\tau_\gamma}\int \Delta U_1 \mathrm{d}t$ 增长的部分，增长的快慢取决于 $\tau_\gamma = R_1 C_2$。若 ΔU_1 作用的时间足够长，则 ΔU_2 将上升到调节器的最大输出电压 $\Delta U_{\max}$（限幅值），然后保持不变。

PI 调节器能实现比例、积分两种调节功能，综合比例和积分控制规律的优点，既具有比例调节器较好的动态响应特性，又具有积分调节器的静态无差调节功能。只要输入有微小信号，积分就进行，直至输出达限幅值为止。在积分过程中，当输入信号突然消失（变为零），输出还始终保持输入信号消失前的值不变，形成了一种无输入，有输出的状态。这种积累、保持特性，使比例积分调节器能消除控制系统的静态误差，实现无静差调节。

5. 速度、电流双闭环调速系统

（1）系统组成

双闭环调速系统用到比例积分调节器（PI 调节器）作为输入和放大环节，转速负反馈比例积分调节器的输出，为电流负反馈比例积分调节器的输入，最后用电流比例积分调节器的输出控制触发脉冲。系统框图如图 21－9 所示，电流负反馈环节被套在转速负反馈环节内，称为内环；转速负反馈叫外环。

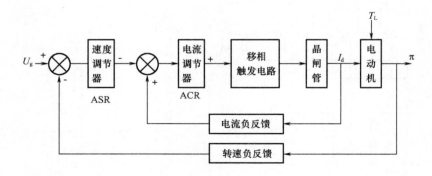

图 21－9　双闭环调速系统框图

由于调速系统调节的主要参量是转速，故转速环作为主环放在外面，而电流环作为副环放在里面，可以及时抑制电网电压扰动对转速的影响。双闭环调速系统简单原理如图 21 – 10 所示。

（2）系统特点

①两个调节器，一环嵌套一环，速度环是外环，电流环是内环。

②两个 PI 调节器都设置有限幅；一旦 PI 调节器限幅（饱和），其输出量为恒值，输入量的变化不再影响输出，除非有反极性的输入信号使调节器退出饱和，饱和的调节器暂时隔断输入和输出间的关系，相当于该调节器处于断开。当输出未达限幅时，调节器才起调节作用，使输入偏差电压在调节过程中趋于零，而在稳态时为零。

③电流检测采用三相交流电流互感器，其输出经整流后，再分压作为反馈信号。

④电流、转速实现无静差。由于转速与电流调节器采用 PI 调节器，所以系统处于稳态时，转速和电流均为无静差。转速调节器 ASR 输入无偏差，实现转速无静差。

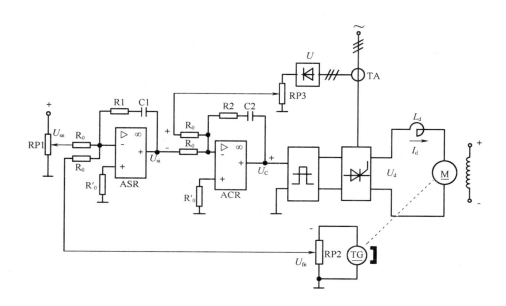

图 21 – 10　转速电流双闭环调速系统原理图

双闭环系统的静特性如图 21 – 11 所示，虚线是实际运行曲线，实线是理想运行曲线，$A – B$ 段是正常运行过程。在 $n_0 – A$ 阶段，曲线的特征是 ASR 和 ACR 都不饱和。

$$\Delta U_n = 0 \qquad \Delta U_i = 0 \qquad\qquad (21 – 4)$$

$$U_n^* = U_n = \alpha n \qquad 或者 \ n = \frac{U_n^*}{\alpha} = n_0 \qquad (21 – 5)$$

$$U_i^* = U_i = \beta I_d \qquad\qquad (21 – 6)$$

n_0 是理想空载转速，这时 n 与负载电流 I_{dL} 无关，完全由给定电压 U_n^* 决定。在 $A – B$ 阶段，曲线的特性是 ASR 饱和，ACR 不饱和，I_d 的电流为

$$I_d = \frac{U_m^*}{\beta} = I_{dm} \qquad\qquad (21 – 7)$$

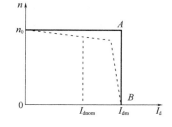

图 21 – 11　系统静特性图

双闭环调速系统的静特性在负载电流小于 I_{dm} 时表现为转速无静差，这时，转速负反馈起主要调节作用。在起动或堵转时，负载电流达到 I_{dm} 后，ASR 饱和，ACR 起主要调节器作用，系统表现为电流无静差，得到过电流的自动保护。

当负载电流不断增大，ACR 的电流反馈信号比给定信号更大时，由于 ACR 的倒相作用，使其输出 U_c 变为负值，移相触发器停止工作，$U_d = 0$，电动机立即停转，得到一条非常漂亮的"挖土机"特性图，从而有效地保护了电动机。

双闭环调速系统抗负载扰动作用在电流环之外，转速环之内，所以系统抗负载的扰动只能依靠转速环来进行抗扰调节。两个调节器分别调节电流和转速，实际调试时可分别进行调整（先调好电流环，再调速度环），调整方便。由于双闭环调速系统具有良好的静特性（接近理想的"挖土机特性"），较好的动态特性（动态响应快），超调量较小，抗扰动能力强，电流环能较好克服电网电压波动的影响，速度环能抑制各个环节扰动的影响，所以在实际调速系统中广泛应用。

6. 可编程逻辑器件 PLD

数字逻辑器件按集成度分为 SSI、MSI、LSI 及 VLSI；从逻辑功能来分可分为通用型逻辑器件、定制型逻辑器件和可编程逻辑器件。

（1）通用型逻辑器件

中、小规模数字集成器件都属于通用型逻辑器件，其功能单一，而且是由生产厂家制造时定制的，用户只能拿来使用而不能改变其内部功能，如各种门电路、触发器、计数器、译码器、加法器等。这些器件在任何数字系统中都可使用，所以称为通用器件。采用通用器件虽然可以组成一个复杂的数字系统，但需要大量的芯片及芯片的连线，具有体积大、功耗大、可靠性差和成本高等缺点，所以现在已很少用通用器件组成一个复杂的数字系统。如今通用逻辑器件主要用于小型实用控制电路、单片机接口电路和教学实验中。

（2）定制型逻辑器件

由用户提出设计要求，由生产厂家按用户要求设计生产的 LSI 器件。它是为某种专门用途而设计生产的集成电路，所以一般也称为专用集成电路 ASIC（Application Specific Integrated Circuit）。这种芯片具有设计周期长、设计费用高、通用性低和销量少等缺点。所以，适合于专用、大批量和定型的产品。

（3）可编程逻辑器件

由于通用型逻辑器件和用户定制型逻辑器件的使用范围有限，20 世纪 70 年代后，陆续推出用户在现场通过编程来改变芯片功能的现场可编程逻辑器件 PLD（Programmable Logic Device）。它是一种由用户编程以完成某种逻辑功能的器件。不同种类的 PLD 大多具有与、或两级结构，且具有现场可编程或在系统可编程的特点。现场可编程逻辑器件是工厂专门生产的一种半成品芯片，在这些芯片中，将一些常用硬件资源，如逻辑门、触发器或各种单元逻辑电路排列成阵列形式，设计者可将所设计的电路通过计算机和开发工具软件生成芯片的阵列连接的信息文件，并将这些信息文件通过编程器编程到芯片上，实现了由用户将一个数字系统集成在 PLD 芯片上，形成了用户专用的芯片。

利用编程逻辑器件（PLD）设计制作数字系统，由于采用了 VLSI 半成品芯片，适合采用高集成度编程技术，由用户开发设计便可研制出其各项性能指标可达到优化的程度的芯片。所以，PLD 既具有通用型器件批量大、成本低，又具有用户定制型逻辑器件构成系统体积小、低功耗、可靠性高等特点，是实现数字系统的理想器件。

PLD 芯片内部有 3 种连接形式，如图 21 - 12 所示。根据任何组合逻辑电路都可以表示为"与 - 或"关系，任何时序逻辑电路都可由组合逻辑电路和触发器组成原理，PLD 的基本结构如图 21 - 13 所示。

硬连接　　　　　　编程连接　　　　　　断开

图 21 - 12　PLD 的 3 种连接形式

本双闭环直流调速系统中的 GAL20V8B 和 GAL16V8D 均为 Lattice 公司的采用高性能 E^2CMOS 工艺的可编程逻辑器件，更多参数资料请登录 http：//www. lattice. com 查询。

图 21-13　PLD 基本结构

更多学习资料请查阅

- 电子爱好者工控自动化论坛　　http：//www. etuni. com/index. asp？ boardid = 3
- 可编程逻辑器件中文网　　http：//www. pld. com. cn/
- 《晶闸管应用电路精选》　　张庆双　机械工业出版社 2010. 01

四、任务实施

1. 讨论决策、制定计划

俩人为一小组，分工合作，团队完成双闭环直流调速系统安装与调试。根据所学理论知识和操作技能，结合实习情景，填写工作计划（表 21-3）。

表 21-3　　　　　　　　　　双闭环直流调速系统调试工作计划

计划用时	共_____小时	审核：_____
甲任务	1.	
	2.	
乙任务	1.	
	2.	
团队任务		

2. 调速原理分析

系统控制电路由数字锁相同步、给定积分器、速度（电压）及电流调节器、模拟—数字控制器、脉冲变压器、过流检测、相序自适应等电路组成，连接图和电路图如图 21-14 和图 21-15 所示。

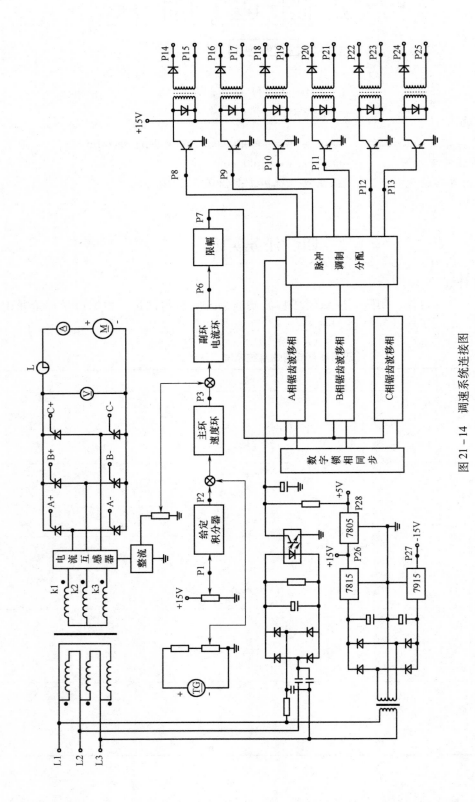

图 21 - 14 调速系统连接图

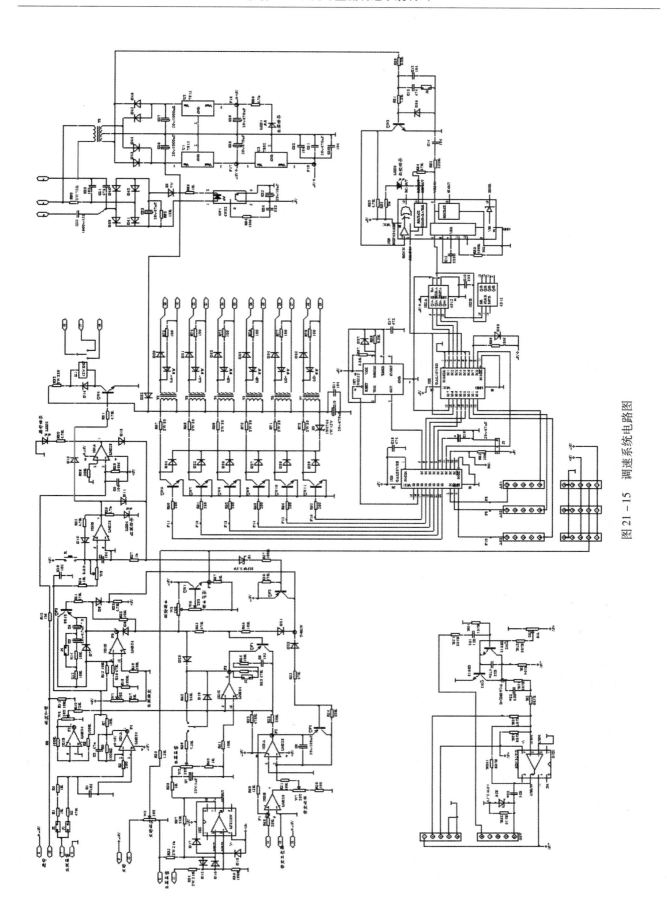

图 21－15　调速系统电路图

思考分析：

（1）给定积分电路有哪些组成？起什么作用？写出调节工作原理。

（2）速度调节器有哪些组成？起什么作用？写出电路控制原理。

（3）电流调节器有哪些组成？起什么作用？写出电路控制原理。

（4）过流保护电路有哪些组成？写出它的过流保护原理和信号流程。

（5）写出控制面板的电位器调节含义。

电流整定：_____

电压反馈：_____

给定速率：_____

速度补偿：_____

点动速度：_____

转速反馈：_____

A 给定速度：_____

3. 任务实施

（1）准备器材

为完成工作任务，需借用仪器仪表和线材，根据任务器材要求填写借用清单（表21－4）。

表 21－4　　　　　　　　　　借用仪器仪表和线材清单

任务单号：_____　　　借用组别：_____　　　　　　　　　　年　月　日

序号	名称与规格	数量	借出时间	借用人	归还时间	归还人	管理员签名

（2）系统安装和接线

①两人配合手抓"直流调试系统模型"的拉手，将模型搬运到工作岛实训平台转盘上，请注意小心轻放！如图 21 – 16 所示。

图 21 – 16   模拟加工平台放置示意图

②将加工平台与控制盒的通讯线对接，三相电源从实训平台上连接，如图 21 – 17 所示（封 2 彩图）。

图 21 – 17   连接示意图

③将控制盒的 PCB 板之间的排插口用对应的排插线连接，移相分配板与信号反馈板连接使用迭插线，示意图如图 21 – 18 所示（封 2 彩图）。

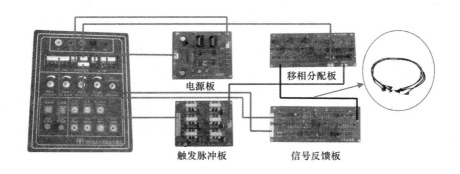

图 21 – 18   控制盒 PCB 连接示意图

④检查线路是否连接正确，最后经老师同意后才可通电调试。

（3）开环系统调试

系统开环运行时控制形式比较简单，主要需调整三相触发电压平衡和脉冲的初始相位角，具体操作步骤如下：

①确认系统电源的相序正确无误。因三相全控桥式电路采用双窄脉冲触发形式，辅助脉冲应在主脉冲发出后60°出现。如果电路相序连接不对，会致使辅助脉冲出现在主脉冲之前，此时需将三相电源进线其中的任意两根对调即可。

②三相锯齿波斜率平衡的调节。调节触发板上的 V_9、V_{9-1} 和 V_{9-2} 电位器，使输出三相电压平衡，调节方法有三种。第一种：调节时用双踪示波器测量任意两相锯齿波的斜率，调节 V_9、V_{9-1} 和 V_{9-2} 电位器，使其斜率相等即可。第二种：使用示波器测量主电路输出电压，调节 V_9、V_{9-1} 和 V_{9-2} 电位器，直至输出电压波形对称一致。第三种：使用万用表检测锯齿波斜率测试点的直流电压值，调节 V_9、V_{9-1} 和 V_{9-2} 电位器使三相锯齿波测试点的直流电压值相等。按系统采用的参数，锯齿波测试点（T－A－C、T－B－C、T－C－C）的直流电压调节到5.2V即可。

③脉冲初相角调节。调节给定电位器，使给定电压 $U_{P1}=0V$，此时控制电压 $U_{P7}=0V$，调节反馈板输出偏置电压最小值设定电位器 W_3，改变偏置电压值的大小。偏置电压减小，脉冲 a 角增大；偏置电压增大，脉冲 a 角减小。对于不同的主电路，所需要的脉冲初始相位角并不一样，三相全控桥式主电路带电阻性负载时，其触发角 a 移相范围应为 $0\sim120°$，调节偏置电压，使脉冲的初始位置在 $a=120°$ 或更大的位置上，此时主电路的输出电压应该为零。

④主电路输出直流电压波形调整。缓慢增加给定电压 U_{P1}，此时脉冲 a 角减小，主电路直流输出电压会缓慢上升。当增加 U_{P1} 到一定电压值时，a 角应等于0°，此时晶闸管完成导通，相当于6个二极管整流，输出直流电压应在300V左右，使用示波器观察主电路输出直流电压，应该是波形完整，无缺相现象。

⑤在系统由开环运行转为闭环运行前，应作闭环调试准备。在开环情况下，确定所有的反馈信号（如电压反馈信号、电流反馈信号）的极性正确，幅值足够并且连续可调，对系统中的一些反馈信号需要提前做一些调整，以保证系统在闭环调试时候顺利进行，具体有以下一些调整：

给定速率电位器：在初试时，给定速率电位器不能置于最小位置。

偏置电压最小值设定电位器 W_3：在给定最小时，将它的电压值调到0V。

偏置电压最大值设定电位器 W_6：在给定最大时，将它的电压值调到5.5V。

保护电流大小设定电位器 W_8：在初试时，该电位器不可调至最小位置。

根据开环调试步骤，按照表21－5的要求进行调试，测量关键点波形并记录。

表 21 –5 　　　　　　　　　　　　　　　　　**开环调试记录表**

要求	测量波形
调节 V_9、V_{9-1} 和 V_{9-2} 电位器使三相锯齿波斜率相等，测量锯齿波测试点（T－A－C、T－B－C、T－C－C）的波形	

续表

要求	测量波形
当 $a = 0°$ 时主电路输出电压的波形	
当 $a = 60°$ 时主电路输出电压的波形	
当主电路为 220V 时电压的波形	

（4）闭环系统调试

①调整系统电压负反馈深度。当给定电压 U_{P1} 达到最大值 U_{P1max} 时，主电路输出直流电压达到负载需要的额定电压值 U_e。调试时可以先将给定电位器调节到最大值，此时因为系统没有电压负反馈作用，所以输出直流电压是最大输出值 U_{dmax}，负载需要的电压值一般是低于这个电压值。所以需要调节 YGD－W_1 电位器，使输出电压降低，直到输出电压降低到负载需要的额定电压值为止（本系统 $U_e = 220V$）。

②系统过流保护调节。当加工电动机电流超过额定电流一定的倍数（本系统额定电流的 1.5 倍，即 2A）时，系统过流保护电路动作，封锁可控硅触发脉冲，延时一段时间后切断模拟加工平台电源。调试时先将输出电压调节到最大值，然后缓慢增加负载，使电动机电流上升到 2A，然后缓慢调节电流整定电位器。当调节到某一点时，系统输出电压突然降为 0V，过流指示灯亮起，同时主电路接触器断开，过流保护调整完成。注意，过流保护整定需要在高电压下进行，同时调整时间尽量短。

③调整系统的给定积分时间。方法是调整给定速率，然后突然加给定电压，观察系统输出电压的上

升情况，直到达到理想的电压上升速度。

对比开环和闭环两次的运行调试结果，根据表 21 – 6 的调试要求，完成闭环调试，并作记录。

表 21 – 6　　　　　　　　　　　　　　　闭环调试记录表

调试要求	测量记录		
	主电路输出电压		电动机转速
当 $a = 60°$ 时，电动机空载	输出电压波形		
	主电路输出电压		电动机转速
当 $a = 60°$ 时，电动机带负载（模拟加工）	输出电压波形		

（5）本调速系统中，若双窄触发脉冲相差角度不是 60°，会发生什么情况？

（6）系统中 GAL20V8B 和 GAL16V8D 起什么作用？如果不使用它们，有哪些解决方案？

（7）总结

本次任务使自己学习到哪些知识，积累了哪些经验，记录下来填写在表 21 – 7 中。

表 21 – 7	工　作　总　结
正确装调方法	
错误装调方法	
总结经验	

4. 工作岗位"6S"处理

　　工作任务全部完成后，关闭工作台总电源，拆下测量线和连接导线，归还借用工具仪器，组员对本工作岗位进行"整理、整顿、清扫、清洁、安全、素养"处理，维护和保养测量仪器仪表，确保其运行在最佳工作状态。

五、能力拓展

　　双闭环直流调速系统电路结构复杂，元器件较多。很小范围的故障都可导致系统无法正常工作。在检修排除系统故障时，认真观测测量仪器的数据，深入分析电路工作原理与信号流程，结合开环、闭环的调试经验，能快速确定故障部位。

　　系统中，脉冲输出电路如图 21 – 19 所示，若脉冲输出板中的 V2 稳压二极管击穿短路，会发生什么故障？

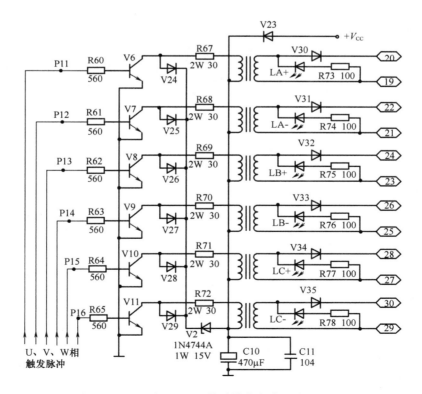

图 21 – 19　脉冲输出电路

六、任务评价

将评价结果填入表 21 – 8。

表 21 – 8 双闭环直流调速系统调试评价表

班级：_____   指导教师：_____

小组：_____   姓名：_____   日　期：_____

评价项目	评价标准	评价依据	评价方式			权重	得分小计
			学生自评 15%	小组互评 25%	教师评价 60%		
职业素养	1. 遵守规章制度劳动纪律 2. 人身安全与设备安全 3. 积极主动完成工作任务 4. 完成任务的时间 5. 工作岗位"6S"处理	1. 劳动纪律 2. 工作态度 3. 团队协作精神				0.3	
专业能力	1. 熟悉双闭环直流调速系统工作原理、稳速过程 2. 能熟练完成调速系统安装与连接 3. 会使用示波器调试调速系统，并作波形记录	1. 工作原理分析 2. 仪器的使用 3. 调试方法和时间 4. 测量数据准确性				0.5	
创新能力	1. 电路调试提出自己独到见解或解决方案 2. 能解决调速系统中出现的各种故障 3. 能调整或改装调速系统带负载的能力	1. 分析和调试方案 2. 排除调速系统故障 3. 调速系统改造或升级				0.2	
综合评价	总分						
	教师点评						

任务 22　100W 逆变器装调

【工作情景】

电子加工中心接到一个组装逆变器的加工任务，该逆变器主要应用在汽车上，要求能输出 220V、额定功率 100W 的交流电，为车上需用交流电的设备提供电能。因在车内使用，要求逆变器转换效率高，发热量小，输出电压稳定，安装体积小。

一、任务描述和要求

1. 任务描述

直流逆变器常用在无交流电源的场合，它能把低压直流电变为 220V 工频交流电。图 22 - 1 是一个车载逆变器电路，主要特点有：场效应管作开关转换，发热量低，转换效率高，体积小，安全可靠，电路结构简单，最大能输出 100W 功率。

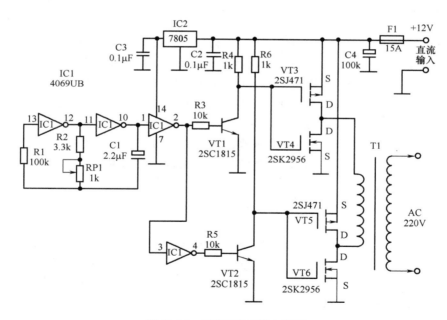

图 22 - 1　100W 逆变器电路图

2. 任务要求

（1）根据电路图元器件参数，设计制作 PCB 和完成电路装配、调试。

（2）电路布局合理，强电流和弱电流回路互不干扰，RP1 安装在方便调节位置。

（3）工作可靠，能稳定输出 $f = 50\text{Hz}$、电压为 220V 和功率为 100W 的交流电压。

二、任务目标

（1）熟悉场效应管结构、判别与使用。

（2）会分析逆变器工作原理，理解各元器件在电路中的作用。

（3）能使用示波器等仪器进行电路调试和排除故障。

（4）培养自主学习、团队协作、改造创新能力。

三、任务准备

1. 逆变原理

把交流电变成直流电称为整流，若有些场合需要把直流电变成交流电，这就需要使用逆变电路来完成。随着工业生产和家用设备电能的需求，越来越多的场合需使用逆变器。逆变电路分为有源逆变和无源逆变，把直流电变成和电网同频率的交流电反送到电网去的过程称为有源逆变；把直流电变为某一频率或可变频率的交流电直接供给负载的过程称为无源逆变。

有源逆变本质上是控制触发角大于 90°的整流，有源逆变的拓扑结构与整流电路一样，只是当触发角大于 90°时整流电路的功率方向发生了变化，相当于实现了逆变功能。所以有源逆变的交流侧一定需要电源。无源逆变电路的交流电能输出端直接连接用电设备，在实际使用中因为频率和电压都可调节，能满足大部分用电设备的要求。在电力电子电路中，除指明为有源逆变电路外，一般均为无源逆变电路。

典型单相逆变电路如图 22 - 2 所示，图（a）为单相推挽式变压器输出电路，V1、V2 轮流导通 180°，开关管承受关断电压为 $2U_d$，此种电路适用于低压小功率负载，而且直流电源和负载隔离相对安全。当 V1 导通时，输出电压 $U_{AB} = U_d$，当 V2 导通时，输出电压 $U_{AB} = -U_d$，波形为方波，频率与三极管交替导通关断的频率一致。

图（b）为单相全桥式逆变电路，两对晶闸管组成桥式电路交替导通关断，在输出 A、B 端得到正负半周幅度相等的交流电压。波形为方波，幅值为 U_d，频率与晶闸管导通关断的频率相同。

图（c）为单相电压型半桥式逆变电路，只有两个导电桥臂。在每个桥臂上有一个开关器件，可以采用晶闸管、电力晶闸管 GTR 等。在直流侧有两个大容量电容器，两个电容器串联，对直流电压 U_d 有分压作用，每个电容器上分压值为 $1/2U_d$。当 V1 和 V2 轮流导通时，在 A、B 端输出幅值为 $\pm U_d/2$ 的方波交流电压，频率与两个晶闸管交替导通关断频率相同。

要使得逆变电路可靠、正常工作，必须能有效解决电路中每个晶闸管通断时的换流，要把已经导通的管子关断并恢复其正向阻断状态。常使用的办法是对晶闸管加反向电压，致使阳极电流下降到零，所加反向电压时间必须大于晶闸管关断时间 t_q。

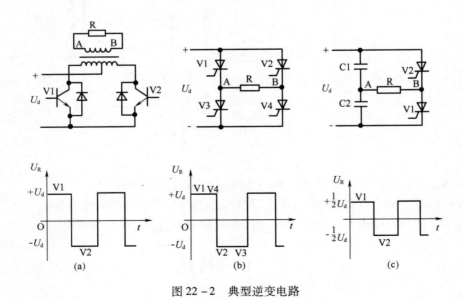

图 22 - 2　典型逆变电路

晶闸管换流方法有两种。

（1）负载换流　这种换流方法又称为自然换流，主电路不需要附加换流环节。利用逆变器输出电流超前电压特性（即负载呈电容性），当电流过零后，经过一段时间电压才过零。若利用过零前的电压为反向电压加到要关断的晶闸管上，则只要这段超前的时间大于晶闸管关断时间 t_q，晶闸管就能保证可靠关断。负载谐振式逆变器就属于这种换流方式。

（2）强迫换流　当电路负载呈感性时，逆变电路换流方式就不能使用自然换流，只能采用强迫换流方式，亦称为脉冲换流方式。在主电路中另外设置一个专门的换流电路，利用电感、电容、二极管和晶闸管等组成，在需要关断晶闸管时，使换流回路产生一个脉冲，加到主晶闸管上让其承受反向电压并保持一定时间，迫使主晶闸管可靠关断。简单脉冲换流电路及波形如图 22-3 所示，图（a）中电路中 V2、C、R1 组成附加换流回路，R 为负载，V1 为主晶闸管。当 V_1 被触发导通后，负载 R 有电流流过。直流电源经电阻 R_1 对换流电容 C 充电，直到电容电压 $U_C = -U$ 时，极性右正左负。当想要关断主晶闸管 V1 时，先触发导通辅助晶闸管 V2，这时电容电压 U_C 通过 V2 加到 V1 两端，迫使 V1 承受反向电压而关断，此时电容 C 经过 R、V2 和直流电源放电并被反向充电。U_C 反向充电波形如图（b）所示，根据波形可知，从 V2 触发导通开始到 t_o 期间，V1 均承受反向电压，在这期间内 V1 必须恢复到正向阻断状态。只要适当选择换流电容 C 的参数，即可使主晶闸管 V1 承受反向电压时间 t_o 大于 V1 关断时间 t_q，能保证可靠关断。

2. 电感性负载和保护二极管

在分析逆变电路时把负载看作为理想状态呈现电阻性，负载电流与负载电压均为方波，但现实工作中负载很少为理想状态，通常是呈电感性，如果采用恒定电压 U_d 供电的电压型电路将无法正常工作。这是因为当关断一对晶闸管并导通另一对晶闸管时，由于负载的电感性，负载电流滞后于电压，此时电流还没有到零，若瞬时使两对晶闸管切换工

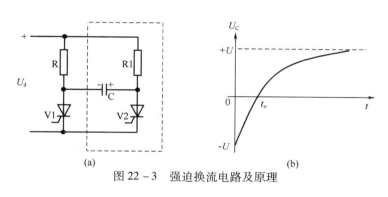

图 22-3　强迫换流电路及原理

作状态，迫使负载上电流立刻改变反向，则在负载电感上将感应出一个很大的反向电压，很容易击穿晶闸管导致损坏。所以在每个晶闸管两端反并联一个二极管作保护作用，电路才能正常工作，电路和波形如图 22-4 所示。

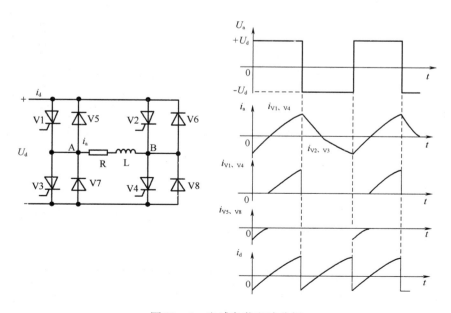

图 22-4　电感负载电路分析

　　并联保护二极管后，当电路 V1、V4 换流关断，V2、V3 触发导通时，负载电流由于电感的续流作用仍保持从 A 点流向 B 点，此时电感上感应电动势使二极管 V6、V7 导通，电感上能量返送电源端，负载两端承受反向电压。由于 V6、V7 的导通，致使晶闸管 V2、V3 承受反向电压无法导通，直到负载电流衰减为零时，反馈续流才停止。V6、V7 关断，V2、V3 才能触发导通，从电源供给负载反向电流。

　　并联保护二极管后，逆变器输出方波电压只与晶闸管触发脉冲控制状态有关而不受负载性质影响。当负载电流 i_a 与负载电压 U_a 极性一致时，电流从直流电源流出，供给逆变能量；当 i_a 与 U_a 极性相反时，电流经过二极管（也称为续流二极管），能量返送回电源。

3. 场效应管

　　常见晶体管是由多数载流子和少数载流子参与导电，称为双极型晶体管，属于电流型控制半导体器件。场效应晶体管（FET）简称场效应管，由多数载流子参与导电，称为单极型晶体管，属于电压型控制半导体器件。

　　（1）与双极型晶体管相比，场效应管具有以下特点：

①输入阻抗高、输入功耗小；

②温度稳定性好、动态范围大；

③易于集成、没有二次击穿现象；

④由于不存在杂乱运动扩散而引起的散粒噪声，所以噪声低。

　　（2）场效应管分类　根据构造和工艺不同，场效应管分为结型场效应管（JFET）和绝缘栅型场效应管（MOS）两大类。场效应管按导电沟道可分 N 沟道和 P 沟道；按导电方式又分耗尽型与增强型。结型场效应管分两种：N 沟道结型场效应管和 P 沟道结型场效应管；MOS 场效应管分为 N 沟耗尽型和增强型，P 沟耗尽型和增强型四大类。

　　在一块 N 型（或 P 型）半导体材料两边各扩散一个高杂质浓度的 P 型区（或 N 型区），就形成两个不对称的 PN 结。把两个 P 区（或 N 区）并联在一起，引出一个电极，称为栅极 g，在 N 型（或 P 型）半导体两端各引出一个电极，分别称为源极 s 和漏极 d。夹在两个 PN 结中间的 N 区（或 P 区）为电流通道，称为导电沟道（简称沟道）。这种结构的管子称为 N 沟道（或 P 沟道）结型场效应管，结构和符号如图 22−5 所示。

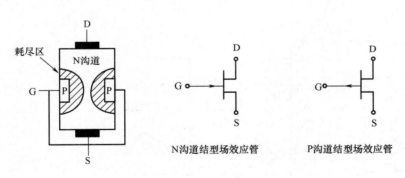

　　以 N 沟道结型场效应管为例，说明结型场效应管的结构及基本工作原理。当栅极开路时，N 沟道相当于一个电阻，其阻值随型号而不同，一般为数百欧至数千欧。如果在漏极及源极之间加上电压 U_{DS}，就有电流流过，I_D 将随 U_{DS} 的增大而增大。如果给管子加上负偏压 U_{GS} 时，PN 结形成的耗尽区变宽，反向偏压越大，耗尽区越宽，沟道电阻就越大，致使 I_D 减小，甚至完全截止。这样就达到了利用反

N沟道结型场效应管　　P沟道结型场效应管

图 22−5　结型场效应管结构及符号

向偏压所产生的电场来控制 N 沟道中电流大小的目的。根据以上导电原理，可把场效应管与一般半导体三极管加以对比，即栅极相当于基极，源极相当于发射极，漏极相当于集电极。如果把硅片做成 P 型，而栅极做成 N 型，则成为 P 沟道结型场效应管。

　　增强型 MOS 场效应管内部结构及符号如图 22−6 所示。增强型 MOS 管分 N 沟道型和 P 沟道型，N 沟道的场效应管其源极和漏极接在 N 型半导体上；P 沟道的场效应管其源极和漏极则接在 P 型半导体上。

　　（3）场效应管主要参数

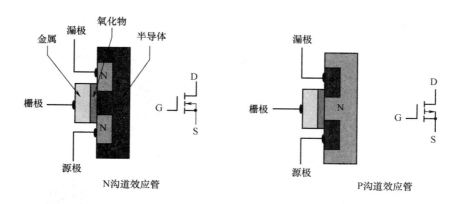

图 22 - 6　增强型 MOS 场效应管及符号

①饱和漏源电流 I_{DSS}：指结型或耗尽型绝缘栅场效应管栅极电压 $U_{GS}=0$ 时的漏源电流。

②夹断电压 U_P：指结型或耗尽型绝缘栅场效应管中，使漏源间刚截止时的栅极电压。

③开启电压 U_T：指增强型绝缘栅场效管中，使漏源间刚导通时的栅极电压。

④跨导 g_m：表示栅源电压 U_{GS} 对漏极电流 I_D 的控制能力，即漏极电流 I_D 变化量与栅源电压 U_{GS} 变化量的比值，g_m 是衡量场效应管放大能力的重要参数。

⑤漏源击穿电压 BU_{DS}：是一项极限参数，当栅源电压 U_{GS} 一定时场效应管正常工作所能承受的最大漏源电压。加在场效应管上的工作电压必须小于 BU_{DS}。

⑥最大耗散功率 P_{DSM}：是一项极限参数，在性能不变坏时所允许的最大漏源耗散功率。使用时场效应管实际功耗应小于 P_{DSM} 并留有一定余量。

⑦最大漏源电流 I_{DSM}：是一项极限参数，指正常工作时漏源间所允许通过的最大电流。场效应管的工作电流不应超过 I_{DSM}。

（4）场效应管检测

①结型场效应管判别：将万用表置于 R×1k 挡，用两表笔分别测量任两个管脚间的正、反向电阻。当某两个管脚间的正、反向电阻相等均为几千欧时，则这两个管脚为漏极 D 和源极 S（可互换使用），余下的一个管脚即为栅极 G。对于有 4 个管脚的结型场效应管，另外一极是屏蔽极（使用时接地）。

用万用表黑表笔碰触管子的一个电极，红表笔分别碰触另外两个电极。若两次测出的阻值都很小，说明均是正向电阻，该管属于 N 沟道场效应管，黑表笔接的是栅极。

制造工艺决定了场效应管的源极和漏极是对称的，可以互换使用，不影响电路的正常工作，有些场合不必加以区分。源极与漏极间的电阻一般为几千欧。

②MOS 场效应管判别：由于它输入电阻高，而栅 - 源极间电容非常小，极易受外界电磁场或静电感应而带电，而少量电荷即可在极间电容上形成相当高的电压将管子损坏。因此出厂时各管脚都绞合在一起，或装在金属箔内，使 G 极与 S 极呈等电位，防止积累静电荷。管子不用时，全部引脚应短接。在测量时应格外小心，并采取相应的防静电措施。

测量之前，先把人体对地短路或在手腕上接一条导线与大地连通，人体对地保持等电位。将万用表置于 R×100 挡，若某引脚与其他引脚之间的电阻为无穷大，则此引脚就是栅极 G，因为它和另外两个引脚是绝缘的，另外两引脚为漏极 D 和源极 S。漏源之间电阻值一般为几百欧至几千欧，其中测量阻值较小的一次，黑表笔接的为 D 极，红表笔接的是 S 极。

4. 元器件引脚排列

逆变电路所用的元器件引脚排列如图 22 - 7 所示，IC1 只使用 4 个反相器（CD4069 内含 6 个反相器），为了防止引入干扰，把另外两个反相器输入端对地短接。

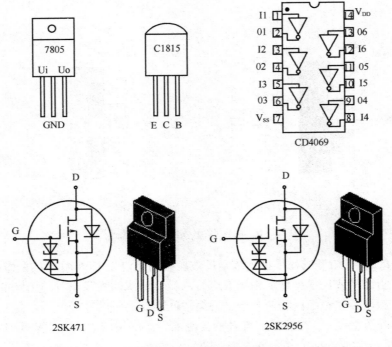

图 22 – 7　元器件引脚图

更多学习资料请查阅

- 电子爱好者制作论坛　　　http：//www. etuni. com/index. asp？boardid = 4
- 直流逆变器资料　　　　　http：//baike. baidu. com/view/174111. htm

四、任务实施

1. 讨论决策、制定计划

　　小组成员集体讨论，得出实施决策，制定工作计划，合理安排工作进程。根据所学理论知识和操作技能，结合实习情景，填写工作计划（表 22 – 1）。

表 22 – 1　　　　　　　　　　　　100W 逆变器装调工作计划

工作时间	共_____小时	审核：_____	
计划实施步骤	1.		计划指南：　　　计划制定需考虑合理性和可行性，可参考以下工序： →理论学习 →准备器材 →安装调试 →创新操作 →综合评价
	2.		
	3.		
	4.		
	5.		

2. 任务实施

准备器材   为完成工作任务，组员需要填写借用仪器仪表清单（表 22 - 2）和电子元器件领取清单（表 22 - 3）。

表 22 - 2   **借用仪器仪表清单**

任务单号：＿＿＿＿＿＿＿＿   借用组别：＿＿＿＿＿＿＿＿   年   月   日

序号	名称与规格	数量	借出时间	借用人	归还时间	归还人	管理员签名

表 22 - 3   **电子元器件领取清单**

任务单号：＿＿＿＿＿＿＿＿   借用组别：＿＿＿＿＿＿＿＿   年   月   日

序号	名称与规格型号	申领数量	实发数量	是否归还	归还人签名	管理员签名

3. 100W 逆变电路分析

（1）图 22 - 8 为方波信号产生电路，主要由 IC1 和 R、C 构成，分析其工作原理。

（2）输出信号频率高低与哪些元件有关？

（3）分析图 22 - 9 驱动电路的工作过程。

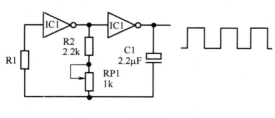

图 22 - 8   方波产生电路

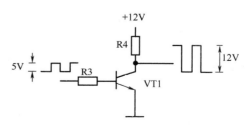

图 22 - 9   驱动电路

4. 安装与调试

变压器 T1 采用次级为 12V、电流为 10A、初级电压为 220V 的成品电源变压器，在逆变器中 T1 次级当作输入，初级当作 220V 输出。P 沟道 MOS 场效应管（2SJ471）最大漏极电流为 30A，在导通时通过 10A 电流时将产生 2.5W 功率损耗，N 沟道 MOS 场效应管（2SK2956）最大漏极电流为 50A，当流过 10A 电流将产生 0.7W 功率损耗。由此可知在同样工作电流下，2SJ471 发热量约为 2SK2956 的 4 倍。在设计和安装时应合理安排 4 个场效应管的位置，散热器面积需满足散热要求。

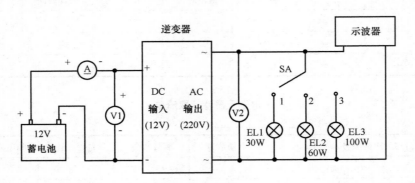

图 22 - 10　测试连接线路

电路安装完毕经检查无误后，安装上 15A 熔断丝，选用 12V、100AH 的蓄电池作直流输入，用三个不同功率的灯泡作负载，按照图 22 - 10 所示连接好测试电路，根据要求完成调试并作记录（表 22 - 4）。

表 22 - 4　　　　　　　　　　　　　　　　**100W 逆变器调试记录表**

测试要求	测试数据			
连接 12V，输出不接任何负载（空载），测量输出端波形	A 读数	A	V2 读数	V
	V1 读数	V	直流输入功率	W
连接 12V，开关 SA 打在 1 位置（EL1：30W 灯泡），测量输出端波形	A 读数	A	V2 读数	V
	V1 读数	V	直流输入功率	W

续表

测试要求	测试数据			
	A 读数	A	V2 读数	V
	V1 读数	V	直流输入功率	W
连接 12V，SA 打在 2 位置（EL2：60W 灯泡），测量输出端波形				
	A 读数	A	V2 读数	V
	V1 读数	V	直流输入功率	W
连接 12V，SA 打在 3 位置（EL3：100W 灯泡），测量输出端波形				

（1）在调试时，输出电压只有 90V，调节 RP1 无效，结合工作原理分析故障原因和写出排除方法。

（2）逆变电路中，如果 VT1、VT2 基极连接在一起同时接在 IC1 的 2 脚，会发生怎样的后果？

（3）总结

本次任务使自己学习到哪些知识，积累了哪些经验，记录下来填写在表 22 - 5 中。

表 22 - 5　　　　　　　　　　　　工　作　总　结

正确装调方法	
错误装调方法	
总结经验	

5. 工作岗位"6S"处理

　　工作任务全部完成后，关闭工作台总电源，拆下测量线和连接导线，归还借用工具仪器，组员对本工作岗位进行"整理、整顿、清扫、清洁、安全、素养"处理，维护和保养测量仪器仪表，确保其运行在最佳工作状态。

五、能力拓展

　　逆变电路主要由控制电路和功率输出电路组成，本任务中逆变输出 100W 功率，采用 CD4069 产生信号源。根据所学知识和装调经验，若需制作一个 300W 以上的直流逆变器，电路该怎样设计制作。

　　提示：方波信号发生电路可选择更为简单的 NE555 时基集成电路，输出可采用多组 MOS 管组成功率开关电路。查找资料、认真思考，画出电路图并实施制作吧！

六、任务评价

将评价结果填在表 22 - 6。

表 22 - 6   100W 逆变器装调评价表

班级：_____   指导教师：_____
小组：_____   姓名：_____   日   期：_____

评价项目	评价标准	评价依据	评价方式			权重	得分小计
			学生自评 15%	小组互评 25%	教师评价 60%		
职业素养	1. 遵守规章制度劳动纪律 2. 人身安全与设备安全 3. 积极主动完成工作任务 4. 完成任务的时间 5. 工作岗位"6S"处理	1. 劳动纪律 2. 工作态度 3. 团队协作精神				0.3	
专业能力	1. 熟悉直流逆变原理，会分析 100W 逆变器工作原理 2. 熟悉场效应管基础知识、判别及使用 3. 能正确安装 100W 逆变器 4. 会使用示波器测量逆变器关键点波形	1. 工作原理分析 2. PCB 设计 3. 安装工艺 4. 调试过程				0.5	
创新能力	1. 电路调试提出自己独到见解或解决方案 2. 能解决直流逆变系统中的复杂故障 3. 能改装电路使得输出功率加大，性能稳定	1. 分析和调试方案 2. 故障排除过程 3. 逆变电路改造或升级方案				0.2	
综合评价	总分						
	教师点评						

任务 23　电镀系统程序设计

【工作情景】

　　教师： 电镀系统的控制程序不正常，导致无法运行加工过程，故障可能是系统安装不正确或加工程序出错而造成，请各小组团队协作，认真检查和排除故障，让控制系统恢复正常运作。

　　学生： 小组长组织组员集中讨论，得出解决方案并制定任务实施计划。计划使用 2 天时间完成工作任务，保证电镀控制系统能正常工作。

一、任务描述和要求

1. 任务描述

　　电镀是使用电解工艺在制件表面形成均匀、致密、结合良好的金属或合金沉积层的过程，现代生产过程中需由多道工序完成。电镀模型是个运用单片机和步进驱动技术，采用程序控制方式，能自动模拟电镀加工全过程的平台。控制系统采用 AT89S52 单片机，系统控制电路如图 23 – 1 所示，电镀模型和实训箱如封 3 彩图所示。

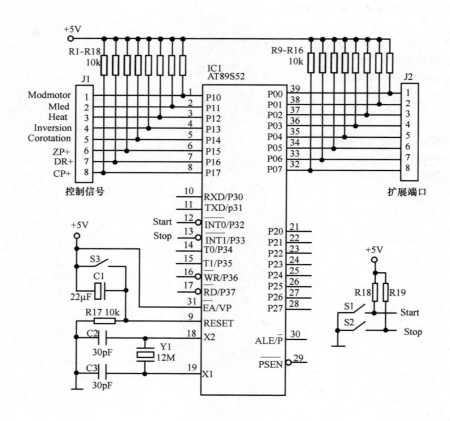

图 23 – 1　单片机系统控制电路图

2. 任务要求

　　（1）根据安装工艺要求完成电镀系统安装和通信连接。

（2）系统上电自动复位或手动按 S3 复位，按 S1 启动加工程序，任一时刻按 S2 系统立即停止，连续按两次 S2 系统复位。

（3）采用 AT89S52 单片机编程控制，完成以下功能。

①步进电动机驱动龙门架到 1 号槽，延时 2s 后加载电机正转，把工件下放到槽底部，延时 2s 后酸洗电机开始转动，酸洗时间 50s，酸洗结束后加载电机反转，起吊工件至龙门架顶部。

②步进电机驱动龙门架到 2 号槽，延时 2s 后加载电机正转，把工件下放到槽底部，延时 2s 后电镀发光管点亮，电镀时间 30s 后熄灭。加载电机反转，起吊工件至龙门架顶部。

③步进电机驱动龙门架到 3 号槽，延时 2s 后加载电机正转，把工件下放到槽底，延时 2s 后启动发热丝加热烘干，加热时间 25s，延时 10s 后加载电机反转，起吊工件至龙门架顶部，电镀加工工序完成。

④加工工序完成后，延时 10s 后步进电机驱动龙门架复位，程序全部结束。

二、任务目标

（1）能完成电镀模型安装与控制系统通信连接。
（2）会编写时间准确、稳定可靠的电镀加工程序。
（3）能使用仪器仿真、烧写控制程序。
（4）培养自主学习、团队协作、改造创新能力。

三、任务准备

1. 电镀模型安装与通信连接

电镀模型主要由电镀加工模型、驱动电路、程序控制电路和连接线材组成。单片机控制电路板插装在实训箱上，通过内部线路连接，控制电镀加工模型实现加工运作。安装步骤如下：

（1）准备设备与线材，如图 23 - 2 所示。

电镀加工模型　　　　　　　　　　实训箱　　　　　　　　　　线材

图 23 - 2　准备设备与线材

（2）请多人配合手抓电镀系统模型的拉手，将模型搬运到技能工作岛旋转盘平台上，注意小心轻放！如图 23 - 3 所示。

（3）将模型通信线与电源线连接到技能工作岛旋转盘上的电路接口板上，如图 23 - 4 所示，连接时注意连接头需牢固安装。

（4）将工作岛上通信接口与实训箱通信接口对接，并在实训箱插上实训插板，如图 23 - 5 所示，连接插头需牢固。

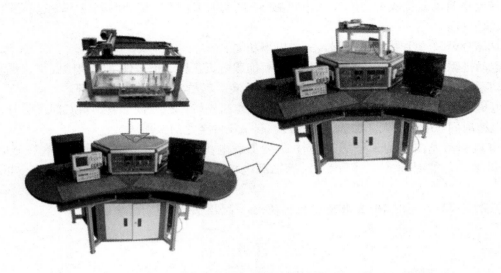

图 23 - 3　安装电镀系统模型

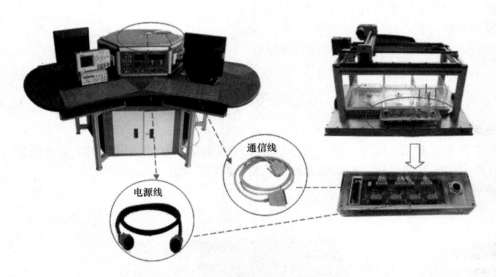

图 23 - 4　模型通信连接图

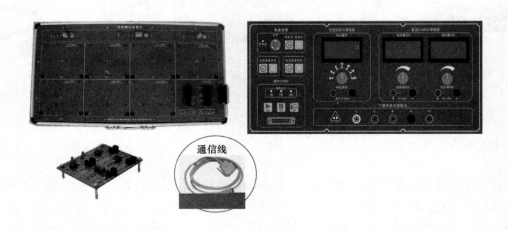

图 23 - 5　通信连接

（5）依据实训项目设计要求和提供开放的模型控制接口编写电镀系统控制程序。

（6）若其他操作实训工位需接模型进行调试，请旋转模型旋转台到相应工位，按以上流程进行安装，依据实训项目设计要求进行连接通信。模型通信口控制如图 23 - 6 所示，可以选择 1、2、3 组或共享。

注意：共享状态下，每组同时可控制电镀槽加工流程，请各小组分开或分时控制加工过程，以免硬件发生冲突。

2. 电镀系统通信接口定义

电镀系统模型提供开放式功能端口，通过单片机系统或数字电路控制电路都可对其进行加工控制。电镀系统通信端口示意图如图 23 - 7 所示。

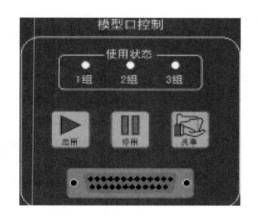

图 23 - 6　模型口选择

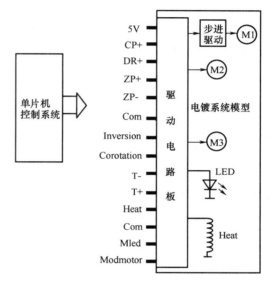

图 23 - 7　通信端口示意图

M1 为步进电动机，驱动龙门架进行左右运动，带动加载电动机和负载在三个加工槽中转换。M2 是 24V 直流电动机（加载电动机），作用是放下或起吊工件，通过系统控制程序实现正、反转功能。M3 为小型直流电动机（模拟酸洗电动机），在系统程序控制下通电运转。LED 为模拟电镀过程的发光指示灯，在系统程序控制下可常亮、闪烁等。Heat 为 24V 加热丝，模拟电镀后工件烘干功能。开放端口功能说明如表 23 - 1 所示。

表 23 - 1　　　　　　　　　　　电镀系统模型开放端口功能说明

端口	功能说明	备 注
5V	电镀系统模型供电	电流小于 2A
CP +	步进电动机驱动脉冲	宽度要求大于 $2\mu s$
DR +	步进电动机方向控制信号，高电平时正转，低电平时反转	
ZP +	原始位置坐标	
ZP -	原始位置坐标	
Com	接地，公共端（负极）	

续表

端口	功能说明	备 注
Inversion	加载电动机正传信号，高电平有效	两个端口禁止同时为高电平
Corotation	加载电动机反转信号，高电平有效	
T +	热电偶正端	检测温度时使用，外接 A/D 转换器
T –	热电偶负端	
Heat	加热控制信号，高电平有效	
Com	接地，公共端（负极）	
M Led	电镀二极管信号，高电平点亮	
Mod Motor	酸洗电动机控制信号，高电平有效	

更多学习资料请查阅
- 单片机教程网　　　　　　　http：//www. 51hei. com/
- 51 单片机学习论坛　　　　　http：//www. 51c51. com/bbs/
- 《电子技能岛安装说明》　　广东三向教学仪器制造有限公司编写

四、任务实施

1. 讨论决策、制定计划

　　小组成员集体讨论，得出实施决策，制定工作计划，合理安排工作进程。根据所学理论知识和操作技能，结合实习情景，填写工作计划（表23－2）。

表 23－2　　　　　　　　　　　　　电镀系统程序设计工作计划

工作时间	共_____小时	审核：_____	
计划实施步骤	1.		计划指南：　　计划制定需考虑合理性和可行性，可参考以下工序： →学习理论 →准备器材 →安装调试 →创新操作 →综合评价
	2.		
	3.		
	4.		
	5.		

2. 准备器材

　　为完成工作任务，需要借用仪器仪表和线材，根据任务要求填写借用清单（表23－3）。

表 23 – 3　　　　　　　　　　　　　　借用仪器仪表和线材清单

任务单号：＿＿＿＿＿＿＿＿＿　　　借用组别：＿＿＿＿＿＿＿＿＿　　　　　　　　　　　　　年　月　日

序号	名称与规格	数量	借出时间	借用人	归还时间	归还人	管理员签名

3. 编写步进控制程序

要求：编写步进电机驱动脉冲和方向控制信号程序，使单片机 P1.7 端口输出一个脉冲信号，脉宽大于 $2\mu s$，幅度为 $5V_{P-P}$。在 P1.6 端口输出 $T = 10s$ 的方波信号，幅度为 $5V_{P-P}$。结合所学单片机知识，查阅相关资料，写出控制程序。

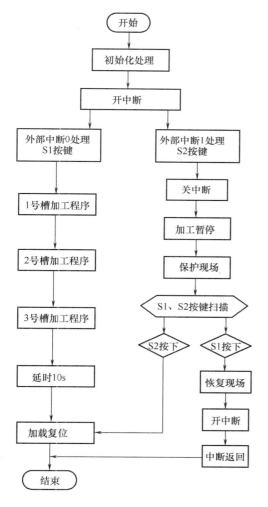

图 23 – 8　加工流程图

4. 编写电镀加工程序

要求：根据图 23 – 1 硬件连接图和加工流程的要求，编写电镀加工程序，应用中断计数，设计两个按键，分别为启动和停止功能。电镀加工过程中，按一次停止键，系统能立即停止加工，若需继续完成电镀加工，只要按一下启动键即可。连续按两次停止键，系统复位，回到原点位置等待。当电镀加工过程中发生断电，重新通电后，系统能自动回到原点位置（复位），系统控制流程图如图 23 – 8 所示。

注意：程序中输出状态要严格控制时间参数，加工时间准确。

5. 程序仿真和烧写

编写好的电镀加工程序使用伟福 SP51 仿真器进行仿真，反复仿真调试无误后，使用 RF – 1800 编程器将编译的十六进制文件烧写入 AT89S52 单片机。烧写完毕后从编程器上取下单片机，插入系统控制板的 IC1 插座上，等待通电运行调试。

6. 系统控制板调试

给系统控制板接上 5V 电源，由于单片机输出信号均为高低电平信号，使用示波器或发光二极管可观察程序输出的情况。除 P1.7 端口的脉冲信号无法用发光二极管观察外，其他端口的控制信号都可外接上发光二极管观察输出状态是否正常，加工时间是否准确。使用示波器观测 P1.7 端口输出波形，记录在表 23 – 4 中。

表 23 – 4　　　　　　　　　　　　　　**P1.7 端口输出脉冲波形**

测试点	测试波形
P1.7 端口（步进电机驱动脉冲）	

7. 总结

本次任务使自己学习到哪些知识，积累了哪些经验，记录下来填写在表 23 – 5 中。

表 23 – 5　　　　　　　　　　　　　　**工 作 总 结**

正确编程方法	
错误编程方法	
总结经验	

8. 工作岗位"6S"处理

工作任务全部完成后，关闭工作台总电源，拆下测量线和连接导线，归还借用工具仪器，组员对本工作岗位进行"整理、整顿、清扫、清洁、安全、素养"处理，维护和保养测量仪器仪表，确保其运行在最佳工作状态。

五、能力拓展

电镀模型的驱动电路板开放端口有 11 个，本任务中程序只用到 8 路控制信号输出，系统控制电路板中 J2 为扩展输出端口，预留作为其他控制功能使用。试编写一段程序，利用单片机 P0 端口，连接电镀驱动板所有端口，完成以下功能：

（1）在原加工程序上增加温度检测功能（T +、T – 端口）。

（2）1 号电镀槽模拟电镀的发光二极管闪烁显示，频率为 5Hz。

（3）系统完成一次加工程序后，等待 30s，自动执行第二次加工程序，然后结束。

提示：根据任务要求，先画出加工程序流程图，明确加工步骤和时间，然后参考已学知识，查阅相关资料，尝试编写控制程序。

六、任务评价

将评价结果填在表 23 - 6。

表 23 - 6　　　　　　　　　　　**电镀系统程序设计评价表**

班级：_____
小组：_____　姓名：_____

指导教师：_____
日　　期：_____

评价项目	评价标准	评价依据	评价方式			权重	得分小计
			学生自评 15%	小组互评 25%	教师评价 60%		
职业素养	1. 遵守规章制度劳动纪律 2. 人身安全与设备安全 3. 积极主动完成工作任务 4. 完成任务的时间 5. 工作岗位 "6S" 处理	1. 劳动纪律 2. 工作态度 3. 团队协作精神				0. 3	
专业能力	1. 熟悉电镀系统模型控制系统原理与安装 2. 熟悉电镀槽驱动电路功能端口及连接要求 3. 会独立编写控制程序 4. 能使用工具调试程序	1. 安装工艺 2. 程序设计 3. 仿真编程 4. 调试过程				0. 5	
创新能力	1. 电路调试提出自己独到见解或解决方案 2. 能解决驱动电路与系统控制电路的故障 3. 能根据驱动电路接口编写多功能程序	1. 系统解决方案 2. 排除故障过程 3. 多功能程序编写				0. 2	
综合评价	总分						
	教师点评						

任务 24　电镀系统加工调试

【工作情景】

教师：电镀系统程序已经调试成功，但步进驱动系统未连接，无法完成加工过程，请各小组团队协作，仔细阅读安装说明并完成系统总装，现场调试和修改加工程序，让电镀模型按设定程序实施加工流程。

学生：小组长组织组员集中讨论，得出解决方案并制定工作计划。计划使用 2 天时间完成工作任务，确保电镀模型能按任务要求正常运作。

一、任务描述和要求

1. 任务描述

驱动电路在电镀系统中起到中间转换控制作用，单片机电路输出数字信号无法直接控制负载，需经过驱动电路转换才能控制大电流或大功率负载。驱动电路主要采用光电耦合器件进行隔离，使用继电器作为转换控制器件，电路如图 24－1 所示，驱动控制电路板如图 24－2 所示。

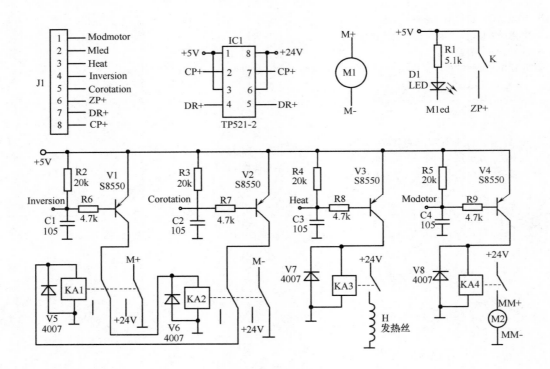

图 24－1　驱动控制电路图

2. 任务要求

（1）完成步进电动机和驱动器的连接，合理设置步进参数。

（2）根据单片机控制程序调试电镀系统加工流程。

（3）现场修改加工程序，设置合适的加工参数，运行时间准确。

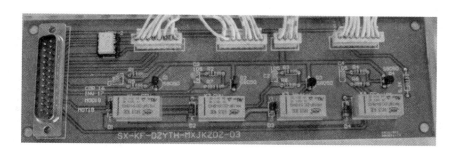

图 24-2　驱动控制电路板

二、任务目标

（1）能独立完成步进电动机和驱动器的连接。

（2）会编写、修改符合加工要求的电镀系统控制程序。

（3）培养自主学习、团队协作、改造创新能力。

三、任务准备

1. 步进电动机驱动器连接

　　步进电动机是将电脉冲信号转变为角位移或线位移的开环控制器件。在非超载的情况下，电动机的转速、停止的位置只取决于脉冲信号的频率和脉冲数，而不受负载变化的影响。它实际是一种感应电动机，正常工作受控于步进驱动器。步进驱动器主要原理是利用电子电路，将直流电变成分时供电、多相时序控制电流，作为步进电机的供电。

　　当步进驱动器接收到一个脉冲信号，就驱动步进电动机按设定方向转动一个固定角度，称为"步距角"，它旋转是以固定角度一步一步运行。可通过控制脉冲个数来控制角位移量，从而达到准确定位目的。同时可通过控制脉冲频率来控制电动机转动的速度和加速度，从而达到调速目的。一套完整步进控制系统包括上位机、驱动器、步进电动机和工作电源组成，步进控制系统连接如图 24-3 所示。

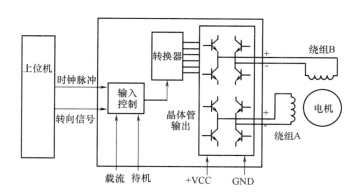

图 24-3　步进控制系统连接图

2. 电动机的接法和选型

　　技能岛的 M415B 步进驱动器可驱动 1.5A 电流以下四出线、六出线、八出线的两相混合式步进电动机，电动机接法如图 24-4 所示。电镀系统中，采用八出线两相步进电动机串联接法，保证低速有较大的力矩。

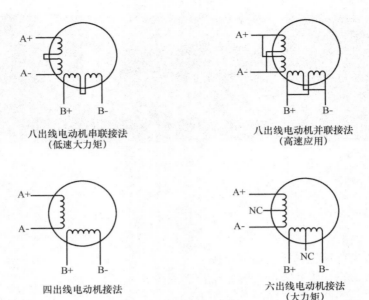

图 24 – 4 步进电动机接法

电动机选择和驱动器特性：

（1）根据系统对速度的要求，确定选择步进电动机还是伺服电动机。步进电动机随着速度增加，输出扭矩下降，一般带轻负载时，最高工作速度在 15r/s 以下，带较重负载时最高工作速度在 10r/s。若系统对速度要求更高，则选择伺服电动机。

（2）根据负载大小，选择合适扭力的步进电动机型号，电机与驱动器参数应匹配。

（3）实际带动负载时，可通过减速机构来改变系统传动比，从而调整输出扭矩和负载速度的关系。

（4）加大步进驱动器供电电压可提高步进电动机工作速度，加大步进驱动器工作电流可提高步进电动机的力矩，加大步进电动机的细分数，可提高步进电动机的精度，同时提高电动机运行平稳度，减少振动和噪声。

（5）步进电动机以较低速度工作时，有时会造成共振，应注意跳开这一速度段。

3. 驱动器端口功能说明

M415B 步进驱动器的面板端口功能如表 24 – 1 所示。

表 24 – 1 　　　　　　　　　　　　　　　　M415B 步进驱动器面板端口功能表

名称	标示	功能说明
工作指示	Power	接通电源时，指示灯亮
工作电源	V +	正电源：40 ~ 80V
	Com	公共端，负极，接地
光耦电源	OPTO	光耦 + 5V 驱动电源
接电机端	A +	步进电动机 A 相
	A –	
	B +	步进电动机 B 相
	B –	

续表

名称	标示	功能说明
使能信号	ENA	使能控制端，高电平时驱动器正常工作，低电平时驱动器停止输出，不用时悬空即可
脉冲信号	PUL	脉冲信号：上升沿有效，每当脉冲由低变高时电机走一步
方向信号	DIR	方向信号：用于改变电机的方向，TTL 电平驱动
故障指示	FAULT	正常工作时指示灯灭，有故障时灯亮

细分数（步距角）用 SW1～SW6 六位拨码开关设定细分精度和电流，具体如表 24 – 2 和表 24 – 3 所示。

表 24 – 2　　　　　　　　　　　　　　　　M415B 细分设定

细分倍数	步数（1.8°/步）	SW4	SW5	SW6
1	200	ON	ON	ON
2	400	OFF	ON	ON
4	800	ON	OFF	ON
8	1600	OFF	OFF	ON
16	3200	ON	ON	OFF
32	6400	OFF	ON	OFF
64	12800	ON	OFF	OFF
由外部确定	动态改细分/禁止工作	OFF	OFF	OFF

表 24 – 3　　　　　　　　　　　　　　　　M415B 电流值设定

电流值	SW1	SW2	SW3	电流值	SW1	SW2	SW3
0.21A	OFF	ON	ON	1.05A	OFF	ON	OFF
0.42A	ON	OFF	ON	1.26A	ON	OFF	OFF
0.63A	OFF	OFF	ON	1.5A	OFF	OFF	OFF
0.84A	ON	ON	OFF				

更多学习资料请查阅

- 西莫电机论坛　　　　　　http：//bbs. simol. cn/forum – 151 – 1. html
- 中华工控网论坛　　　　　http：//bbs. gkong. com/list. asp？ boardid = 33
- 《电子技能岛安装说明》 广东三向教学仪器制造有限公司编写

四、任务实施

1. 讨论决策、制定计划

小组内集体讨论，得出实施决策，组织制定工作计划，合理安排工作步骤。小组成员根据掌握的理论知识和操作技能，结合实习情景，制定工作计划（表 24 – 4）。

表 24 - 4 电镀系统加工调试计划

工作时间	共＿＿＿＿小时	审核：＿＿＿＿＿＿＿＿＿	
计划实施步骤	1.		计划指南： 　　计划制定需考虑合理性和可行性，可参考以下工序： →理论学习 →准备器材 →安装调试 →创新操作 →综合评价
	2.		
	3.		
	4.		
	5.		

2. 准备器材

为完成工作任务，需借用仪器仪表和线材，根据任务器材要求填写借用清单（表 24 - 5）。

表 24 - 5 借用仪器仪表和线材清单

任务单号：＿＿＿＿＿＿＿＿　　借用组别：＿＿＿＿＿＿＿＿　　　　　　年　月　日

序号	名称与规格	数量	借出时间	借用人	归还时间	归还人	管理员签名

3. 步进电机与驱动器连接

步进驱动控制信号由单片机系统控制板 P1.6 和 P1.7 输出，经 DB25 信号线传输至驱动板，再由 IC1 光耦隔离后送入步进驱动器接线端口。

连接要求：

（1）使用 DB25 信号线将实训箱和电镀模型系统驱动电路进行连接。

（2）根据表 24 - 1 所示的端口功能将步进电机与步进驱动器进行连接。

（3）初始设置步距角细分数为 4 和输出电流为 2A。

4. 加工程序现场调试

（1）硬件连接完毕，经检查无误后，打开工作岛直流电源，选择单组调试功能。龙门架加载机构的步进电机定位是否准确，与系统程序的脉冲个数和步距角有关。当工件移动至每号槽上空正中位置时，步进电机应立即停止。系统程序是以时间或脉冲个数作为定位，由于驱动器和电机的精度误差，在实际运行时可能不够准确，需调整程序或步距角细分数。根据表 24 - 6 的要求，现场调试龙门架加载机构，把调试数据记录在表中。

表 24 - 6　　　　　　　　　　　　　　　　　龙门架加载步进电机调试记录表

要求＼数据	起始位置到达 1 号槽的脉冲个数	从 1 号槽到达 2 号槽的脉冲个数	从 2 号槽到达 3 号槽的脉冲个数
步距角细分数为 2 时			
步距角细分数为 4 时			
步距角细分数为 8 时			

（2）工件加载电机是个能正、反转的电机，控制信号从单片机的 P1.3 和 P1.4 端口输出，驱动两个三极管控制继电器转换实现正、反转。控制信号功能如表 24 - 7 所示。

工件加载电机没有任何定位开关，工件起吊到龙门架或下放到槽底，在程序中是通过时间来控制。由于电机和继电器的精度误差，实际加载时会发生偏差，需修改程序参数，使得工件上升不碰顶和下降不触底。

表 24 - 7　　　　　　　　　　　　　　　　　　加载控制功能表

方向＼电平	Inversion	Corotation
停止	0	0
正转	0	1
反转	1	0

根据表 24 - 8 的要求，调试工件加载直流电机的正、反转时间，并记录在表中。

表 24 - 8　　　　　　　　　　　　　　　　加载直流电机正、反转时间

调试项目	1 号槽用时/s	2 号槽用时/s	3 号槽用时/s
正转（下降）			
反转（上升）			

注意：加载直流电机上升或下降时间需严格控制准确，不同加工槽时间可能不相同。

（3）电镀过程和发热控制

电镀过程采用发光二极管作指示，正常加工时发光二极管点亮，如果不亮，请检查单片机程序或连接信号。3 号槽采用电阻丝作为发热器件，加工工件应离发热器件有一定距离，防止受热。

（4）步进控制系统的定位与哪些设置或因素有关？如何快速、准确定位？

（5）1 号槽酸洗的直流电机只能实现正转，若要变为间歇式正、反转运行，该怎样修改程序和设计电路？写出程序和画出该部分电路图。

提示：单片机系统控制电路板预留 J2 为扩展功能输出，可利用 P0 端口输出作为正、反转控制信号，

电路连接可参考加载直流电机电路或自行设计。

（6）总结

本次任务使自己学习到哪些知识，积累了哪些经验，记录下来填写在表 24 - 9 上。

表 24 - 9   工 作 总 结

正确调试方法	
错误调试方法	
总结经验	

5. 工作岗位"6S"处理

工作任务全部完成后，关闭工作台总电源，拆下测量线和连接导线，归还借用工具仪器，组员对本工作岗位进行"整理、整顿、清扫、清洁、安全、素养"处理，维护和保养测量仪器仪表，确保其运行在最佳工作状态。

五、能力拓展

电镀系统模型加工的过程可单独或多组控制，也可由不同系统程序控制，加工时间和工序亦可自由选择，系统模型功能强大。结合所学知识，反复编程调试，完成以下功能。

（1）电镀系统模型运行酸洗和烘干功能，只用到 1 号槽和 3 号槽，每个槽加工时间为 10s，加工完毕后系统自动复位回到原始位置。设计两个按键：启动和暂停键，控制系统开始工作和暂停，任一时刻连续两次按下暂停键时，系统复位回到原始位置等待，请编写控制程序和画出系统控制流程图。

（2）共享控制调试。第一组同学设计 1 号槽程序，时间参数自定。第二组同学设计 2 号槽程序，程序从工件完成酸洗后开始，电镀过程发光二极管闪烁指示，时间为 20s。第三组同学设计 3 号槽程序，程序从完成电镀工序开始，烘干时间为 20s，完毕后停止运行。每个槽的加工程序设置两个按键：启动和停止。

注意：①不同程序之间步进电机定位设置。

②工作岛应选择共享调试方式。

六、任务评价

将评价结果填入表 24 - 10。

表 24 - 10　　　　　　　　　　　　　　**电镀系统加工调试评价表**

班级：_____　　　　　　　　　　　　　　　　　　　　　指导教师：_____

小组：_____　　姓名：_____　　　　　　　　　　日　期：_____

评价项目	评价标准	评价依据	评价方式			权重	得分小计
			学生自评 15%	小组互评 25%	教师评价 60%		
职业素养	1. 遵守规章制度劳动纪律 2. 人身安全与设备安全 3. 积极主动完成工作任务 4. 按时按质完成工作任务 5. 工作岗位"6S"处理	1. 劳动纪律 2. 工作态度 3. 团队协作精神 4. 任务完成时间				0.3	
专业能力	1. 熟悉驱动电路控制原理和完成系统连接 2. 能熟练操作现场调试，独立完成加工程序调试 3. 能修改系统控制程序 4. 会使用仪器调试系统	1. 驱动原理分析 2. 安装工艺 3. 程序修改 4. 现场调试				0.5	
创新能力	1. 电路调试提出自己独到见解或解决方案 2. 能灵活利用扩展口设计程序控制电镀槽加工的过程 3. 能团队完成共享程序设计和调试	1. 调试解决方案 2. 多功能程序设计 3. 共享程序调试				0.2	
综合评价	总分						
	教师点评：						

电子技术工作岛职业能力分解表

技能工作岛	典型工作任务	课程名称	学习任务名称	课时	知识点	技能点	职业标准
电子技术工作岛	一、认识元器件和仪表使用	电工与电子技术基础	学习任务1 直流电桥模型测试	8	1. 串并联电路分析 2. 直流电桥平衡条件	1. 能看懂简单电子电路图 2. 会判断元器件好坏与万用表的使用 3. 能熟练使用仪表测试电路	初级
			学习任务2 发光闪烁器装调	12	1. 半导体器件基础知识 2. 多谐振荡电路工作原理分析	1. 能熟练制作闪烁器电路板 2. 会正确焊接元器件 3. 能熟练使用仪表调试发光闪烁器	
	二、模拟电路安装与调试	电子技术基础	学习任务3 耳机放大器装调	12	1. 三极管基本放大电路 2. 偏置电路对三极管放大电路的影响	1. 能熟练进行三极管检测、判别 2. 会使用示波器、信号发生器进行电路调试	
			学习任务4 稳压电源装调	12	1. 稳压电源基础知识 2. 串联型稳压电源工作原理分析	1. 能熟练制作稳压电源电路板 2. 会使用仪表调试稳压电源	
			学习任务5 电平检测器装调	10	1. 集成运算放大器基础知识 2. 集成运放比较器 3. 电平检测器工作原理分析	1. 熟悉常见运放引脚功能和应用 2. 能正确安装和调试电压比较器	中级
			学习任务6 15W功率放大器装调	10	1. 集成功率放大电路基础知识 2. TDA2030功率放大电路分析	1. 熟悉常见集成功率放大电路引脚功能及应用 2. 能正确安装调试15W功率放大器	

续表

技能工作岛	典型工作任务	课程名称	学习任务名称	课时	知识点	技能点	职业标准
电子技术工作岛	三、数字电路安装与调试	数字电路	学习任务 7 数字逻辑笔装调	6	1. 数字电路基础知识 2. CD4011 引脚功能及应用 3. 数字逻辑笔工作原理分析	1. 熟悉 CD4011 功能及应用 2. 能正确安装调试数字逻辑笔	
			学习任务 8 变音门铃电路装调	6	1. NE555 引脚功能及应用 2. 变音门铃电路工作原理分析 3. Protel 99 电路设计	1. 熟悉 NE555 功能及应用 2. 会运用 Protel 99 设计变音门铃 PCB 3. 能熟练安装调试变音门铃	
			学习任务 9 移位寄存器装调	6	1. 数字寄存器基础知识 2. CD4015 引脚功能及应用 3. 移位寄存器工作原理	1. 熟悉 CD4015 工作原理、引脚功能及其应用 2. 能正确安装调试移位寄存器	
			学习任务 10 循环流水灯装调	8	1. CD4017 引脚功能及应用 2. 循环流水灯工作原理分析	1. 熟悉 CD4017 工作原理、引脚功能及其应用 2. 能熟练安装调试流水灯	
			学习任务 11 单键触发照明灯装调	8	1. CD4013 引脚功能及应用 2. 触发照明灯工作原理分析	1. 熟悉 CD4013 工作原理、引脚功能及其应用 2. 能熟练安装调试触发照明灯	中级
			学习任务 12 加法计数器装调	8	1. CD4543、CD4518 引脚功能及应用 2. 加法计数器工作原理分析	1. 熟悉 CD4543、CD4518 工作原理、引脚功能及其应用 2. 能熟练安装调试加法计数器	
			学习任务 13 八路抢答器装调	10	1. CD4511、74LS83、74LS148、74LS373 引脚功能及应用 2. 八路抢答器工作原理分析	1. 懂得 CD4511、74LS83、74LS148、74LS373 的使用 2. 能熟练安装调试八路抢答器	

技能工作岛	典型工作任务	课程名称	学习任务名称	课时	知识点	技能点	职业标准
电子技术工作岛	四、单片机系统制作调试	单片机原理与应用	学习任务 14 花样效果灯制作	10	1. MCS-51 单片机基础知识 2. 单片机系统开发工具 3. MOV 传送指令、ACALL 指令、DJNZ 指令的使用	1. 会使用单片机系统开发工具 2. 会使用 MOV 传送指令、ACALL 指令、DJNZ 指令编程	高级
			学习任务 15 交通灯制作	8	1. 外部中断处理 2. 按键扫动处理 3. CLR、SETB 位操作指令	1. 能正确安装交通灯硬件电路 2. 会使用外部中断指令编写交通灯程序 3. 会编写带左转右转弯功能的交通灯程序	
			学习任务 16 点阵显示屏制作	8	1. 查表指令 2. 点阵模块结构与应用	1. 能正确安装点阵显示屏硬件电路 2. 会使用查表指令编写点阵显示程序	
			学习任务 17 步进电机控制器制作	8	1. ULN2003 集成驱动应用 2. 单片机控制步进电机原理	1. 能正确安装步进电机控制器 2. 熟悉控制器与步进电机的连接 3. 能编写高低速、正反转的步进电机控制程序	
			学习任务 18 电子时钟制作	8	1. 定时器/计数器应用 2. LED 动态显示原理	1. 能熟练安装电子时钟硬件电路 2. 会使用定时器/计数器编写时钟程序	

续表

续表

技能工作岛	典型工作任务	课程名称	学习任务名称	课时	知识点	技能点	职业标准
电子技术工作岛	五、电力电子电路装调与检修	电力电子技术	学习任务 19 调光台灯制作	10	1. 单结晶体管工作原理及应用 2. 单向晶闸管工作原理及应用 3. 张弛振荡电路分析	1. 能正确安装单结晶体管调光电路 2. 会使用仪表调试调光灯	
			学习任务 20 小型直流调速器制作	12	1. 开环、闭环调速原理分析 2. 直流调速器工作原理分析	1. 能正确安装小型直流调速器 2. 会使用仪表调试调速器 3. 能排除直流调速器简单故障	高级
			学习任务 21 双闭环直流调速系统调试	10	1. 三相可控整流电路 2. KC04、KC41 触发电路分析 3. PI 调节器	1. 能熟练安装双闭环直流调速系统 2. 会使用仪表调试闭环调速系统 3. 能排除闭环调速系统常见故障	
			学习任务 22 100W 逆变器装调	10	1. 逆变原理 2. 晶闸管换流电路分析 3. 场效应管参数及应用	1. 能熟练安装 100W 逆变器 2. 会使用仪表调试逆变器 3. 能排除逆变器常见故障	
	六、电镀系统程序设计和加工调试	电力电子技术应用	学习任务 23 电镀系统程序设计	12	1. 电镀模型安装与通信连接 2. 电镀加工程序设计	1. 能正确安装和连接电镀系统 2. 能根据系统硬件结构设计电镀加工程序 3. 会用仪表仿真调试程序	技师
			学习任务 24 电镀系统加工调试	12	1. 步进电机基础知识 2. 步进电机驱动器连接、设置	1. 能正确安装步进驱动系统 2. 会调试步进电机驱动电路 3. 会熟练调试电镀加工系统	高级技师

参考文献

［1］杨文龙．单片机原理及应用［M］．西安：西安电子科技大学出版社，2000.

［2］柴敬镛，王清照．维修电工（高级）上册［M］．北京：中国劳动社会保障出版社，2003.

［3］周立功．单片机实验与实践［M］．北京：北京航空航天大学出版社，2004.

［4］劳动和社会保障部教材办公室．单片机原理及接口技术［M］．北京：中国劳动社会保障出版社，2004.

［5］周兴华．手把手教你学单片机［M］．北京：北京航空航天大学出版社，2007.

［6］劳动和社会保障部教材办公室．维修电工技能训练［M］．北京：中国劳动社会保障出版社，2009.

［7］金杰．单片机应用技术基本功［M］．北京：人民邮电出版社，2009.